国家职业教育改革发展示范学校建设项目规划教材

固体制剂技术实训

主编　王建涛

GUTI ZHIJI
JISHU SHIXUN

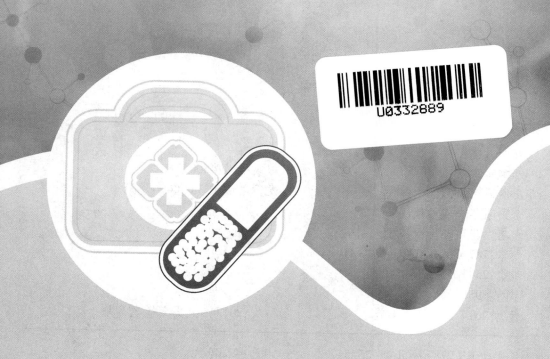

郑州大学出版社

郑州

图书在版编目（CIP）数据

固体制剂技术实训/王建涛主编. —郑州:郑州大学出版社,
2017.4
ISBN 978-7-5645-2525-5

Ⅰ.①固… Ⅱ.①王… Ⅲ.①固体-制剂-生产工艺-
教材 Ⅳ.①TQ460.6

中国版本图书馆 CIP 数据核字(2015)第 211259 号

郑州大学出版社出版发行

郑州市大学路 40 号　　　　　　　　邮政编码:450052

出版人:张功员　　　　　　　　　　发行电话:0371-66966070

全国新华书店经销

河南龙华印务有限公司印制

开本:787 mm×1 092 mm　1/16

印张:25

字数:595 千字

版次:2017 年 4 月第 1 版　　　　　　印次:2017 年 4 月第 1 次印刷

书号:ISBN 978-7-5645-2525-5　　　　定价:49.00 元

编审委员会

作者名单

主　　编　王建涛

编　　委　（以姓氏笔画为序）

　　　　　王建涛　李　丽　张雅阁

序

  推进职业教育的改革与发展是实施科教兴国战略、促进经济和社会可持续发展、提高国际竞争力的重要途径，是调整经济结构、提高劳动者素质、加快人力资源开发的重要举措。加快发展现代职业教育，是党中央、国务院做出的重大战略部署，对于深入实施创新驱动发展战略，加快转方式、调结构、促升级具有十分重要的意义。

  近年来，随着我国经济社会的发展和老龄化进程的加快，人们对医药健康产品的需求越来越大。医药生产经营技术的进步，对相关从业人员的要求越来越高，也给医药健康类职业院校的快速发展、深化教育改革、提高教育质量提出了新的要求。河南医药技师学院根据这一要求积极改革教育教学模式、教学方法，在课程体系、课程建设、教材建设等方面进行了积极探索和实践，取得了显著成效。

  本系列教材围绕学生职业能力和职业素质培养主线，依照"工学结合、校企合作"要求，将医药生产经营中的新技术、新进展纳入教材，具有先进性、实用性和创新性，使教材更贴近专业发展和实际需要。按照"岗位导向，任务驱动"的职业教育特色，理论知识以"必需、够用"为度，实践教学突出"工学一体化"，有利于讨论式、探究式和自主学习，更加突出职业能力的培养。

  教育教学改革是一个不断深化的过程，教材建设也是一个不断推陈出新、反复锤炼的过程。希望本系列教材的出版对医药职业教育教学改革和提高教育教学质量起到更大的推动作用，也希望使用教材的师生多提宝贵意见和建议，以便及时修订、不断完善。

张橡楠

2015 年 3 月

前言

　　本教程是国家职业示范学校建设"一体化"教学改革配套教材,是河南医药技师学院所承担的国家职业教育改革发展示范学校建设计划项目任务书中的重点建设任务之一。该教程在编写中,充分体现了工作过程导向的课程开发思想,凸显了职业教育的教学规律。它具有以下特点:一是能力本位,课程内容与要求、课程实施与评价等力求职业能力的培养,符合职业教育人才培养的目标要求;二是理实一体,打破了理论与实践二元分离的局面,使理实一体化;三是内容实用,紧紧围绕项目要求选择课程内容,不追求理论知识的系统性,而是强调内容的实用性。

　　理实一体化、模块化和项目化的编写体系,具有鲜明"双带双促(以工艺带设备,以设备带操作,以操作促技能,以技能促能力)"特色和较强趣味性的编写风格,可更好地激发学生学习制剂技术的兴趣,调动学生的学习积极性,更好地培养学生的动手实践能力、合作精神和创新能力,实现教学任务项目与行业、企业需求的零距离接轨,更好地培养企业急需的一线优秀技术人员。

　　本教材的编写充分体现了职业教育的特点和理实一体化课程的内涵。它以实践操作的素质能力培养为主线,贯彻理论知识"以实用为主、服务于实践"的教学原则。从培养药物制剂技工和技师的角度出发,按照"综合的技术应用能力"的要求,以就业岗位为引导,将教学目标设计为4个相对独立又完整的模块(学习单元),即片剂模块、胶囊填充模块、铝塑包装模块和诺氟沙星胶囊工艺规程模块。遵从成长规律,任务从简单到复杂,知识由基础到实用,技能从基本到综合,实现理论知识与实践知识的综合,让技能和知识"骨肉相连"。使学生完成资讯、计划、决策、实施、检查、评价等一个完整的工作过程;搭建了"指导优先和构建优先融合"的架构;任务(活动)典型真实,每一个任务有着不同技能与知识要求,学生在工作任务的首段清晰地表达,明确任务,明确要求,带着任务学习,由相应实践设备完成任务,学习成就感强,整个任务的完成,形成较全面、系统的药物制剂能力。同时也方便因材施教,根据学生的不同层次,灵活选用不同的工作任务(学习单元),设计构建不同的教学过程。

　　编写组老师在本教材编写中重视与当地企业的联系,教材中的工艺规程实例,来源于当地知名的企业,在编写过程中,编写组老师得到了企业的大力支持,获得了企业提供的一手资料,并通过深入企业实践,请教行业专家,根据学校的设备情况和教学要求,反复筛选,把具有代表性的典型工作任务进行教学,确定教材内容。

参加教程编写的老师,均为学校的药物制剂技术一体化教师,多次在全国、省级技能大赛中指导学生获奖或自己参赛获奖。他们借鉴、吸收了职业教育的许多先进理念和先进经验,充分考虑当地经济特点,以现代企业的需求为基础,结合中等职业学校学生的认知规律,组织教材内容,使教师在使用该教材时,能教得轻松,学生在使用该教材时,学得轻松有趣。所以,从这个意义上来讲,该教材是河南医药技师学院教师们立足课改,长期研究、实践的成果。

本教程的编写是河南医药技师学院国家中等职业教育改革发展示范建设学校、国家高技能人才培养示范基地的标志性成果之一,也是我校一体化教学改革的需要。参加该教程编写工作的有张雅阁老师(模块一)、王建涛老师(模块二、模块四)、李丽老师(模块三)。全书由河南医药技师学院特聘教师、开封制药(集团)有限公司生产副总牛四清进行审稿。任何一本新书的出版都是在认真总结和引用前人知识和智慧的基础上创新发展起来的,同时本书的编写也参考和引用了许多前人优秀教材与研究成果,在此向本书所参考和引用的资料、文献、教材和专著的编著者表示最诚挚的敬意和感谢!

鉴于编者的水平和经验有限,书中错误、疏漏、不足之处在所难免,恳请读者和专家们不吝批评指正,以便今后更好地完善、充实和提高。

编者
2016 年 5 月

目录

模块一

片剂

片剂是在丸剂使用基础上发展起来的,它创用于 19 世纪 40 年代,到 19 世纪末随着压片机械的出现和不断改进,片剂的生产和应用得到了迅速的发展。近十几年来,片剂生产技术与机械设备方面也有较大的发展,如沸腾制粒、全粉末直接压片、半薄膜包衣、新辅料、新工艺以及生产联动化等。目前片剂已成为品种多、产量大、用途广、使用和储运方便、质量稳定的剂型之一,片剂在中国以及其他许多国家的药典所收载的制剂中,均占 1/3 以上,可见应用之广。

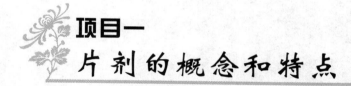

项目一
片剂的概念和特点

一、片剂的概念

片剂是指药物与适宜的辅料混匀压制而成的圆片状或异形片状的固体制剂。在世界各国药物制剂中片剂占有重要地位,是目前临床应用最广泛的剂型之一。

二、片剂的特点

1. 片剂的优点

(1)剂量准确:患者按片剂服用剂量准确,药片上又可以压上凹纹,可以等分成两份或四份,便于取用较小剂量而不失其准确性。

(2)质量稳定:片剂是干燥固体剂型,质量稳定,便于运输、储存。

(3)服用方便:片剂体积小,服用便利,携带方便。片剂外部一般光洁美观,色、味、臭不佳的药物可以用包衣来改进。

（4）便于识别：药片上可以压上主药名和含量的标记，也可以将片剂着上不同的颜色，便于识别。

（5）可以制成不同类型的片剂：例如，分散片、控释片、肠溶包衣片、咀嚼片及口含片等，也可以制成两种或两种以上药物的复方片剂，从而满足临床医疗或预防的不同需要。

2. 片剂的缺点

（1）幼儿及昏迷患者不易吞服。

（2）压片时加入的辅料，有时影响药物的溶出和生物利用度。

（3）制备储存不当时会逐渐变质，以致在胃肠道内不易崩解或不易溶出。

（4）如含有挥发性成分，久储含量有所下降。

三、片剂的分类和质量要求

1. 片剂的分类

（1）口服片剂：口服片剂是应用最广泛的一类，在胃肠道内崩解吸收而发挥疗效。

1）普遍压制片（素片）：系指药物与赋形剂混合，经压制而成的片剂，应用广泛，如维生素 B_1 片、复方磺胺甲噁唑片（图 1-1-1）。

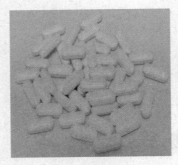

图 1-1-1　素片

2）包衣片：系指在片心（压制片）外包有衣膜的片剂，如愈美片（图 1-1-2）。

图 1-1-2　包衣片

3) 咀嚼片:系指在口腔中咀嚼后吞服的片剂。药片嚼碎后便于吞服,并能加速药物溶出,提高疗效。如碳酸钙咀嚼片、富马酸亚铁咀嚼片、对乙酰氨基酚咀嚼片。

4) 泡腾片:系指含有碳酸氢钠和有机酸,遇水可产生气体而呈泡腾状的片剂。这种片剂特别适用于儿童、老年人和不能吞服固体制剂的患者。如阿司匹林泡腾片、维生素 C 泡腾片、对乙酰氨基酚泡腾片等(图1-1-3)。

图 1-1-3 泡腾片

5) 分散片:系指在水中能迅速崩解并均匀分散的片剂。分散片可加水分散后口服,也可将分散片含于口中允服或吞服。如阿奇霉素分散片、尼莫地平分散片、罗红霉素分散片等。

6) 缓释片:系指在规定的释放介质中缓慢地非恒速释放药物的片剂。缓释片应符合缓释制剂的有关要求并进行释放度检查。如氨茶碱缓释片、硫酸亚铁缓释片、硫酸吗啡缓释片。

7) 控释片:系指在规定的释放介质中缓慢地恒速释放药物的片剂。控释片应符合控释制剂的有关要求并进行释放度检查。如格列吡嗪渗透泵片。

8) 肠溶片:系指用肠溶性包衣材料进行包衣的片剂。肠溶片除另有规定外,应进行释放度检查。如胰酶肠溶片、阿司匹林肠溶片、红霉素肠溶片等。

(2) 口腔用片剂

1) 口含片:系指含于口腔中,缓慢溶化产生局部或全身作用的片剂。口含片比一般内服片大而硬,味道适口,除另有规定外,10 min 内不应全部崩解或溶化。如复方草珊瑚含片(图1-1-4)。

2) 舌下片:系指置于舌下能迅速溶化,药物经舌下黏膜吸收发挥全身作用的片剂。如硝酸甘油片、盐酸丁丙诺啡舌下片。

3) 口腔贴片:系指黏贴于口腔,经黏膜吸收后起局部或全身作用的片剂。口腔贴片应进行溶出度或释放度的检查。如吲哚美辛贴片。

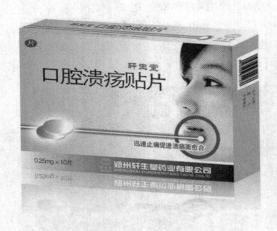 

图 1-1-4   口腔用片剂

（3）其他片剂

1）阴道用片：系指置于阴道内应用的片剂，分为阴道片与阴道泡腾片。如壬苯醇醚阴道片、甲硝唑阴道泡腾片。

2）可溶片：系指临用前能溶解于水的非包衣片或薄膜包衣片剂可溶片应溶解于水中，溶液可呈轻微乳光，可供口服、外用、含漱等用。如高锰酸钾外用片。

3）植入片：指用特殊注射器或手术埋植于皮下产生持久药效（数月或数年）的无菌片剂，适用于需要长期使用的药物。如避孕药制成植入片已获得较好效果。

2. 质量要求

（1）原料药与辅料混合均匀，含药量小或含剧毒药物的片剂，应采用适宜方法使药物分散均匀。

（2）凡属挥发性或对光、热不稳定的药物，在制片过程中应遮光、避热，以避免成分损失或失效。

（3）压片前的物料或颗粒应控制水分，以适应制片工艺的需要，防止片剂在储存期间发霉、变质。

（4）含片、口腔贴片、咀嚼片、分散片、泡腾片等根据需要可加入矫味剂、芳香剂和着色剂等附加剂。

（5）为增加稳定性、掩盖药物不良臭味、改善片剂外观等，可对片剂进行包衣。必要时，薄膜包衣片剂应检查残留溶剂。

（6）片剂外观应完整光洁，色泽均匀，有适宜的硬度和耐磨性，以免包装、运输过程中发生磨损或破碎，除另有规定外，对非包衣片，应符合片剂脆碎度检查法的要求。

（7）片剂的溶出度、释放度、含量均匀度、微生物限度等应符合要求。

（8）除另有规定外，片剂应密封储存。

四、片剂的制备方法

片剂的制备方法按照制备工艺分为两大类：

制粒压片法 $\begin{cases} 湿法制粒压片法 \\ 干法制粒压片法 \end{cases}$　　直接压片法 $\begin{cases} 粉末直接压片法 \\ 半干式制粒压片法 \end{cases}$

（一）湿法制粒压片法

湿法制粒压片法系将原辅料粉末均匀混合后加入黏合剂或润湿剂制成颗粒，在干燥的颗粒中加入崩解剂、润滑剂等混匀后，压制成片的工艺方法。本法适用于对湿热稳定的药物。湿法制粒压片法是片剂生产中最常用的方法，应用最为广泛，用于压片的物料必须具有良好的流动性、润滑性和可压缩成型性，但是供压片的物料很少能同时具备这三种性质，因此需要制成颗粒后再进行压片，其工艺流程如下（图1-1-5）：

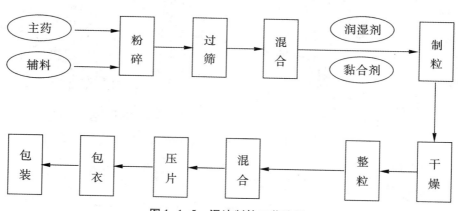

图1-1-5　湿法制粒工艺流程

湿法制粒压片的优点：

（1）良好的流动性：粉末流动性差，不易均匀地填充于模孔中，颗粒的流动性比粉末大，可以减少片重差异过大或含量不均匀的现象。

（2）良好的可压性：细粉内含有很多空气，在压片时部分空气不能及时逸出，易产生松片、裂片现象。

（3）良好的润滑性：粉末附着性强，易黏附于冲头表面造成黏冲、挂模现象；颗粒则附着性差，保证片剂不黏冲，得到完整无缺、表面光洁的片剂。

（4）含量准确性强：片剂原辅料密度不同，因机器振动易分层，致使主药含量不匀；制粒后减少各成分分层，使片剂中药物含量准确。

（5）工作环境粉尘小：粉末直接压片易造成细粉飞扬而损失并影响工作人员身体健康；制成颗粒则可以克服此现象。

(二)干法制粒压片法

干法制粒是将药物和辅料的粉末混合均匀,压缩成大片状或板状后,粉碎成所需大小颗粒的方法(图1-1-6)。

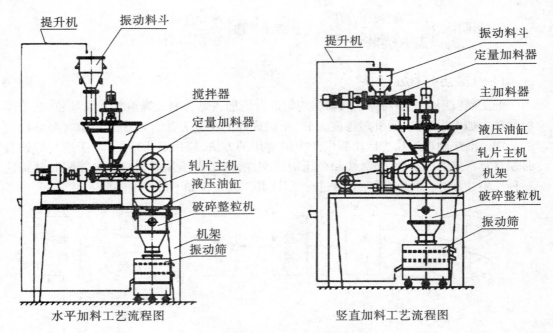

水平加料工艺流程图   竖直加料工艺流程图

图1-1-6 干法制粒结构

其制备方法有压片法和滚压法。其工艺流程如下(图1-1-7):

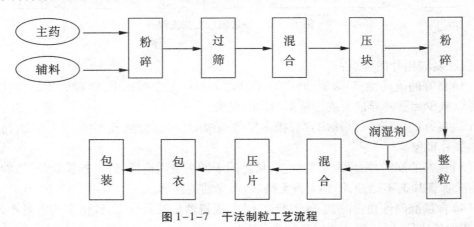

图1-1-7 干法制粒工艺流程

压片法系利用重型压片机将物料粉末压制成直径为20~25 mm的胚片,然后破碎成一定大小颗粒的方法。

滚压法系利用转速相同的两个滚动圆筒之间的缝隙,将药物粉末滚压成板状物,然后破碎成一定大小颗粒的方法。

干法制粒压片法常用于热敏性物料、遇水易分解的药物,其方法简单、省工省时。但采用此方法时,应注意由于高压引起的晶型转变及活性降低等问题。

(三)粉末直接压片法

粉末直接压片法是不经过制粒过程直接把主药和辅料的混合物进行压片的方法。其工艺流程如下(图1-1-8):

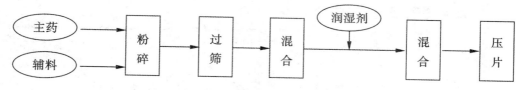

图1-1-8 粉末直接压片流程

粉末直接压片法避开了制粒过程,因而具有省时节能、工艺简便、工序少,适用于湿热不稳定的药物等突出的优点,但也存在粉末的流动性差、片重差异大,粉末压片容易造成裂片等弱点,致使该工艺受到了一定限制。

(四)半干式制粒压片法

半干式制粒压片法是将药物粉末和预先制好的辅料颗粒(空白颗粒)混合进行压片的方法。其工艺流程如下(图1-1-9):

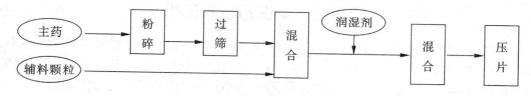

图1-1-9 半干式制粒工艺流程

该法适合于对湿热敏感不宜制粒,而且压缩成型性差的药物,也可用于含药较少的物料。这些药物可借助辅料的优良压缩特性顺利制备片剂。

活动与探究

1.试述片剂的分类。
2.列举出片剂的几种制备方法及其工艺流程。

项目二
粉 碎

粉碎是借机械力将大块固体物质粉碎成适宜程度的碎块、颗粒或细粉的操作过程。由于物质是依靠其分子间的凝聚力聚结成一定形状的块状物,因此粉碎过程主要是依靠外加机械力的作用而破坏物质分子间的内聚力。外加的机械力包括剪切力、撞击力、研磨力、挤压力等,作用力不同,有不同的粉碎设备,可以根据药物的性质和产品质量要求选择不同的粉碎设备。

粉碎的目的:①有利于进一步制备各种剂型,如散剂、丸剂、片剂;②增加药物的表面积,促进药物的溶解与吸收;③加速药材中有效成分的浸出;④利于中药材的干燥和储存;⑤便于混合均匀和服用。

活动一　认识万能粉碎机

万能粉碎机利用活动齿盘和固定齿盘间的高速相对运动,使被粉碎物经钢齿冲击、摩擦及物料彼此间冲击等综合作用获得粉碎。本机结构简单、坚固、运转平稳、粉碎效果良好,被粉碎物可直接由主机磨腔中排出、粒度大小通过更换不同孔径的网筛获得。

1. 工作流程(图1-2-1)

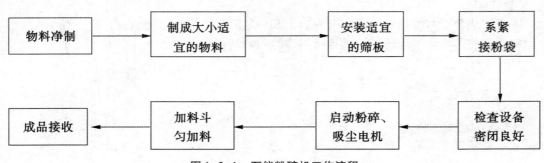

图1-2-1　万能粉碎机工作流程

2. 工作原理　物料从加料斗进入粉碎室、靠活动齿盘高速旋转产生的离心力由中心部位被甩向室壁,在活动齿盘与固定齿盘之间受钢齿的冲击、剪切、研磨及物料间的撞击作用而被粉碎,最后物料到达转盘外壁环状空间,细粒经环状筛板由底部出料,粗粉在机内重复粉碎。

3.万能粉碎机的结构(图1-2-2,图1-2-3)

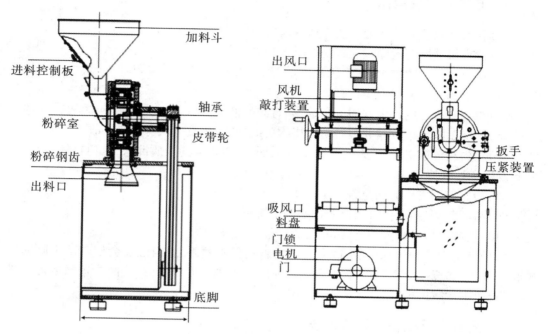

图1-2-2　万能粉碎机结构(1)

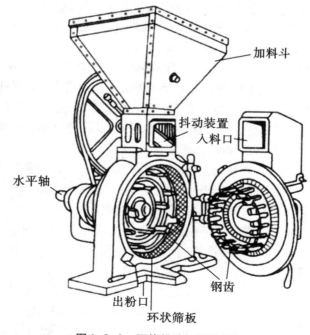

图1-2-3　万能粉碎机结构(2)

活动二　万能粉碎机的应用

一、万能粉碎机操作

（1）开机前凡装有油杯处应注入适量润滑油。

（2）检查机器所有紧固螺丝钉是否全部拧紧。

（3）检查皮带张紧是否适度，机身内是否装有皮带松紧调节螺母。

（4）电器部分做常规安全检查。

（5）检查主机腔内有无铁屑等杂物，如有必须彻底清除。

（6）前门手柄必须拧紧并检查防松机构可靠性，防止发生人身安全事故。

（7）物料粉碎前必须检查，不允许有如铁屑、铁钉之类的杂质混入，以免打坏齿盘、齿圈和发生意外事故。

（8）检查筛网安装方向是否正确。

（9）机器每班使用完毕后，机腔内必须清理干净。

（10）粉碎机启动进入正常转速后，方可加料粉碎。

（11）调节料斗闸门开启度，过大过小均影响粉碎效果，进料过多会使转速下降而影响粉碎效果，甚至会出现闷车，损坏筛网。所以当发现速度下降时，应减少进料或停止进料，待转速正常后再投料。

二、设备常见故障及处理方法

1. 万能粉碎机　一般采用电机直接连接粉碎装置，这种连接方式简单、易维修。但是如果在装配过程中两者不能很好连接，就会造成万能粉碎机的整体振动。

（1）电机转子与万能粉碎机转子不同心。可左、右移动电机的位置，或在电机底脚下面加垫，以调整两转子的同心度。

（2）万能粉碎机转子不同心。其原因是支承转子轴的2个支承面不在同一个平面内。可在支承轴承座底面垫铜皮，或在轴承底部增加可调的楔铁，以保证2个轴头同心。

（3）粉碎室部分振动较大。其原因是联轴器与转子的连接不同心或转子内部的平锤片质量不均匀。可根据不同类型联轴器采取相应的方法调整联轴器与电机的连接：当锤片质量不均时，须重新选配每组锤片，使相对称的锤片误差小于5 g。

（4）原有的平衡被破坏。电机修理后须做动平衡试验，以保证整体的平衡。

（5）万能粉碎机系统的地脚螺栓松动或基础不牢，在安装或维修时，要均匀地紧固地脚螺栓，在地脚基础和粉碎机之间，要装减震装置，减轻振动。

（6）锤片折断或粉碎室内有硬杂物。这些都会造成转子转动的不平衡，而引起整机振动。因此，要定期检查，对于磨损严重的锤片，在更换时，要对称更换；粉碎机运转中出现的不正常声音，要马上停机检查，查找原因及时处理。

（7）粉碎机系统与其他设备的连接不吻合。例如进料管、出料管等连接不当，会引起振动和噪声。因此，这些连接部，不宜采用硬连接，最好采用软连接。

2. 轴承过热　轴承是万能粉碎机上较为重要的配件，其性能直接影响到设备的正常运行及生产效率。设备运行过程中,使用者要特别注意轴承的升温和轴承部位的噪声,出现异常要及早处理。

(1)2个轴承座高低不平,或电机转子与粉碎机转子不同心,会使轴承受到额外负荷的冲击,从而引起轴承过热。出现这种情况,要马上停止使用万能粉碎机,进行故障排除,以避免轴承早期损坏。

(2)轴承内润滑油过多、过少或老化也是引起轴承过热而损坏的主要原因,因此,要按照使用书要求按时定量地加注润滑油,一般润滑油占轴承空间的70%~80%,过多或过少都不利于轴承润滑和热传递。轴承延长其使用寿命。

(3)轴承盖与轴的配合过紧,轴承与轴的配合过紧或过松都会引起轴承过热。一但发生这种问题,在设备运转中,就会发出摩擦声响及明显的摆动。应停止使用万能粉碎机,拆下轴承。修整摩擦部位,然后按要求重新装配。

3.万能粉碎机堵塞　万能粉碎机堵塞是粉碎机使用中常见的故障之一,可能有机具设计上存在的问题,但更多是由于使用操作不当造成的。

(1)进料速度过快,负荷增大,造成堵塞。在进料过程中,要随时注意电流表指针偏转角度,如果超过额定电流,表明电机超载,长时间超载,会烧坏电机。出现这种情况应立即减小或关闭料门,也可以改变进料的方式,通过增加喂料器来控制进料量。喂料器有手动、自动两种,用户应根据实际情况选择合适的喂料器。由于万能粉碎机转速高、负荷大,并且负荷的波动性较强。所以,粉碎机工作时的电流一般控制在额定电流的85%左右。

(2)出料管道不畅或进料过快,会使万能粉碎机风口堵塞;与输送设备匹配不当会造成出料管道风减弱或无风后堵死。查出故障后,应先清通送口,变更不匹配的输送设备,调整进进料量,使设备正常运行。

(3)锤片断、老化,筛网孔封闭、破烂,粉碎的物料含水量过高都会使万能粉碎机堵塞。应定期更新折断和严重老化的锤片,保持粉碎机良好的工作状态,并定期检查筛网,粉碎的物料含水率应低于14%,这样既可提高生产效率,又使万能粉碎机不堵塞,增强粉碎机工作的可靠性。

4.注意事项

(1)粉碎机应空载启动,启动顺畅后,再缓慢、均匀加料,不可加料过急,以防粉碎机空载以致塞机、死机。

(2)定期为机器加润滑油。

(3)每次使用完毕,必须先关掉电源,再进行清洁。

(4)不允许在超负荷的情况下开机。

(5)不允许在机器运行时进行调整。

粉碎岗位生产记录及粉碎操作标准见表1-2-1,表1-2-2。

表 1-2-1　粉碎岗位生产记录

品　名			规　格			批　号	
生产指令号				本批生产量			

生产前检查	1. 计量器具有周检合格证,并在周检有效期内。（　） 2. 设备有完好证及已清洁状态标记。（　） 3. 该岗位门外有清场合格证。（　） 4. 岗位有准许生产证。（　） 5. 岗位现场无上批生产产遗留物。（　） 6. 容器具有已清洁状态标记。（　） 7. 物料有物料标示卡、检验报告单。（　）						

生产情况	物料名称		数　量		检验单号		操作日期
			kg	桶			
			kg	桶			
			kg	桶			
	药粉细度	药粉重量			损耗量		操作时间
		kg	桶		kg		

收率	要求	$\dfrac{\text{药粉重量}}{\text{原药质量}} \times 100\%（97.0\% \sim 100.0\%）$	偏差情况
	结果		

物料平衡	要求	$\dfrac{\text{药粉重量}+\text{设备残留及损耗重量}}{\text{原药重量}} \times 100\%（99.0\% \sim 100.0\%）$	
	结果		

备注	

操作人：　　　　　　　　　　　　复核人：

表 1-2-2 粉碎操作评分标准

姓名： 总分：

序号	考试内容	操作内容	分值	评分要求	得分
1	操作前检查	设备、容器、仪器、状态标志和记录	15	1.检查操作间设备有无上批遗留物,悬挂已清洁状态标志。	
				2.检查工具、容器等是否清洁干燥。	
				3.检查设备是否干燥、清洁。	
				4.是否有上批清场合格证。	
				5.仪器状态标志检查(状态标志完好无缺)。	
2	粉碎操作	装机并粉碎	30	1.准确、迅速地安装筛网。	
				2.空车试机动作规范。	
				3.粉碎好的物料符合要求。	
3	清场	清理机器与打扫地面	25	1.检查机器电源是否关闭。	
				2.拆卸机器顺序合理,动作规范。	
				3.清洁机器顺序合理,动作规范。	
4	生产记录	物料记录、生产前检查记录、清场记录	10	1.生产记录的真实性和准确性。	
				2.生产记录的完整性。	
				3.生产记录的及时性。	
5	按时完成任务	评估是否按时完成操作任务	10	根据完成任务的情况酌情给分。	
6	安全生产	评估生产过程中是否存在影响安全的行为和因素	10	评估生产过程中是否存在与正确操作无关的行为。	

活动与探究

1.书写万能粉碎机操作标准操作规程。

2.使用万能粉碎机,粉碎 5 kg 大米,并填写生产记录。

项目三
过筛

过筛是指粉状的物料通过一种网孔工具,使粗粉与细粉分离的操作。

筛分的目的概括起来就是为了获得较均匀的粒子群,即或筛除粗粉取细粉,或筛除细粉取粗粉,或筛除粗、细粉取中粉等。这对药品质量以及制剂生产的顺利进行都有重要的意义。如颗粒剂、散剂等制剂都有药典规定的粒度要求;在混合、制粒、压片等单元操作中对混合度、粒子的流动性、充填性、片重差异、片剂的硬度、裂片等具有显著影响。

筛分用的药筛分为两种,即冲眼筛和编织筛。冲眼筛系在金属板上冲出圆形的筛孔而成。其筛孔坚固,不易变形,多用于高速旋转粉碎机的筛板及药丸等粗颗粒的筛分。编织筛是具有一定机械强度的金属丝(如不锈钢、铜丝、铁丝等)或其他非金属丝(如丝、尼龙丝、绢丝等)编织而成。编织筛的优点是单位面积上的筛孔多、筛分效率高,可用于细粉的筛选。用非金属制成的筛网具有一定弹性,耐用。尼龙丝对一般药物较稳定,在制剂生产中应用较多,但编织筛线易于位移致使筛孔变形,分离效率下降。

药筛的孔径大小用筛号表示(表1-3-1)。筛子的孔径规格各国有自己的标准,为了便于区别固体粒度的大小,《中华人民共和国药典》(简称《中国药典》)2015年版规定把固体粉末分为六级,还规定了各个剂型所需要的粒度。粉末分等如下:

最粗粉——指能全部通过一号筛,但混有能通过三号筛不超过20%的粉末。

粗　粉——指能全部通过二号筛,但混有能通过四号筛不超过40%的粉末。

中　粉——指能全部通过四号筛,但混有能通过五号筛不超过60%的粉末。

细　粉——指能全部通过五号筛,并含能通过六号筛不少于95%的粉末。

最细粉——指能全部通过六号筛,并含能通过七号筛不少于95%的粉末。

极细粉——指能全部通过八号筛,并含能通过九号筛不少于95%的粉末。

我国工业用标准筛常用"目"数表示筛号,即以每一英寸(25.4 mm)长度上的筛孔数目表示,孔径大小常用微米表示。

表1-3-1　筛网筛号大小示意

筛号	筛孔内径(平均值)/μm	目号
一号筛	2 000±70	10
二号筛	850±29	24
三号筛	355±13	50
四号筛	250±9.9	65
五号筛	180±7.6	80
六号筛	150±6.6	100
七号筛	125±5.8	120
八号筛	90±4.6	150
九号筛	75±4.1	200

活动一　认识不同的筛分工具

一、手摇筛

手摇筛由筛网在圆形的金属圈上制成,并按照筛号的大小依次叠成套,亦称套筛。应用时取所需号数的筛套在接收器上,粗号在上,细号在下,上面用盖子盖好,用手摇动过筛(图1-3-1)。本法适用于小量、毒性、刺激性或质轻药粉的筛分,亦常用于粉末粒度分析。

二、旋涡式振荡筛

旋涡式振荡筛是如今生产上常用的筛分设备,可分设几层筛网实现两级、三级甚至四级分离。适用于筛分无黏性的植物药、化学药物、毒性、刺激性及易风化或潮解的药物粉末。

图1-3-1　手摇筛示意

1. 工作流程(图1-3-2)

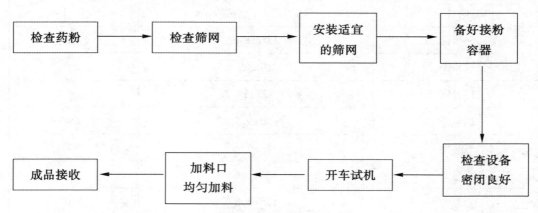

图1-3-2　旋涡式振荡筛工作流程

2. 工作原理　由直立式振动电机作为激振源,电机上、下两端安装有偏心重锤,将电机的旋转运动转变为水平、垂直、倾斜的三次运动,再把这个运动传递给筛面进行筛分。调节上、下两端的相位角,可以改变物料在筛面上的运动轨迹。

3. 旋涡式振荡筛的结构(图1-3-3)

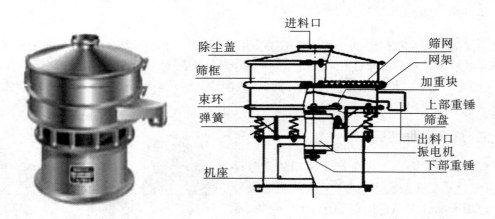

图1-3-3　旋涡式振荡筛

活动二 旋涡式振荡筛的应用

一、旋涡式振荡筛操作

(1)开机前,空机运转检查有无异常,如有异常现象应及时排除。

(2)按工艺要求选用合适的筛网并检查筛网是否破损,若有破损应及时更换。

(3)根据生产需要调节重锤件的角度,获得理想的振幅和振动,使筛子内的物料具有旋涡效果。调节下部重锤时,只要把机座上的活动门打开,对重锤调节器进行调节即可。旋转角度与振幅之间的关系如下:0°/6 mm,70°/2 mm,45°/4 mm,80°/1.5 mm,60°/3 mm,90°/1 mm。

(4)将筛盖锁紧机构锁紧,接通电源,按启动按钮,看振动、声音是否正常,若有问题停机检查。

(5)过筛时,物料加入速度要适当,加得太快物料会溢出,加得太慢影响产量。

(6)完成过筛后,按停机按钮并切断电源。按设备从上而下的顺序清理残留在筛中的物料。

(7)设备清洁。

(8)填写记录。

二、常见故障及处理方法

旋涡式振荡筛常见故障及处理方法见表1-3-2。

表1-3-2 旋涡式振荡筛常见故障及处理

常见故障	产生原因	故障排除
粉料粒度不均匀	筛网安装不密闭,有缝隙	检查并重新安装
设备不抖动	偏心失效、润滑失效或轴承失效	检查润滑,维修更新

活动与探究

1.书写振荡筛使用标准操作规程。

2.分别使用手摇筛、振荡筛对实训场现有药粉进行筛分操作练习。

筛粉岗位生产记录和操作评分标准见表1-3-3,表1-3-4。

表1-3-3　筛粉岗位生产记录

产品名称			规格		日期	
批号			班次		执行工艺规程编号	
生产前检查		下达批生产指令号：			下达日期：	
筛分机型号						

	原辅料名称	操作前称重（kg）	操作后称重（kg）	收率(%)	筛分目数	开始时间	结束时间	操作人	复核人
筛粉									

移交：

移交物料名称	移交数量(kg)	件数(件)	移交去向	移交人	接收人	日期

备注：

工序班长：　　　　　　　　　　　　　QA：

表 1-3-4 筛分操作评分标准

姓名：　　　　　　　　　总分：

序号	考试内容	操作内容	分值	评分要求	得分
1	操作前检查	设备、容器、仪器、状态标志和记录	15	1. 检查操作间设备有无上批遗留物，悬挂已清洁状态标志。	
				2. 检查工具、容器等是否清洁干燥。	
				3. 检查设备是否干燥、清洁。	
				4. 是否有上批清场合格证。	
				5. 仪器状态标志检查(状态标志完好无缺)。	
2	过筛操作	粉碎一定量的物料	30	1. 空车试机动作规范。	
				2. 粉碎好的物料符合要求。	
3	清场	清理机器与打扫地面	25	1. 检查机器电源是否关闭。	
				2. 拆卸机器顺序合理,动作规范。	
				3. 清洁机器顺序合理,动作规范。	
4	生产记录	物料记录、生产前检查记录、清场记录	10	1. 生产记录的真实性和准确性。	
				2. 生产记录的完整性。	
				3. 生产记录的及时性。	
5	按时完成任务	评估是否按时完成操作任务	10	根据完成任务的情况酌情给分。	
6	安全生产	评估生产过程中是否存在影响安全的行为和因素	10	评估生产过程中是否存在与正确操作无关的行为。	

项目四
称 量

　　称量是药品生产的基本操作。称量操作的准确性,对于保证药品质量及药效有重大意义。称量不准确,则使药品含量不准确,导致用药含量偏高或偏低,就可能造成药效过于剧烈或达不到治疗效果,成为劣药,因此,必须严格称量操作。

　　称量操作的首要工作是选择合适性能的、经校验合格的称重器具(又称衡器),且要定期校验。

　　称重器具性能由分度值和最大称量来决定。分度值系指称重器具在一定荷重或空秤情况下处于平衡时,加入能使指示值变化一个分度所需的质量值,又称感量,其数值愈小,灵敏度愈高。最大称量系指称重器具所允许负荷的最大称重量。

活动一　认识不同的称量设备

一、戥秤

　　戥秤又名手秤,是一种单杠杆不等臂的衡器,其主要结构为秤杆和一个以细绳吊挂着的秤盘以及可以移动的线挂秤锤所组成。秤杆上有刻度,一般分为 10 大格,每一大格分为 10 小格。其中 10 大格所示者为最大称量,1 小格所示者为感量。称量时在秤盘中放置被称物体,将称锤沿秤杆移动,使达平衡时,其所示刻度即为该物体的质量。常用的戥秤规格有最大称量为 1 g,2 g 及 5 g 等数种。称取中药的戥秤,有的秤杆上有二个支点,每个支点系有一个绳纽,靠近秤盘的绳纽用以称取较重的药物;较远的绳纽以称取较轻的药物。常用者有 10 ~ 50 g,50 ~ 250 g 等数种规格。

二、天平

　　天平是药剂工作中主要应用的衡器,一般多采用等臂天平,即其支点到重点的距离与支点到力点的距离相等的天平。当天平两边重力相等时,天平趋于平衡,其指针正好指在正中,这时砝码的质量,就是被称物体的质量。

　　药剂工作中常用的天平有架盘天平和扭力天平。

　　架盘天平又称托盘天平,是等臂天平的一种(图 1-4-1)。主要是由双臂杠杆所组成,其秤梁多以铝合金铸成,中央与两端各装钢质刀刃一只,秤盘托架附有连杆。由于秤梁与连杆连接的杠杆平行,因而当天平摆动时,秤盘仍能保持水平的位置。有的秤梁上附有标尺和游码,可供称取少量药物时使用。架盘天平的使用步骤:把天平放到水平台上,游码移到标尺的零刻度;调节天平的平衡螺母使指针指到分度盘的中央,或左右偏转的格数相同;物体放在天平的左盘,砝码放在天平的右盘,并调节游码在标尺上的位置,直至横梁恢复平衡,镊子夹取砝码,要轻拿轻放,要从大到小;物体的质量=砝码的质量+游码对应的刻度;整理器材,将天平复原。

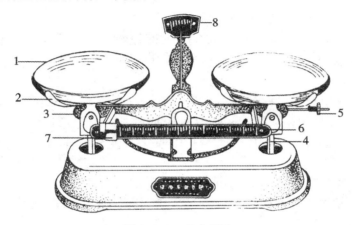

图 1-4-1 架盘天平

1.托盘 2.秤盘托架 3.秤梁 4.连杆 5.调节螺丝 6.标尺 7.游码 8.指针

扭力天平(图1-4-2)其主要结构系以双杠杆制成的秤梁,其支点及杠杆两端均以环绕的固定钢带支持。当天平向一边倾斜移动时,钢带亦随倾斜的方向扭转,由于钢带具有弹性,借助扭力,能促进钢带迅速恢复原形,因此可很快达到平衡,比普通天平依靠空气的阻力停止摆动为快。小型扭力天平的称量为100 g,分度值可达0.01 g,相当于精度10级的天平,可供称取毒剧药及小量药物之用。

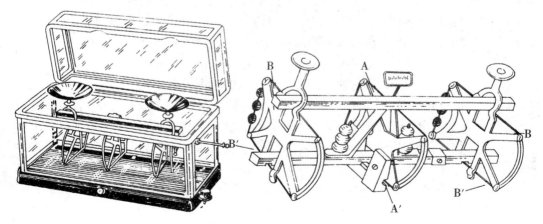

图 1-23 扭力天平

A.钢梁 A′.横梁支点 B.钢滞 B′.支持两端秤盘

三、电子台秤

电子台秤是单独由秤体(台面)、立杆和显示仪表共同组成的衡器,称量在30～600 kg。

电子台秤是利用电子应变元件受力形变原理输出微小的模拟电信号,通过信号电缆传送给称重显示仪表,进行称重操作和显示称量结果的称重器具。电子台秤按显示功能分为普通显示电子台秤、带打印电子台秤和物流专用电子台秤等几类。

电子台秤有多种显示方式:数码管显示(LED)、液晶显示(LCD)、莹光显示(VFD)和液晶点振显示。秤台安装过载保护装置,保护称重传感器(防止极限过载)。根据称重显示仪表的型号不同,电子台秤的技术参数和功能也有所不同。电子台秤按照国家标准属于中准确度等级的衡器。

电子台秤的功能:开机自动置零,可以手工去皮/置零,交流/直流电源供电,数字显示称量数据,还可以增加重量累计功能、计数功能、检重分检功能、动态称重功能、数据记录功能、控制报警功能,可以选配输出接口 RS-232 电脑接口,打印接口。可以连接大屏幕显示器显示数据。

电子台秤称重准确,精确度高,反应速度快,使用方便,称重数据显示直观醒目,避免了因为人为的视觉误差引起的各种误差,合理利用称重软件可以实现称重数据微机管理,实现科学计量。

活动二　称量设备的应用

一、架盘天平操作

(1)将架盘天平放置在操作台上,游码要指向"0"刻度线。

(2)调节平衡螺母(天平两端的螺母),调节零点直至指针对准中央刻度线(游码必须归"0",平衡螺母向相反方向调,使用口诀:左高端,向左调)。

(3)左托盘放称量物,右托盘放砝码。根据称量物的性状应放在玻璃器皿或洁净的纸上,事先应在同一天平上称得玻璃器皿或纸片的质量,然后称量待称物质。

(4)添加砝码从估计称量物的最大值加起,逐步减小。托盘天平只能称准到 0.1 g。加减砝码并移动标尺上的游码,直至指针再次对准中央刻度线。

(5)过冷过热的物体不可放在天平上称量。应先在干燥器内放置至室温后再称。

(6)物体的质量=砝码的总质量+游码在标尺上所对的刻度值。

(7)取用砝码必须用镊子,取下的砝码应放在砝码盒中,称量完毕,应把游码移回零点(游码也要用镊子拨动)。

(8)称量干燥的固体药品时,应在两个托盘上各放一张相同质量的纸,然后把药品放在纸上称量。

(9)易潮解的药品,必须放在玻璃器皿上(如小烧杯、表面皿)里称量。

(10)砝码若生锈,测量结果偏小;砝码若磨损,测量结果偏大。

二、电子台秤操作

（1）将电子台秤放置在水平稳定的台面上，并检查台面四周有无杂物相碰。

（2）接通电源，按下"开/关"键，即进入开机状态，电子台秤显示器进行"9999999～0000000"的笔画自检，完成后自动归零进入称重状态。

（3）将物料放置在台面中心位置，显示器上所显示的数值即为物料的重量。若带容器称量则要进行如下操作：将容器置于台面上，按"去皮"键，则再称量时，将不包括容器的重量。

（4）称量完毕，将物料移走，按下"开/关"键，即可关机

三、称量操作注意事项

（1）应按照称取药物的轻重和称量的允许误差，正确选用天平。称量的准确性是以分度值（感量）计算相对误差的方法来决定的。公式如下：

$$相对误差 = P/Q \times 100\%$$

P 为天平的分度值（感量），Q 为所要称重的量。

例如：欲称取 0.1 g 的药物，一般规定，其允许误差不得超过 ±10%。

如用称量为 100 g 的架盘天平，其空盘的分度值为 0.1 g，相对误差则为：

$$\frac{0.1}{0.1} \times 100\% = \pm100\%$$

如用称量为 100 g 的扭力天平，其分度值为 0.01 g，相对误差则为：

$$\frac{0.01}{0.1} \times 100\% = \pm10\%$$

如用称量为 100 g，分度值为 0.001 g 的天平（精度 7 级），相对误差则为：

$$\frac{0.001}{0.1} \times 100\% = \pm1\%$$

从以上三种天平的相对误差计算结果表明：称量为 100 g 的架盘天平，因相对误差超过规定，不宜使用。一般在称取少量药物时，常使用扭力天平比较适宜。在称取 0.1 g 以下药物时，应使用精度较高的天平。

（2）称取前，须将天平放置在水平台上，检验其是否灵敏，必要时须加以调整。取药物时一般瓶盖不离手。

（3）称取药物时，若系附有标尺和游码的架盘天平，称量时砝码应放在右盘，药物应放在左盘。药物与砝码均应放置在盘的中心，以避免误差。如过量则多余部分不得倒回原药瓶（图 1-4-3）。

（4）任何药物称量时，须在盘上衬以称量纸或其他适当容器。称取时切勿将药物撒到天平各部，以免损坏天平。过热的药物应待冷却后再称量。

（5）称量操作完毕，须将天平复原，将砝码立即放回砝码盒内，游码退回零处，并将天

平处于休止状态,以保护刀口。

（6）应经常保持天平的清洁和干燥。若被污染时,应用柔软的细布擦拭。

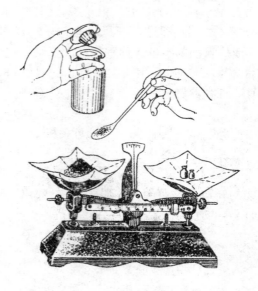

图1-4-3   药物称量示意

四、电子台秤常见故障及处理方法

1. 开机无任何显示、无声音   故障分析:从电路上分析"无显示"是显示电路的故障,没有声音是蜂鸣电路上的故障。这两个故障同时出现的概率比较低。所以一般故障会出现在供电电路上。

2. 显示器显示不稳定   故障分析:这个故障看似简单其实造成该故障的原因很多。一般有传感器自身电路绝缘不好、传感器线缆破损或绝缘不好、传感器与显示器之间连接头接触不好、传感器与显示器之间连接头接触不好、显示器供电不正常、主板脏或潮湿造成主板漏电（尤其是A/D部分）、放大部分的滤波电容不好、主板虚焊、秤体是否有擦碰现象等。

3. 重量显示不正确   故障分析:重量显示不正确根据不正确的程度、正负不同。应该有不同的处理方式。①重量显示不正确且正偏差很大,检查传感器量程与秤的实际标注重量是否使用匹配,重新校正。②重量显示不正确且成一定比例,检查仪表程序中的最大称量设置是否正确,或在校正过程中要求放置的砝码重量与实际放置的砝码重量是否一致。③重量显示不正确其中一个角负偏差大,一般有硬物顶住秤体,如果没有重新校正,或不能校正到正常,调换传感器。④重量显示不正确其中一个角负偏差大,检查该角的下部是否有硬物顶住,秤体是否有错位,如果上面两个故障不存在,只能修正传感器角差,不能修复换传感器。⑤重量显示不正确其中一个角负偏差很小,检查该角的下部是否有擦碰,秤体是否有错位,如果上面两个故障不存在修正传感器角差一般能解决。

4. 不能清零   ①"置零"键损坏,调换按键或整套键板。②工作环境不好,周围有风。

③打开仪表功能程序把"零点跟踪范围"调到合适的值。④按"显示器显示不稳定"故障处理方式处理。

5. 不能去皮 ①"去皮"键损坏,调换按键或整套键板。②操作方法不正确。③"去皮"一定要在称重稳定状态下操作,有时称量还没有稳定就按"去皮"键,就会出现故障。④去皮内存满,由于经常连续去皮造成去皮内存溢出,消除内存即可排除。

6. 开机不能自检(不能出现正常称重状态)

故障分析:造成此类故障的原因很多,很多故障其实更严重的"显示不稳定"。因为零点漂移太大使仪表无法捕捉到传感器的零点,造成不能自检成功。

排除:维修该故障最好有一台备用仪表,一次性判断是仪表故障还是传感器故障,把备有仪表连接到传感器上,然后看备用仪表显示是否稳定即可判断出来,按"显示不稳定"的故障排除方式处理;主机处理器(CPU)程序出错,重新修正程序使程序恢复出厂设置;调换 CPU。

引发电子台秤故障的原因很多,故障现象也很复杂,有时几个故障现象同时出现,在处理电子台秤故障时,应具体故障具体分析,认真检查可能产生故障的环节,迅速、准确地判断出故障部位,进而及时排除。

五、其他注意事项

(1)称量实行双人复核制度。

(2)剧毒药品、麻醉药品、细贵药品与精神药品应在质控监督下投料,并记录。

(3)安全使用水、电、气,操作间严禁吸烟和动用明火。

(4)在称量或复核过程中,每个数值都必须与规定值一致,如发现偏差,必须及时分析,并立即报告,直到做出合理的解释,方可进行下一步工序,同时在生产记录上详细记录并有分析、处理人员的签名。

活动与探究

1. 书写架盘天平、电子台秤标准操作规程。

2. 选择合适的衡器称量 13 g 硬脂酸镁、5 kg 淀粉、30 kg 糖粉。

称量岗位生产记录格式及称量操作评分标准见表 1-4-1,表 1-4-2。

表 1-4-1　称量岗位生产记录

产品名称				批号	

批量		规格	g	岗位负责人	

生产前检查	操作要求	执行情况
	1. 是否有生产指令单。 2. 清场合格证是否在有效期内,标识牌是否填写清楚。 3. 计量器具校验合格证是否在有效期内。 4. 按批指令核对物料名称、规格、批号、数量、外观质量。 5. 房间压差是否符合要求。	1. □是　□否 2. □是　□否 3. □是　□否 4. □是　□否 5. □是　□否

称量操作	物料名称	物料编码	物料批号	分料称量(kg)							合计
				1次	2次	3次	4次	5次	6次	7次	

投料总量:　　　　kg	配料依据:　　　　　　生产操作记录
设备名称:　　　　　　　　　设备编号:	
操作时间:　　时　　分~　　时　　分	
操作人:　　　　　　　　复核人:	

偏差处理情况:

备注:

表1-4-2 称量操作评分标准

姓名： 总分：

序号	考试内容	操作内容	分值	评分要求	得分
1	操作前检查	设备、容器、仪器、状态标志和记录	15	1. 检查操作间设备有无上批遗留物,悬挂已清洁状态标志。	
				2. 检查工具、容器等是否清洁干燥。	
				3. 检查设备是否干燥、清洁。	
				4. 是否有上批清场合格证。	
				5. 仪器状态标志检查(天平调平或至零,状态标志完好无缺)。	
2	称量	称取一定量的药品	30	1. 正确的选择称量设备。	
				2. 称量操作动作规范。	
3	清场	清理机器与打扫地面	25	1. 检查机器电源是否关闭。	
				2. 清洁机器顺序合理,动作规范。	
4	生产记录	物料记录、生产前检查记录、清场记录	10	1. 生产记录的真实性和准确性。	
				2. 生产记录的完整性。	
				3. 生产记录的及时性。	
5	按时完成任务	评估是否按时完成操作任务	10	根据完成任务的情况酌情给分。	
6	安全生产	评估生产过程中是否存在影响安全的行为和因素	10	评估生产过程中是否存在与正确操作无关的行为。	

项目五　混合

混合是指将两种或是两种以上的物料均匀混合在一起的操作。混合的目的是使处方中的各组分均匀混合、色泽一致,以保证剂量准确,用药安全。混合操作是制剂生产中的基本操作之一,几乎所有的制剂生产都涉及混合操作。

混合原则:

(1)混合设备的吸附性:将量小的药物先加入混合设备时,可被混合设备内壁吸附造成较大的损耗,故应先取少部分量大的物料加入到混合设备中先进行混合,然后再加量小的物料。

(2)混合的比例量:混合物料的比例量相差悬殊时,应采用等量递增混合法。将量大的物料先取出部分,与量小物料约等量混合均匀,如此倍量增加量大的物料,直至全部混合均匀。

(3)组分的堆密度:混合物料堆密度不同时,应将堆密度低的先放入混合设备内,再加入堆密度大的物料适当混匀。

活动一　认识 CH-200 槽形混合机

1. 概述　槽形混合机用以混合粉状或糊状的物料,使不同质物料混合均匀,是卧式槽形单浆混合,搅料浆为通轴式,便于清洗。与物体接触处全采用不锈钢制成,有良好的耐腐蚀性,混合槽可自动翻转倒料(图 1-5-1)。由于槽形混合机具备分散性好、使用范围广、使用简单方便、使用寿命长、投资小、见效快的特点,在很多场合倍受欢迎。

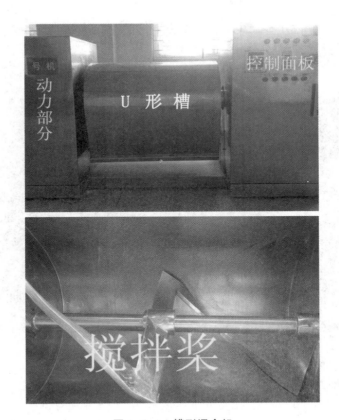

图 1-5-1 槽形混合机

2. 工作过程 搅拌浆可使物料不停地在上下、左右、内外各个方向运动的过程中达到均匀混合。混合是以剪切混合为主,混合时间较长,混合度与"V"形混合器类似。混合槽可以绕水平方向转动便于卸料。

3. 结构

(1) 本机由电动机通过三角皮带轮、蜗杆、蜗轮拖动搅拌浆使其以 24 r/min 转动。

(2) 搅拌轴两端单向推力球轴承及径向推力球轴承,能防止因负荷作用而产生的径向窜动。搅拌轴两端有调整螺钉,可自由调整右侧动力蜗轮的轴向位置,使蜗轮与蜗杆的中心线对正。

(3) 倒料时,按动机器右端电动按钮。由于蜗轮、蜗杆传动有自锁作用。因此,混合箱可在任意角度倒料。

4. 工作原理 利用水平槽内的"S"形螺带所产生的纵向和横向运动,使物料混合均匀。其两相邻螺带,一个为左,一个为右,可使槽内被混合物料强烈混合。槽可绕水平转动,以便卸料。

活动二　CH-200 槽形混合机的应用

1. 设备操作（图 1-5-2）

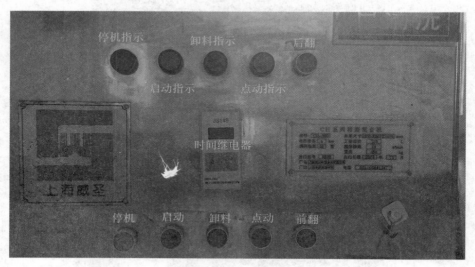

图 1-5-2　控制面板

（1）检查机器各部件是否完好，接通电源，点动"前翻"或"后翻"按钮，使料槽水平，按下"搅拌"按钮，空转约 2 min，检查是否有异常。

（2）将物料倒进槽形料桶中，盖上盖板，点动"后翻"按钮，将槽形料桶调节到水平位置，按下"搅拌"按钮，按规定时间进行混合，混合机的搅拌桨在运行过程中，不得打开盖板用手接触物料，防止事故发生。

（3）物料混合达到规定时间后，打开盖板，根据各工艺处方规定加入黏合剂，边加边搅拌，再盖上盖板，继续搅拌均匀制成适宜的软材。

（4）关掉"搅拌"按钮，点动"前翻"按钮，使槽形料桶适当倾斜，倾出其中物料。

（5）混合完毕，按槽形混合机清洁标准操作规程，清洁机器。

2. 常见故障及处理办法

第一，启动时困难及无法启动，导致此种现象的原因一般归结为以下三种情况，也包括三种相对应的解决办法。①满载且超载启动运行，解决办法：减少负载，先运转后加料。②电源未接入、缺相，对策：请电工接入电源、检查线路。③电压过低，对策：避过用电高峰或确保电压正常。

第二，小型槽形混合机的主机震动及噪音异响，针对此现象包括五种诱因以及五种相对应的解决措施。①浆轴损坏，对策：更换浆轴。②安装未调整好，对策：重新安装并调整混合机水平面。③螺旋浆叶损坏，对策：更换螺旋浆叶。④变速机损坏，对策：更换变速机损坏件。⑤无润滑油或润滑泵不供油，对策：加润滑油或更换油泵或清理油泵管路阻塞物。

3.润湿剂与黏合剂 润湿剂即本身没有黏性,但是能诱发待制粒物料的黏性,以利于制粒的液体。常用的润湿剂有纯化水和乙醇。纯化水适用于对水稳定的物料,但是在处方中水溶性成分较多时可能发生结块、润湿不均匀、干燥后颗粒较硬的现象,此时可以选择一定浓度的乙醇代替。乙醇适用于遇水易分解或遇水黏性太大的物料,常用浓度为30%～70%。

黏合剂即本身具有黏性,能增加无黏性或黏性不足的物料的黏性,从而制粒的物质。常用的黏合剂有淀粉浆、纤维素衍生物(羧甲基纤维素钠、羟丙基纤维素、羟丙基甲基纤维素、甲基纤维素、乙基纤维素)、聚维酮K30、聚乙二醇等。

淀粉浆是片剂中最常用的黏合剂,常用8%～15%的浓度,以10%淀粉浆最为常用。

淀粉浆的制备方法:

(1)冲浆法:取一定量的淀粉,加少量冷水搅匀,然后冲入一定量的沸水,不断搅拌,使之成半透明糊状。例如按照淀粉:冷水:热水比例是1:1:8的处方来制备浓度为10%淀粉浆10 kg,具体的操作步骤如下:

第一步:计算出所需淀粉、冷水、热水的量分别是多少。淀粉的量为10×10%=1 kg,水的量为1 kg,热水的量为10-1-1=8 kg。

第二步:选取合适的容器及称量工具分别称量出所需量的淀粉、冷水及热水。

第三步:将冷水加入到淀粉中,搅匀,不能有结块现象。

第四步:将刚好沸腾的热水迅速地加入到搅匀的淀粉混悬液中,边加边搅拌,搅拌要向同一个方向搅拌,搅至无结块,呈现半透明状的胶体即可。

(2)煮浆法:取淀粉,徐徐加入全量的水,不断搅拌下通入蒸汽加热至沸,放冷,使成半透明糊状。不宜使用直火加热,以防焦化。

活动与探究

1.书写CH-200槽形混合机操作标准规程。

2.称取7 kg淀粉、1 kg糊精、1 kg糖粉,使用CH-200槽形混合机进行混合,并填写生产记录。

3.制备浓度为10%的淀粉浆。

物料混合岗位生产记录格式及混合操作标准详分见表1-5-1,表1-5-2。黏合剂(润湿剂)配制记录格式见表1-5-3。

表 1-5-1 物料混合岗位生产记录

年   月   日   班次

产品名称		代　　码		规　　格	
批　　号		理　论　量		生产指令单号	

生产前检查	操作要求	执行情况
	1.生产相关文件是否齐全。	1.是□ 否□
	2.清场合格证是否在有效期内。	2.是□ 否□
	3.计量器具校验合格证是否在效期内。	3.是□ 否□
	4.按批指令核对物料名称、规格、批号、数量。	4.是□ 否□
	5.设备是否完好。	5.是□ 否□

操 作 记 录

物料名称	代　码	批　号	检验单号	单　位	用　量

<table>
<tr><td rowspan="5">生产操作</td><td rowspan="5">混合操作</td><td>次　数</td><td>时间(min)</td><td>装载量(kg)</td><td>混合后重量(kg)</td><td colspan="2">备　　注</td></tr>
<tr><td>①</td><td></td><td></td><td></td><td colspan="2"></td></tr>
<tr><td>②</td><td></td><td></td><td></td><td colspan="2"></td></tr>
<tr><td>③</td><td></td><td></td><td></td><td colspan="2"></td></tr>
<tr><td>④</td><td></td><td></td><td></td><td colspan="2"></td></tr>
</table>

设备名称：　　　　　　　　　　　设备编号：

操作人：　　　　　　　　　　　　复核人：

物料平衡

限度：　　　　　≤限度≤　　　　　实际为：　　　%　　符合限度□ 不符合限度□

公式:(混合后重量)/装载量×100%

计算：

$$\frac{\qquad}{\qquad}×100\% = \qquad \%$$

计算人：　　　　　　　　复核人：

传递

移交人：　　　　　接收人：　　　交接量：　　　kg　物料件数　　　　件

日期：　　年　　月　　日　　　质监员：

备注　偏差分析及处理：

表1-5-2　混合操作评分标准

姓名：　　　　　　总分：

序号	考试内容	操作内容	分值	评分要求	得分
1	操作前检查	设备、容器、仪器、状态标志和记录	10	1. 检查操作间设备有无上批遗留物，悬挂已清洁状态标志。	
				2. 检查工具、容器等是否清洁干燥。	
				3. 检查设备是否干燥、清洁。	
				4. 是否有上批清场合格证，并在有效期内。	
				5. 仪器状态标志检查(天平调平或至零，状态标志完好无缺)。	
2	称量物料与制淀粉浆	按处方要求称量所需的物料并制备好所需浓度的淀粉浆	20	1. 根据生产指令单领取物料，并核对规格、批号、数量。	
				2. 能正确称量所需的物料及水。	
				3. 称量后在外包装上做出标示。	
				4. 淀粉浆稠度均匀。	
3	制软材	制备出符合质量要求的软材	20	1. 物料倾入槽形混合机的动作正确。	
				2. 加浆方式正确。	
				3. 制好的软材符合质量要求。	
4	清场	清理机器与打扫地面	20	1. 检查机器电源是否关闭。	
				2. 拆卸机器顺序合理，动作规范。	
				3. 清洁机器顺序合理，动作规范。	
5	生产记录	物料记录、生产前检查记录、清场记录	10	1. 生产记录的真实性和准确性。	
				2. 生产记录的完整性。	
				3. 生产记录的及时性。	
6	按时完成任务	评估是否按时完成操作任务	10	根据完成任务的情况酌情给分。	
7	安全生产	评估生产过程中是否存在影响安全的行为和因素	10	评估生产过程中是否存在与正确操作无关的行为。	

表 1-5-3　黏合剂（润湿剂）配制记录

产品名称	规格	批号	执行工艺规程编号	日期

配制人：		复核人：		班次：	
黏合（润湿剂）浓度		理论配制量		实际配制量	

辅料及溶媒名称	批号	检验单号	理 论 投 料 量	实 际 投 料 量

配制方法：

备　注：

工序班长：　　　　　　　　　　　　　QA：

项目六 制粒、干燥

制粒是压片前的物料处理步骤,可以改善物料的流动性,防止物料分层和粉尘飞扬。根据制粒时采用的润湿剂或黏合剂的不同,制粒技术可分为湿法制粒和干法制粒。采用湿法制粒技术时,要完成制软材、制湿粒、干燥的操作。采用干法制粒完成预混合即可制粒,且不需要干燥。

干燥可采用烘箱干燥和流化床干燥。烘箱干燥应注意控制烘盘中的湿颗粒的厚度、数量,干燥过程中应按照规定进行翻料。流化床干燥时所用空气应净化除尘,排出的气体要有防止交叉污染的措施。操作时随时注意流化室的温度、颗粒流动情况,应不断检查有无结料现象。更换品种时应更换滤袋。定期检查干燥温度的均匀性。

活动一 认识不同的制粒设备、干燥设备

一、YK-160 摇摆式颗粒机

1. 概述 摇摆式颗粒机是目前国内常用的制粒设备,结构简单,操作方便。该机结构紧凑,造型美观、体积小、效率高、运转平稳、操作方便。与药物接触部位全是不锈钢制成,使药物不污染、不变色。机器运转系统全部密封,便于清洗符合 GMP 的要求。主要用于医药、化工、食品等行业将潮湿的物料制成所需的颗粒。

2. 工作过程 它利用装在机转轴上棱柱的往复转动作用,将药物软材从筛网中挤压成颗粒。

3. 结构 其结构见图 1-6-1,图 1-6-2,图 1-6-3。

4. 工作原理 由电机、三角带轮、蜗轮蜗杆传动,在齿轮轴的带动下六棱轴做周期性的往复旋转,物料不断运动并由筛网和六棱轴间隙挤出。其生产能力是随物料的水分、种类、黏度及筛网目数的不同而变化,且能制出各种规格的颗粒。

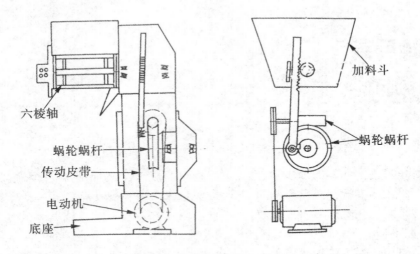

六棱轴

蜗轮蜗杆

传动皮带

电动机

底座

加料斗

蜗轮蜗杆

图 1-6-1　摇摆式颗粒机结构(1)

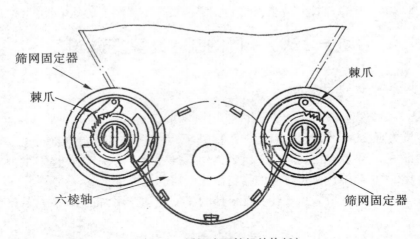

筛网固定器

棘爪

六棱轴

棘爪

筛网固定器

图 1-6-2　摇摆式颗粒机结构(2)

图 1-6-3 摇摆式颗粒机结构(3)

图 1-6-4 快速搅拌制粒机

二、KJZ-100 型立式快速搅拌制粒机

1. 概述 湿法混合制粒机是当前国际上最通用的制粒技术。其制成机制是:物料在密封容器内处于半流动状态下混合,注入黏合剂后,在搅拌桨叶的作用下,物料受到挤压和翻转生成液桥,形成软材,并在高速旋转制粒刀的削切下,分散形成均匀的颗粒。混合、制粒两过程在同一密闭容器(缸)内完成,避免了物料在混合时的飞扬与交叉污染;盛物料的容器(缸)在制粒结束后能够下降,并与搅拌桨、制粒刀分离,容易清洗(图 1-6-4)。

2. 工作过程

(1)将物料车上的容器推进托架上。

（2）推上容器内的空气开关，送入压缩空气。

（3）按住容器上升按钮，容器上升至闭合工作位置，点动并维持 3～5 s，以保持密封，松开按钮。

（4）按下搅拌低速按钮，物料被混合 1～2 min，加入预先准备好的黏合剂按搅拌高速按钮再搅拌 4～5 min 后，物料进入制粒阶段。

（5）按制粒低速（高速）按钮，将软材分散成均匀的颗粒。

（6）制粒完成后，按搅拌低速按钮，打开托架上的出料阀，出料。

（7）关闭出料阀，按搅拌、制粒停止按钮，降下容器制粒操作结束。

3. 结构（图 1-6-5）

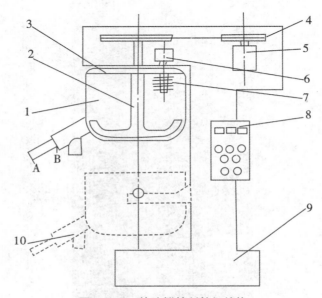

图 1-6-5　快速搅拌制粒机结构

1. 容器　2. 搅拌器　3. 器盖　4. 皮带和带轮　5. 搅拌电机　6. 制粒电机
7. 制粒刀　8. 控制面板　9. 机架　10. 出料结构

混合机的出料结构是一个启动活塞门。它受气源的控制来实现活塞门的开启或关闭，当按下"关"的按键时，二位五通电磁阀实现左半的气路，即压缩空气从 A 口进入，推动活塞将门关闭；当按下"开"的按键时，压缩空气从 B 口进入，活塞向左推进，此时容器的门打开，物料可以从圆门处排出容器之外。

4. 工作原理　该机系通过搅拌器混合和高速旋转制粒刀切制，将物料制成湿颗粒的机器。

三、卧式湿法混合制粒机

1. 概述　该机能耗低，设备紧凑，结构简单，便于维修，开盖方便，可通过观察孔观察制粒情况，可密闭操作，无油污和粉尘现象，并且可以与沸腾干燥机联动集成（图 1-6-6）。

图1-6-6　卧式湿法混合制粒机

2. 工作过程(图1-6-7)

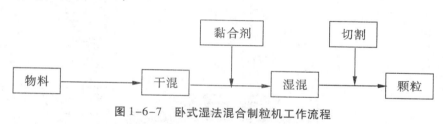

图1-6-7　卧式湿法混合制粒机工作流程

3. 结构　湿法混合制粒机主要由机体、锅体、锥形料斗、搅拌装置、制粒刀、进料装置、出料装置、开盖装置、控制系统及充气密封、充水清洗、夹套水冷却等辅助系统所组成,保证制粒全过程在良好的环境中完成。控制面板采用触摸式电脑控制系统,操作更为方便直观(图1-6-8)。

4. 工作原理　湿法混合制粒过程是由混合、制粒两个工序在同一容器中完成(图1-6-9)。粉状物料从锥形料斗上方投入物料容器,待盖板关闭后,由于搅拌桨的搅拌作用,使粉料在容器内做旋转运动,同时物料沿锥形壁方向由外向中心翻滚,形成半流动的高效混合状态,物料被剪切、扩散达到充分的混合。制粒时由于黏合剂的注入,使物料逐渐湿润,物料性状发生变化,加强了桨叶和筒壁对物料的挤压、摩擦、捏合,并逐步生成液桥,物料逐步转变为疏松的软材,这些团粒结构的软材不是通过强制挤压而成粒,而是通过制粒刀的切割,软材在半流动状态下被切割成细小而均匀的颗粒,实现物料的相转变。最后开启出料门,湿颗粒在桨叶的离心作用下推出料斗。成品粒度范围有径为0.14 ~ 1.5 mm(12 ~ 100目),通过调节搅拌浆切割力的转速制备不同粒径的颗粒,颗粒密度较沸腾制粒大 15% 左右。

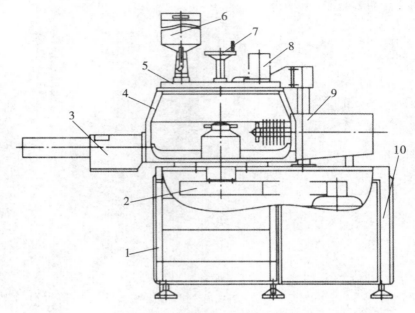

图 1-6-8 卧式湿法混合制粒机

1. 扶梯 2. 搅拌传动 3. 出料装置 4. 夹层锅 5. 盖板部分 6. 加浆部分
7. 刮粉机构 8. 检视孔 9. 制粒刀传动 10. 机身

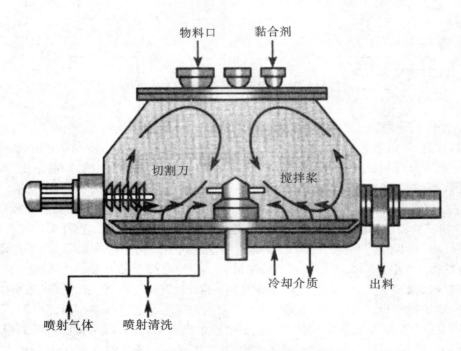

图 1-6-9 卧式湿法混合制粒机工作原理

湿法混合制粒的工艺与传统制粒工艺类似,凡是传统制粒可达到的它也均可达到,其制粒的成功与否主要取决于药物的物理性质和制粒黏合剂的黏度和用量比传统制粒方法减少25%,这样有效地减少了干燥时间。

四、FL-120 一步制粒机

1. 概述　一步制粒机是以沸腾形式进行混合、制粒、干燥为一步的制粒设备,又称沸腾制粒机。通过粉体造粒,改善流动性、减少粉尘飞扬。通过粉体造粒改善其溶解性能。混合-制粒-干燥在一机内完成。采用抗静电滤布,设备操作安全。设置压力泄放孔,一旦发生爆炸,人员不受伤害。设备无死角,装卸料轻便快速、冲洗方便,符合 GMP 规范。自动化程度高,备有程序控制,模拟屏显示等技术供用户选择(图 1-6-10)。

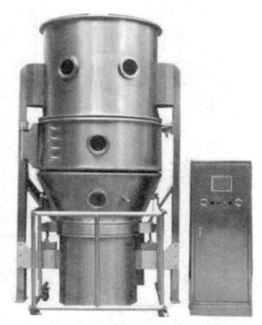

图 1-6-10　一步制粒机

2. 工作流程(图 1-6-11)

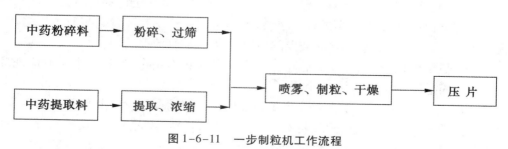

图 1-6-11　一步制粒机工作流程

3. 结构(图1-6-12)

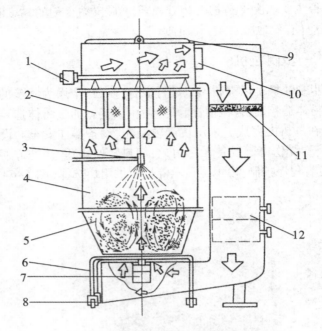

图1-6-12 一步制粒机结构
1.进气口 2.过滤袋 3.喷嘴 4.沸腾室 5.盛料器 6.小推车
7.顶升气缸 8.排水口 9.器盖 10.出气口 11.过滤器 12.加热器

(1)空气过滤加热部分、空气进出口和调节阀、过滤器、加热器、排水口。

(2)物料沸腾喷雾和加热部分。盛料容器安放在推车上,可以移动,受机身底座汽缸的上顶进行密封,呈工作状态。容器的底是一个布满直径1~2 mm小孔的不锈钢板,上面覆盖一层用120目不锈钢丝制成的网布,称为"分布板"。使网孔分布均匀,气流均匀上升,避免造成"紊流和沟流"。上端为喷雾室,在该室中,物料受气流及容器形态的影响,产生由中心向四周的上下环流运动。黏合剂由喷枪喷出,粉末物料边受黏合剂液滴的黏合,聚集成颗粒,边受热气流的作用带走水分,逐渐干燥。

(3)粉末捕集、反吹装置及排风结构:捕集装置是14只尼龙布做成的圆柱形滤袋,分别套在14只圆形框架上扎紧而组成。带有少量粉末的气流从袋外穿过网孔经排气口,再经风机排出,而粉末被积聚在袋外。布袋上方装有"脉冲反吹装置",定时由压缩空气轮流向布袋吹风,使布袋抖动,将布袋上的细粉抖掉,保持气流畅通。

(4)输液泵、喷枪管路、阀门和控制系统:喷枪的枪体有两个接口,一个是液体进口,另一个是压缩空气的进口。

4. 工作原理 粉状物料投入料斗密闭容器内,由于热气流的作用,使粉末悬浮呈流化状循环流动,达到均匀混合,同时喷入雾状黏合剂润湿容器内的粉末,使粉末凝成疏松的小颗粒,成粒的同时,由于热气流对其做高效干燥,水分不断蒸发,粉末不断凝固,引发过程重复进行,形成理想的,均匀的多微孔球状颗粒,在容器中一次完成混合、制粒、干燥三个工序。

五、热风循环烘箱

1. 概述　该设备是一种常用的干燥设备,按其加热方法分为电加热和蒸汽加热两种。使用时将待干燥物料放在带烘盘的架上,开启加热器和鼓风机,空气经加热后在干燥室内流动,带走各层水分,最后自出口处将湿热空气排出。

2. 工作原理　热风循环烘箱空气循环系统采用风机循环送风方式,风循环均匀高效。风源由循环送风电机(采用无触点开关)带动风轮经由加热器,而将热风送出,再经由风道至烘箱内室,再将使用后的空气吸入风道成为风源再度循环,加热使用。确保室内温度均匀性。当因开关门动作引起温度值发生摆动时,送风循环系统迅速恢复操作状态,直至达到设定温度值(图1-6-13)。

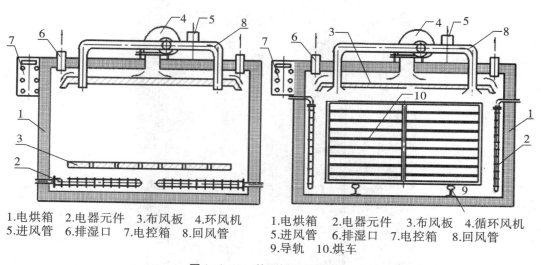

1.电烘箱　2.电器元件　3.布风板　4.环风机
5.进风管　6.排湿口　7.电控箱　8.回风管

1.电烘箱　2.电器元件　3.布风板　4.循环风机
5.进风管　6.排湿口　7.电控箱　8.回风管
9.导轨　10.烘车

图1-6-13　热风循环烘箱原理

3. 结构　热风循环烘箱由角钢、不锈钢板以及冷钢板构成。保温层则由高密度硅酸铝棉填充,高密度硅酸铝棉保证了烘箱的保温性,也确保了使用者的安全性。加热器安装位置可是底部、顶部或两侧。用数显智能仪表来控制温度。热风循环烘箱风道设计有两种:水平送风和垂直送风。

活动二　制粒设备、干燥设备的应用

一、设备操作

(一)YK-160 摇摆式制粒机 (图1-6-14)

(1)操作人员按工艺要求,领取规定目数的筛网,嵌入摇摆式制粒机筛网固定器内,转动手轮将筛网包在六棱轴外圆上,并用棘爪固定,筛网安装要求松紧适度。

（2）接通制粒机电源，空车运转 3 ~ 5 min，检查制粒机运转是否正常，确认正常后将洁净的料盘放在制粒机出料口下部，准备制粒。

（3）将所制得的软材连续不断地加入制粒机的料斗内，保持软材量在料斗内不得超过 1/2，由于旋转六棱轴的正反作用，使软材通过筛网制成湿颗粒，落入料盘中。将湿颗粒平摊于料盘内，厚度为 3 ~ 5 cm。

（4）将湿颗粒料盘依次放在热风循环烘箱的烘盘上，送烘干岗位及时干燥。

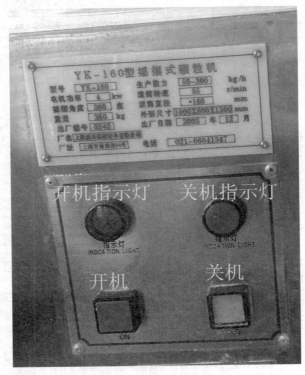

图 1-6-14　控制面板

（二）KJZ-100 型快速搅拌制粒机

（1）操作人员认真核对待制粒的药粉，辅料细粉的品名、数量、批号合格证等是否与生产指令内容相符。根据生产指令单和主配方准确配料（图 1-6-15）。

（2）接通湿法混合制粒机的电源、气源，开机键进行空机试车，无异常情况后方可进行操作。

（3）打开控制电源开关，将料车上的容器推进托架上。

（4）推上电容器内的空气开关，送入压缩空气，推动活塞将门关闭。

（5）把称量好的药粉和辅料细粉加入锅内，关闭锅盖，点动启动搅拌电机，将药粉和辅料细粉混合均匀，时间为 3 ~ 5 min。

（6）将配制好的黏合剂（润湿剂）加入锅内。依次启动搅拌电机，启动时注意搅拌电机应先低速起动，然后转入高速搅拌。

（7）根据累计搅拌运行时间，达到 4～5 min 时，物料进入制粒阶段。

（8）按制粒低速（高速）按钮，将软材分散成均匀的颗粒。

（9）制粒完成后，按搅拌低速按钮，打开托架上的出料阀，出料。

（10）关闭出料阀，按搅拌、制粒停止按钮，降下容器制粒操作结束。

图 1-6-15　控制面板

（三）卧式湿法混合制粒机

（1）开机的检查：①将电源开关旋至"开"位置，"送电显示"灯亮。将三通球阀旋至通气位置，打开压缩空气阀门，检查气压，调节进气调压阀，气压调至 0.6 MPa。②将主控制面板和出料控制面板的急停开关置于正常状态。当主控制面板"开盖信号"指示灯点亮后，打开物料锅盖。③检查搅拌桨和切割刀中心部的进气气流，通过调节"气-液"操作板上搅拌桨、切割刀的玻璃转子流量计，控制进气气流，通常送给气密封的气压大小在 0.6～0.9 MPa 之间。④用手转动搅拌桨及切割刀，确定无异常情况后，关闭物料锅盖和出料活塞。⑤打开观察窗，短暂地开启两个电机，判断搅拌桨和切碎刀的旋转方向，应为逆时针旋转（面向零件）。⑥按动"出料"和"出料停止"按钮，检查出料活塞进退是否灵活，运动速度是否适中，如不理想，可调节气缸下面的接头式单向节流阀。⑦关闭出料活塞，把三通球阀旋转到通水位置。打开水源开关，再打开物料锅盖，观察搅拌桨和切碎刀中心部分的出水情况。通水至切割轴的上沿，检查各密封处是否漏水。⑧把三通球阀旋转到通气位置，关闭物料锅盖。开启搅拌电机和切割电机，检查密封情况。特别是机座后面的搅拌密封和切碎密封不应有漏水。⑨打开出料活塞，把水放掉，清洁物料锅。⑩检查转动部分是否灵活，安全联锁装置是否可靠；检查设备良好后，填写并悬挂设备运行状态标志牌。

（2）操作：①待"开盖信号"指示灯亮，打开物料锅盖，将所要加工的药粉、辅料倒入盛料器内,注意根据药物的密度、黏性严格控制加入量。然后关闭物料锅盖,锁死手柄。在溢气口系上过滤布罩。②根据物料性质和混合均匀度的要求,设定混合时间,注意计时单位是否选择正确。③开启搅拌电机和切割电机,注意选择搅拌速度(Ⅰ速、Ⅱ速)和切割速度(Ⅰ速、Ⅱ速)。④当混合时间达到设定值时,自动停机。⑤等待2～3 min,待物料自然沉降后,打开物料检视镜取样,检查药粉与辅料的混合均匀度。合格者进行下步制粒操作,不合格者延长混合时间,直至合格。⑥将所要加的黏合剂适量加入加浆装置内。根据产品工艺需要,设定制粒时间,开启切割电机和搅拌电机,选择制粒转速(搅拌、切割),同时间已完成干粉混合粉中浇或滴入黏合剂。⑦制粒完成后,将盛料容器放在出料口下、拉"出料"按钮,打开出料活塞,按下"点动"按钮。启动搅拌桨,将颗粒排出,注意下料应采用连续下料,而不要采用点动下料,如果盛料容器不能保证一次出完时,应及时"点动"按钮复位,停止搅拌桨运转,而不能采用按下"出料停止"按钮来关闭出料活塞的方法,因为物料通道此时尚未清理。更换物料容器直至完全出料。⑧待"开盖信号"指示灯亮后,打开物料锅盖,清除锅内余料。⑨旋出出料门紧固螺母,拉出出料门,并将出料门开到最大位置,按出料停止按钮,使出料活塞推出,清洁出料活塞及其密封件,清洁物料通道。按"出料按钮",使出料活塞回缩,关闭出料门,旋紧紧固螺母、关闭出料活塞,进行下一锅操作。

(四)FL-120 一步制粒机(图1-6-16)

(1)将经过60目以上过筛后的原料及辅料按处方比例放入盛料器中。

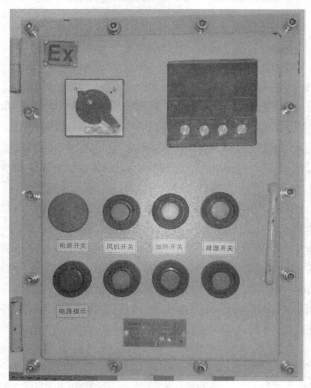

图1-6-16　控制面板

（2）将盛料器推到喷雾室下方，开启顶升气缸，将容器与机体上下紧密联结。

（3）开启引风机，使容器内形成负压，并调节进风速，一般为1~3 m/s，使容器内的物料成沸腾状，充分混合，其沸腾层的高度不宜超过喷嘴，同时打开阀门，蒸汽进入加热器，使空气通过时被加热。

（4）当温度达到要求时，即可进行喷雾，此时应控制好压缩空气的流量、压力和黏合剂的流量、流速等，同时开动过滤室的过滤袋反冲装置，每隔几秒反吹一次。

（5）在喷雾过程中，物料温度、出风温度下降，当下降到一定值时应停止喷雾，以防黏壁或沉结。待物料温度回升到原值时，重新开始喷雾，然后进入最后的干燥阶段。

（6）在干燥的过程中，应控制出口温度的变化，当物料的温度达到规定值时，即可停止干燥，此时应关闭加热器的蒸汽阀门及引风机的开关。

（7）将顶升气缸降下，容器拉出，并将料整粒后进入"V"型混合机内，加入润滑剂整批混匀即可。

（五）热风循环烘箱

（1）通电前先检查电器控制部分是否正常，烘箱各部分紧固件是否松动，电器是否有短路、断路或漏电现象。

（2）开机前先检查风机的旋转方向是否正确。

（3）检查所生产物料的品名、批号、规格和数量是否正确，有无质监员签字。清场是否合格，有无清场合格证。

（4）待一切准备就绪，将物料放入箱内（注：烘板上或台车上应留有通气的空间，以保证箱内热风循环）。此时，可以正常操作使用。

（5）面板上红色信号灯亮，说明电源接通，按风机按钮，使鼓风机工作，使箱内呈正压状态。这时再开启加热按钮，设置智能仪表上的温度值，其表屏上的绿色信号灯亮，说明了箱内加热器已开始工作。待温度达到设定值时，温控仪上的红色信号灯亮，说明箱内已处于恒温状态，反复交替直至干燥全过程结束。

（6）干燥后的颗粒应用快速水分测定仪检查水分，一般要求控制在4%~6%之间。符合要求后，待物料温度降至室温后整粒，用不锈钢桶收集。挂（放）物料标示卡，备用。

（7）生产结束后，按要求进行清洁和清场，并填写生产记录。

二、常见故障及处理办法

（一）YK-160摇摆式制粒机

在生产过程中常出现筛网断裂的现象，可选用耐受性好、性质稳定、不影响药物稳定性的筛网如尼龙筛网、镀锌铁丝筛网、不锈钢丝筛网和铜丝筛网。尼龙筛网不影响药物的稳定性，有一定弹性，但耐受性不是很好，因而在西药制剂中用到，而在中药制剂中很少用到。镀锌铁丝筛网耐受性良好，但是生产中有金属易入颗粒造成药物污染，还可能影响药物的稳定性，故生产中很少选用。不锈钢筛网性质稳定，耐受性好，不易断裂，在中西药生产中较常用到。而铜丝筛网常用于一些珍贵或细料药物的筛析或供装振动筛用，它的破裂极易被发现，所以通过及时更换筛网的方式便可解决。

（二）卧式湿法混合制粒机

（1）电源指示灯不亮，按钮无动作。应接通电源。

（2）电源指示灯亮，按钮无动作。查看调压阀、气压表，接通气源、调节调压阀；或是查看急停开关是否恢复。

（3）压缩空气正常但是设备仍无法运转，应更换新的压力继电器。

（4）气缸前后进气管有气，但是气缸不工作，在气源处理单元中的油雾器油杯中加机油润滑。

（5）空气开关跳闸，搅拌电机不运转，要减少投药量，调整热继电器的动作系数。

（6）一启动搅拌电机就跳闸，空气开关额定电流小，要更换较大额定电流的空气开关。

（7）启动搅拌电机后，运转噪音大，可能是减速器轴承损坏，更换减速器轴承。

（8）运转过程中电流表指示值过大，可能是桨叶底面与锅底接触，应拆下桨叶，清理积存的药粉，在桨叶中心和搅拌轴之间加垫片，保证桨叶底面与锅底间隙 0.5～2 mm。

（三）热风循环烘箱

（1）箱内无防爆装置，不易放置易燃易爆物品。

（2）烘箱在使用过程中，应注意观察箱内温度变化情况，一旦温度控制失灵，应立即停机检修。

（3）烘箱不使用时，应切断电源，以保安全。

三、制粒过程中常见问题（表 1-6-1）

表 1-6-1　制粒过程中常见问题及解决办法

常见问题	出现原因	解决办法
颗粒过松	黏合剂用量不够或黏性不够	根据产品工艺程序适当增加黏合剂用量
	制粒时间过短	增加制粒时间
颗粒过湿	黏合剂用量过多	适当降低搅拌桨转速

活动与探究

1. 书写 YK-160 摇摆式制粒机安装标准操作规程。

2. 书写 YK-160 摇摆式制粒机操作标准操作规程。

3. 书写热风循环烘箱操作标准操作规程。

4. 按照淀粉 7 kg、糖粉 1 kg、糊精 1 kg 的处方，使用 CH-200 槽形混合机、YK-160 摇摆式制粒机、热风循环烘箱进行制粒及干燥，并填写生产记录。

5. 按照淀粉 14 kg、糖粉 2 kg、糊精 2 kg 的处方，使用 KJZ-100 型快速搅拌制粒机、热风循环烘箱进行制粒、干燥，并填写生产记录。

制粒岗位生产记录式样见表 1-6-2，摇摆式制粒机安装操作评分标准见表 1-6-3，制粒操作评分标准见 1-6-4。

表 1-6-2　制粒岗位生产记录

产品名称		代　码		规　格		
批　号		理论量		生产指令单号		

生产前检查	操作要求					执行情况
	1. 生产相关文件是否齐全。					1. 是□　否□
	2. 清场合格证是否在有效期内。					2. 是□　否□
	3. 计量器具校验合格证是否在效期内。					3. 是□　否□
	4. 按批指令核对物料名称、规格、批号、数量。					4. 是□　否□
	5. 设备是否清洁完好。					5. 是□　否□
	6. 生产用水是否符合要求。					6. 是□　否□

生产操作		操　作　记　录									
		混合药粉总量：　kg	每份重量：　kg				份数：　份				
		稠膏　重量：　kg	每份重量：　kg		份数：　份		稠膏含水量　%				
		黏合剂名称		黏合剂浓度(%)			用量(kg)				
		湿润剂名称		湿润剂浓度(%)			用量(kg)				
		设备名称：		设备编号：		操作人：		复核人：			
	制粒	制粒项目	1槽	2槽	3槽	4槽	5槽	6槽	7槽	8槽	9槽	10槽
		药粉装槽量(kg)										
		干混时间(min)										
		稠膏用量(kg)										
		黏合剂或润湿剂量(kg)										
		湿混时间(min)										
		筛网目数(目)										

	箱式干燥	设备名称：				设备编号：			操作人：		复核人：
		一号箱	摊粒厚度：　cm　烘干温度：　℃			二号箱	摊粒厚度：　cm　烘干温度：　℃				
			烘干开始：　　　烘干结束：				烘干开始：　　　烘干结束：				
			翻料次数：　烘干时间：　min				翻料次数：　烘干时间：　min				
		三号箱	摊粒厚度：　cm　烘干温度：　℃			四号箱	摊粒厚度：　cm　烘干温度：　℃				
			烘干开始：　　　烘干结束：				烘干开始：　　　烘干结束：				
			翻料次数：　烘干时间：　min				翻料次数：　烘干时间：　min				
		设备名称：									
		设备编号：①号箱　　　②号箱　　　③号箱　　　④号箱									
		操作人：　　　　　　　复核人：									

传递	移交人：　　　　　　下道工序接收人：
	日　期：　　年　月　日　　质监员：

表1-6-3　摇摆式制粒机安装操作评分标准

姓名：　　　　　　总分：

序号	考试内容	操作内容	分值	评分要求	得分
1	操作前检查	设备、容器、仪器、状态标志和记录	20	1.检查操作间设备有无上批遗留物,悬挂"已清洁"状态标志。	
				2.检查工具、容器等是否清洁干燥。	
				3.检查设备是否干燥、清洁。	
				4.是否有批清场合格证。	
				5.仪器状态标志检查(天平调平或至零,状态标志完好无缺)。	
2	安装机器	按照标准操作规程要求安装机器	30	1.安装六棱刮刀动作标准,正确安装外压盖。	
				2.正确安装筛网。	
				3.正确安装筛网固定器。	
				4.棘爪是否及时放下。	
				5.正确使用紧螺器。	
3	清场	清理机器与打扫地面	20	1.检查机器电源是否关闭。	
				2.拆卸机器顺序合理,动作规范。	
				3.清洁机器顺序合理,动作规范。	
4	按时完成任务	评估是否按时完成操作任务	15	根据完成任务的情况酌情给分。	
5	安全生产	评估生产过程中是否存在影响安全的行为和因素	15	评估生产过程中是否存在与正确操作无关的行为。	

表 1-6-4 制粒操作评分标准

姓名： 总分：

序号	考试内容	操作内容	分值	评分要求	得分
1	操作前检查	设备、容器、仪器、状态标志和记录	10	1. 检查操作间设备有无上批遗留物,悬挂"已清洁"状态标志。	
				2. 检查工具、容器等是否清洁干燥。	
				3. 检查设备是否干燥、清洁。	
				4. 是否有上批清场合格证。	
				5. 仪器状态标志检查(状态标志完好无缺)。	
2	制湿颗粒	装机,制粒	20	1. 准确、迅速地安装好六棱刮刀和外压盖。	
				2. 选择合适的筛网并正确安装筛网。	
				3. 制好的湿颗粒符合质量要求	
3	干燥	设置合适的温度对湿颗粒进行干燥	20	1. 正确放置干燥盘。	
				2. 正确设置温度。	
4	清场	清理机器与打扫地面	20	1. 检查机器电源是否关闭。	
				2. 拆卸机器顺序合理,动作规范。	
				3. 清洁机器顺序合理,动作规范。	
5	生产记录	物料记录、生产前检查记录、清场记录	10	1. 生产记录的真实性和准确性。	
				2. 生产记录的完整性。	
				3. 生产记录的及时性。	
6	按时完成任务	评估是否按时完成操作任务	10	根据完成任务的情况酌情给分。	
7	安全生产	评估生产过程中是否存在影响安全的行为和因素	10	评估生产过程中是否存在与正确操作无关的行为。	

项目七
整粒、总混

部分湿颗粒在干燥过程中会粘连结块,因此需要整粒,使颗粒均匀,便于压片。一般采用过筛的方法进行整粒。

总混是在经整粒后的颗粒中加入润滑剂和外加崩解剂等辅料,使之混合均匀的操作,是保证药物含量均一性的重要操作工艺。

（一）加入润滑剂与崩解剂

一般润滑剂要过100目以上筛,外加崩解剂要预先干燥过筛,然后加到整粒后的干颗粒中,进行总混。

（二）加入挥发油或挥发性药物

处方中含挥发油或挥发性药物,一般在颗粒干燥后加入,以免挥发损失。挥发油可加在润滑剂与颗粒混合后筛出的部分细颗粒中,或直接用80目筛从干颗粒筛出适量的细粉吸收挥发油后,再与全部干颗粒总混。若挥发性的药物为固体,可用适量乙醇溶解,或与其他成分混合研磨共熔后喷入干颗粒中混合均匀,密闭数小时,使挥发性药物在颗粒中渗透均匀。

（三）加入主药剂量小或对湿热不稳定的药物

有些情况下,需先制成不含药物的空白干颗粒或将稳定性高的药物与辅料制颗粒,然后将剂量小或对湿热不稳定的主药加入到整粒后的上述干颗粒中混匀。

活动一   认识不同的混合设备

一、V 型混合机

V 型混合机混合效率高,操作更简单。混合筒结构独特、混合功效高、无死角、筒体用不锈钢材料制作、内外壁抛光、外形美观、混合均匀、用途广泛,符合 GMP 标准。

1. 工作原理   V 型混合机一端装有电机与减速机,电机功率通过皮带传给减速机,减速机再通过联轴器传给 V 型桶。使 V 型桶连续运转,带动桶内物料在桶内上、下、左、右进行混合。

2.工作过程　V型桶是由两个圆筒成V型焊接起来的容器组成,容器的形状相对于轴是非对称的。由于回转运动,粉体粒在倾斜圆筒中,连续的反复交替、分割、合并;物料随机地从V型一区传递到另一区,同时粉粒体粒子间产生滑移,进行空间多次叠加 粒子为断分布在新产生的表面上,这样反复进行剪切、扩散运动,从而达到混合目的。

3.结构(图1-7-1)

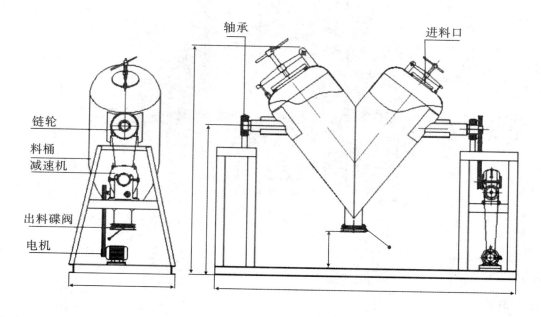

图1-7-1　V型混合机结构(VH-1000高效混合机)

二、二维运动混合机

二维运动混合机是指转筒可同时进行二个方向运动的混合机(图1-7-2)。二个运动方向分别是转筒自身的转动及转筒随摆动架的摆动。被混合物料在转筒内随转筒转动、翻转、混合的同时又随转筒的摆动而发生左右来回地掺混运动,在这两个运动的共同作用下,物料在短时间内得到充分的混合。本机采用摆线针轮减速机或蜗轮减速机。与传统的混合机相比底部不积料,无污染,冲洗方便,真正符合GMP要求。工作时,在转动机构和摆动机构的双重作用下,装料的料筒做转动的同时,又有摆动运动,从而使筒内的物料得以充分混合。设备可配置自动真空上料机及接口,方便上料,缩短操作时间。效率高,成本低。

1.工作原理　二维运动混合机由转筒、摆动架、机架三大部分构成。转筒装在摆动架上,由四个滚轮支撑并由两个挡轮对其进行轴向定位,在四个支撑滚轮中,其中两个传动轮由转动动力系统拖动使转筒产生转动。摆动架由一组曲柄摆杆机构来驱动,曲柄摆杆机构装在机架上,摆动架由轴承组件支撑在机架上,使转筒在转动的同时又参与摆动,使筒中物料得以充分混合。

图 1-7-2 二维运动混合机

2. 结构(图 1-7-3)

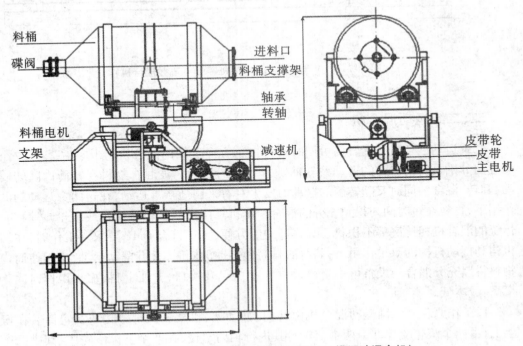

料桶
碟阀
进料口
料桶支撑架
轴承
转轴
料桶电机
支架
减速机
皮带轮
皮带
主电机

图 1-7-3 二维运动混合机结构(EYH-2000 二维运动混合机)

三、三维多向运动混合机

三维多向运动混合机能非常均匀地混合流动性较好的粉状或颗粒状的物料,使混合后的物料能达到最佳混合状态。该机在运行中,由于混合桶体具有多方向运转动作,使各种物料在混合过程中,加速了流动和扩散作用,同时避免了一般混合机因离心力作用所产生的物料比重偏析和积聚现象,混合无死角,能有效确保混合物料的最佳品质。

1. 工作原理　三维多向运动混合机工作原理与传统的回转式混合机不尽相同,它在立方体三维空间上做独特的转动、平移、摇滚运动,使物料在混合筒内处于"旋转流动—平移—颠倒落体"等复杂的运动状态,产生一股交替脉冲,连续不断地推动物料,运动产生的湍动使被混合的物料中各质点具有不同的运动状态,各质点在频繁的运动扩散中不断地改变自己所处的位置,产生了满意的混合效果。

物料混合中最忌的有两点:一是混合运动中离心力的存在,它能使不同密度的被混合物料产生偏析;二是被混合物料成团块状和积聚运动,使物料不能有效地扩散掺和,三维摆动混合机的运动状态克服了上述弊病。

2. 工作过程(图1-7-4)

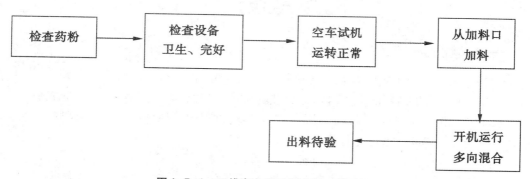

图1-7-4　三维多向运动混合机工作流程

3. 结构　由机座、驱动系统、三维运动机构、混合筒及电器控制系统等部分组成,与物料直接接触的混合筒采用优质不锈钢材料制造,筒体内壁经精密抛光(1-7-5)。

驱动系统:电机、传动减速系统、变频器及控制系统组成传动减速系统。

三维运动机构:有独特的主动、从动双轴及二轴端三维运动摇臂结构;Y形三维运动摇臂机构。

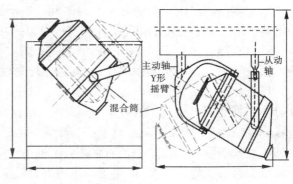

图 1-7-5　三维多向运动混合机结构

活动二　混合机的应用

一、V 型混合机操作

（1）检查混料机内应无异物，料斗内壁应干燥，关闭投料口和放料口。

（2）检查混料机周围应无障碍物，以免混料机运转时会碰撞到障碍物上，造成事故。

（3）接通电源，按下启动按钮，混合机空载运转过程中，机身应匀速进行运转，无异常噪声。运行 1～2 min 后，准备停机。

（4）空载运行符合要求后，可进行下步操作。

（5）打开混合机投料口，并重新确认放料口已关闭，按工艺控制要求对 V 型料斗内投入规定量的物料。

（6）投料完毕，关闭投料口并锁紧，以防止混料时物料流出。

（7）接通电源按钮，启动混合机的启动按钮，进行混料。混料到达工艺规定的时间后，按下停机按钮，停机时应使混合机放料口正对地面。

（8）打开投料口，用规定的容器在放料口进行装料，直至放尽料斗内物料。

二、二维运动混合机操作

1. 运行前检查

（1）料筒内部是否洁净、干燥，筒壁是否完好，有无损伤等异常现象。

（2）驱动轮部位有无夹带杂物。

（3）挡轮座螺栓与筒盖螺栓是否紧固。

2. 空载试运行

（1）检查料筒混料时的转向是否正确。打开电源开关，电源指示灯亮。按"转动开"按钮，检查料筒混料时的转向是否正确。如转向不对，则需通知电工调换电机接线顺序。

（2）检查摆动和出料的点动控制是否有效。

（3）检查2个（4个）挡轮是否着力均衡。

（4）检查整机运行状况，如有不平稳或异常响声等不正常情况，应立即向有关部门汇报，排除故障后方可投入生产。

3.进料　打开进料口盖子上的接管卡箍，取下盲盖，装上上料专用设备后卡紧。随后，接上抽气和抽料软管。按"摆动/点动"按钮，将料筒进料口一端摆动到高于水平的位置，启动上料专用设备。进料量不能超过设备规定的装料容积和装料重量。进完料，卸去上料专用设备，再加上盲盖卡紧。

4.定时　按照"时间操作说明"设定好混料时间。

5.混合　按"转动开"和"摆动开"按钮，料筒进行连续的转动和摆动，物料随之运动、混合。设定时间到，设备运动自行停止。

6.卸料　按"摆动/点动"按钮，使料筒出料口处于最低位置，套牢出料布袋，将接料桶放置在出料口相应位置，将布袋口放入料桶内，把卸料蝶阀打开，然后，按"出料开"按钮，物料自动卸出。待物料全部卸完，按"出料关"按钮，接着关掉总电源。

三、三维多向运动混合机操作

1.开机前检查

（1）设备各连接部位要连接紧固、可靠。

（2）电气接线正常，接头无松动、脱落。

（3）减速机加适量的润滑油，链条加润滑油。

（4）扳动皮带轮设备灵活、自如。应无卡滞现象。

2.装料　按公称容积80%进行人工装料，物料完毕，关牢进料口盖板。

3.开机

（1）开机前要求设备操作人员离开混料桶1 m以外，以免运动中的筒体撞伤人员。

（2）启动主电机，观察筒体运动平稳性。

（3）启动运行按钮，调整混合时间继电器，若不需要时间控制，则时间继电器下方旋钮搬至连续状态。

（4）数显表显示转速不得大于500 r/min。

（5）人站在筒体前正面主轴转向顺时针，切忌方向运转。

（6）混合完毕，按下停止按钮，设备停止运动，若出料口不在下方出料位置，则利用电动按钮，使出料口停止在出料方便的位置，打开快开盖，即可卸料。

四、常见故障及处理方法

常见故障及处理方法见表1-7-1,表1-7-2,表1-7-3。

表1-7-1   V型混合机常见故障及处理方法

常见故障	可能原因	处理方法
突然停机	电机故障	打开料门排掉物料后,检查电机故障并排除后再启动电机
出料不畅	气缸及供气系统或电路故障	逐一检查,并排除故障
出料口漏料	密封不严	调整行程开关或托臂上的调节螺母或更换密封条
主机震动及噪音异响	浆轴损坏	更换浆轴
	安装未调整好	重新安装并调整混合机水平面
	螺旋浆叶损坏	更换螺旋浆叶
	变速机损坏	更换变速机损坏件
	无润滑油或润滑泵不供油	加润滑油或更换油泵或清理油泵管路阻塞物
转动时困难及无法启动	满载且超载启动运行	减少负载,先运转后加料
	电源未接入、缺相	请电工接入电源、检查线路
	电压过低	避过用电高峰或确保电压正常

表1-7-2   二维运动混合机常见故障及处理方法

常见故障	可能原因	处理方法
筒盖处漏粉	密封条老化或损坏	更换密封条
	星形把手用力不均	重新压紧,要对称,均匀用力
料筒挡轮圈与上机架面板产生摩擦	橡胶驱动轮磨损已达极限	更换橡胶轮
每次转动起始,上机架面板下有响声	传动链条太松	移动减速机,调整链条松紧

续表1-7-2

常见故障	可能原因	处理方法
摆动不稳定	摇臂连接处、连杆连接处螺栓松动	加弹簧垫圈紧固
	减速机底脚螺栓松动	紧固
	摇床支撑轴座松动	轴承座螺栓紧固
转动不稳定	驱动轮与挡轮圈擦边	调整挡轮座位置
有异常响声	有轴承损坏	检查各部位轴承,更换已损坏的轴承
	局部松动	查看连接处和紧固部位
有静电火花	静电未正常释放	停止使用,检查接地装置

表1-7-3 三维多向运动混合机常见故障及处理方法

常见故障	可能原因	处理方法
投料口、放料口密封不严	料门垫损坏	更换密封垫
较大振动和异声	齿轮啮合不好	进行调整、修理
	减速机机械故障	进行检修
	轴承损坏	更换轴承
制动不灵	制动力未调好	调整时间继电器
	离合器、控制器失灵	检查修理

活动与探究

1. 书写V型混合机操作标准操作规程。

2. 书写二维运动混合机操作标准操作规程。

3. 书写三维多向运动混合机操作标准操作规程。

4. 25 kg干颗粒使用YK-160摇摆式制粒机进行整粒,并添加硬脂酸镁使用V型混合机进行总混,并填写生产记录。

5. 25 kg干颗粒使用YK-160摇摆式制粒机进行整粒,并添加硬脂酸镁使用三维多向运动混合机进行总混,并填写生产记录。

整粒、总混岗位生产记录式样见表1-7-4,整粒、总混操作评分标准见表1-7-5。

表 1-7-4   整粒、总混岗位生产记录

年   月   日

产品名称					批号	
批量			规格		岗位负责人：	

<table>
<tr><td rowspan="7">生产前检查</td><td colspan="5">操作要求</td><td colspan="2">执行情况</td></tr>
<tr><td colspan="5">1.生产相关文件是否齐全。</td><td colspan="2">1.□是   □否</td></tr>
<tr><td colspan="5">2.清场合格证是否在有效期内,标识牌是否填写清楚。</td><td colspan="2">2.□是   □否</td></tr>
<tr><td colspan="5">3.计量器具校验合格证是否在有效期内。</td><td colspan="2">3.□是   □否</td></tr>
<tr><td colspan="5">4.按批指令单核对物料名称、规格、批号、数量。</td><td colspan="2">4.□是   □否</td></tr>
<tr><td colspan="5">5.设备是否完好,定置管理是否合乎要求。</td><td colspan="2">5.□是   □否</td></tr>
<tr><td colspan="5">6.房间压差是否符合要求。</td><td colspan="2">6.□是   □否</td></tr>
</table>

<table>
<tr><td rowspan="15">生产操作</td><td rowspan="5">整粒</td><td>外加物料名称</td><td>物料编码</td><td>物料批号</td><td>数量 kg</td><td>整粒筛网</td><td>网   目</td></tr>
<tr><td></td><td></td><td></td><td>kg</td><td>颗粒量</td><td>kg</td></tr>
<tr><td></td><td></td><td></td><td>kg</td><td>尾料量</td><td>kg</td></tr>
<tr><td colspan="2">设备名称：</td><td colspan="2">设备编号：</td><td colspan="2">当班设备运行情况：</td></tr>
<tr><td colspan="2">设备运行时间：   时   分 ~   时   分</td><td colspan="2"></td><td colspan="2"></td></tr>
<tr><td rowspan="6">总混</td><td>外加物料名称</td><td>物料编码</td><td>物料批号</td><td>数量 kg</td><td>总混开始时间</td><td>时   分</td></tr>
<tr><td></td><td></td><td></td><td>kg</td><td>总混结束时间</td><td>时   分</td></tr>
<tr><td></td><td></td><td></td><td>kg</td><td>收颗粒总量</td><td>kg</td></tr>
<tr><td></td><td></td><td></td><td>kg</td><td>取样量</td><td>kg</td></tr>
<tr><td colspan="2">设备名称：</td><td colspan="2">设备编号：</td><td colspan="2">当班设备运行情况：</td></tr>
<tr><td colspan="2">操作人：</td><td colspan="2">复核人：</td><td colspan="2"></td></tr>
</table>

每桶重量 kg	桶号	1	2	3	4	5	6	7	8
	毛重								
	皮重								
	净重								

传递	传递数量：	传递人：	复核人：	接收人：

续表 1-7-4

物料平衡和收率	平衡限度:98%～102%　　公式:(混后数量+取样量+废料量)/投料数量×100%
	收率限度:98%～102%　　公式:混后数量/投料数量×100%
	平衡计算: 　　_____×100% =　　　　收率计算: 　　_____×100% = 计算人:　　　　复核人:

偏差处理情况:

表 1-7-5　整粒、总混操作评分标准

姓名:　　　　　　总分:

序号	考试内容	操作内容	分值	评分要求	得分
1	操作前检查	设备、容器、仪器、状态标志和记录	20	1.检查操作间设备有无上批遗留物,悬挂"已清洁"状态标志。	
				2.检查工具、容器等是否清洁干燥。	
				3.检查设备是否干燥、清洁。	
				4.是否有上批清场合格证。	
				5.仪器状态标志检查(状态标志完好无缺)。	
2	整粒总混	按照标准操作规程要求安装机器	30	1.正确安装摇摆式制粒机。	
				2.正确选择、安装筛网。	
				3.整好的颗粒符合质量要求。	
				4.添加润滑剂方法恰当。	
				5.正确操作槽形混合机进行总混操作。	

续表 1-7-5

序号	考试内容	操作内容	分值	评分要求	得分
3	清场	清理机器与打扫地面	20	1. 检查机器电源是否关闭。	
				2. 拆卸机器顺序合理,动作规范。	
				3. 清洁机器顺序合理,动作规范。	
4	按时完成任务	评估是否按时完成操作任务	15	根据完成任务的情况酌情给分。	
5	安全生产	评估生产过程中是否存在影响安全的行为和因素	15	评估生产过程中是否存在与正确操作无关的行为。	

项目八
压片

压片是将合格的药物粉末或是颗粒,使用规定的模具和专用的设备,压制成合格片剂的过程。目前制药企业生产广泛采用的设备是旋转式多冲压片机。按转台旋转1周填充、压片、出片等操作的次数,可分为单流程、双流程。单流程是指转台旋转1周只填充、压片、出片一次;双流程是指转台旋转1周填充、压片、出片各进行2次,其生产效率是单流程的2倍。按照模具的轴心随转台旋转的线速度可分为普通压片机和高速压片机,不低于60 r/min 的压片机为高速旋转式压片机。

活动一 认识压片机

一、ZP-35B 旋转式压片机

该机是一种自动旋转,变频调速,连续压片的机器,主要用于制药工业片剂的制造。适用于含粉量(100 目以上)不超过10%的颗粒状物料的压制,不适用于半固体、潮湿颗粒、低熔点和无颗粒的粉末压制。该机能压制4~13 mm 圆形片、异形片及刻字片剂等(图1-8-1)。

图1-8-1 ZP-35B 旋转式压片机

1. 工作流程(图1-8-2)

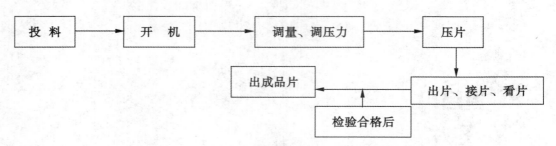

图1-8-2   ZP-35B旋转式压片机工作流程

2. 工作原理   压片机的主电机通过交流变频无级调速器,并经蜗轮减速后带动转台旋转。转台的转动使上、下冲头在导轨的作用下产生上、下相对运动。颗粒经充填、预压、主压、出片等工序被压成片剂(图1-8-3)。

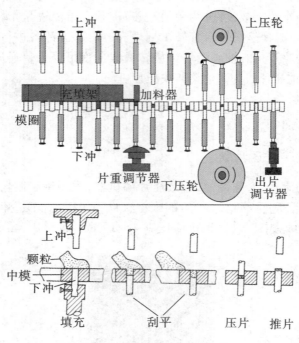

图1-8-3   压片机工作原理

3. 结构

(1)转台结构(图1-8-4)

图 1-8-4 转台结构

　　转台是该机工作的主要执行件,由上轴承和下轴承组及主轴构成。转台的周围上均布 35 副冲模,转台与主轴间由动力键传递扭矩,并只做顺时针旋转。

　　(2)导轨机构　导轨是由上导轨和下导轨组成的圆柱凸轮和平面凸轮,是上、下冲杆运动的轨迹。上导轨由上、下行轨,充填导轨,过桥板组成。在下行轨道的出口处有一方形下冲装卸轨,供拆装下冲时用的(图 1-8-5)。

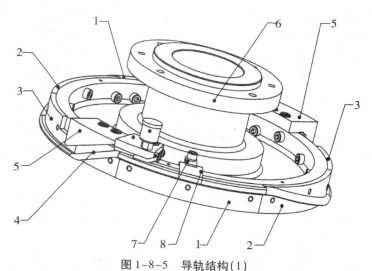

图 1-8-5　导轨结构(1)

1.上冲上平行轨　2.上冲上行轨　3.上冲下平行轨　4.上冲下行轨

5.上冲压下路轨　6.轨道盘　7.舌架　8.嵌舌

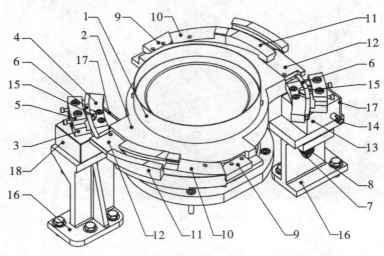

图 1-8-5　导轨结构(2)

1.防尘圈　2.下轨道盘　3.拉下轨固定块　4.垫片　5.拉下轨　6.充填轨　7.轴位螺钉　8.弹簧　9.过桥板
10.下冲上行轨　11.下冲下行轨　12.下冲装卸轨　13.右小蜗轮罩　14.小轴　15.升降杆　16.充填调节架

　　(3)充填调节装置　充填调节用于调节片剂的质量。它由一组蜗轮副组成,旋转压片机调节药物的填充剂量主要是靠填充轨、调节手轮和蜗杆的小轴通过万向轴相连,调节手轮转动时即可带动与其固联的小蜗杆转动。蜗杆的转动带动小蜗轮转动,蜗轮转动时,其内部螺纹孔使带有螺纹的升降杆产生上、下轴向移动,与升降杆固联的填充轨也随之上下移动即可调节下冲在中模孔中的位置,从而达到调节填充量的要求(图1-8-6)。
　　(4)片厚调节装置　下压轮装在主体的两侧槽内,套在曲轴上,曲轴的外端装有斜齿轮和蜗杆连接。当曲轮的偏心向上时,压轮上升,使上、下压轮间距随之变化,充填量不变时,片变薄,压力增大。所以压力调节器可控制片剂的厚度和硬度。
　　(5)加料装置　由加料器、斗架、支柱、调节螺钉和料斗等组成。加料器与转台工作面间隙及料斗的高度均可调整(1-8-7)。

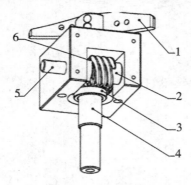

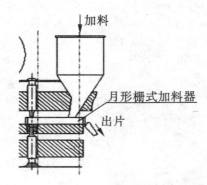

图 1-8-6　充填调节装置
1.充填轨　2.小蜗杆　3.小蜗轮
4.内螺纹孔套　5.小轴　6.升降杆

图 1-8-7　加料装置

（6）传动部件　由电动机通过齿形同步带传动而带动蜗轮副传递至主轴的移动,在蜗杆轴上没有试车手轮。齿形同步带的松紧是由电机板来调节的,带子的松紧依大拇指按紧带面后挠度<10 mm 为宜。

4.控制面板介绍(图 1-8-8)

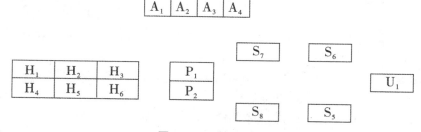

图 1-8-8　控制面板

A_1:前轨道压力调节手轮　A_2:后轨道填充量调节手轮　A_3:前轨道填充量调节手轮　A_4:后轨道压力调节手轮　H_1:电源指示灯　H_2:电机故障指示灯　H_3:紧急停车指示灯　H_4:后超压故障指示灯　H_5:前超压故障指示灯　H_6:下冲装卸轨故障指示灯　S_7:蘑菇头急停开关(电器箱右侧)　P_1:压片/转速显示仪单位:1(N、r/min)　P_2:液压显示　S_7:液压增压点动按钮　S_8:;减压点动按纽　U_1:调整转速旋钮　S_6:起动按钮　S_5:停机按钮

活动二　压片机的安装与调整

一、模具的安装(ZP-35B 旋转式压片机)

1.冲模安装前　将转盘的工作面,上下模孔,中模孔和所需安装的冲模逐渐擦拭干净(图 1-8-9)。

2.中模的安装　将转台上中模紧固螺钉逐个旋出转台外圆面 1 mm 左右(勿使中模装入时与螺钉头部碰擦),中模与孔是过渡配合,装入时较紧,故中模须放平。此时,将嵌舌板翻下,将打棒穿入上冲孔,用手锤轻轻敲入中模,并以中模平面不高出转台平面为合格,然后将螺钉紧固。

3.上冲杆安装　上轨道的嵌舌板仍往上翻起,可在冲杆尾部涂少许植物油,然后将上冲杆插入转台上冲孔内用手指旋转冲杆,并上、下滑动应灵活自如,检查冲模质量是否符合要求。用转动试车手轮至上冲杆颈部进入上冲平行导轨。装完后,必须将嵌舌板翻下(图1-8-10)。

图1-8-9　模具

图1-8-10　安装完毕的上冲

4. 下冲杆安装　用手顶起在主体面上装卸下冲杆用的过桥板,即可装入下冲杆。装完后必须将过桥板恢复原状。

5. 注意事项　全套冲模安装完毕后,盘动试车手轮使转盘沿转台数字顺序方向旋转2周,观察上、下冲进入中模孔及在导轨上运行情况。不可有碰撞和硬磨现象。另须注意下冲上升到最高点时(即出片位置)应高出转台工作台0.1~0.3 mm。

二、设备调整(ZP-35B 旋转式压片机)

1. 冲模的调整　冲模、冲杆安装好之后,开动电机,空转5 min,待运转平稳,无异常响声即可。

2. 加料器的安装和调整　旋松加料器组件上挡片板及刮粉板螺钉,卸下挡片板及刮粉板,松动支撑柱上的锁紧螺母,放上加料器底座,两手平摸加料器的底座与大盘的高低,并根据大盘的位置对加料器底座进行粗调。将月形栅式加料器装在支承柱上(此时支承柱紧固螺钉呈松开状态),并进行调整,分别调节两侧螺母,观察加料器两侧底部的凸面与大盘之间的距离,一般距离为一张纸的厚度。调节加料器底座中部下端的螺丝,使加料器底座上端面与加料器下端面无缝隙,并用两手的示指进行对角线按压检查,检查加料器是否与大盘平衡,检查时应均匀受力,以加料器不晃动为准,若平衡用24#扳手顺时针锁紧三颗螺母,紧固时需注意:左手固定螺母上端,在紧固过程中避免跟着转动。紧固完毕后,再次检查加料器是否发生变化,如出现晃动现象,需再次进行加料器调整,直到加料器完全固定。卸下加料器两端的固定螺母,取下加料器,装刮粉板、挡片板(装挡板时不能将垫片装在挡板的内侧)。装加料器两端的固定螺母,拧紧(图1-8-11)。

3. 充填调节　安装在机器前面的中间两只调节手轮控制,中左调节手轮控制左边压轮压制的片重,中右调节手轮控制右边压轮压制的片重。手轮顺时针旋转为充填量增加,反之减少,并有刻度指示(图1-8-12)。

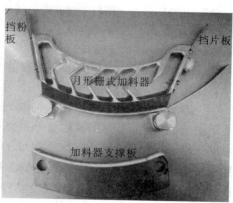

图 1-8-11 ZP-35B 旋转式压片机加料装置

图 1-8-12 ZP-35B 旋转式压片机手轮

4. 片剂厚度的调节 片剂的厚度调节由机器前面两端两只调节手轮控制,左端手轮控制左边压轮压制的片厚,右端手轮控制右边压轮压制的片厚,手轮顺时针旋转为片厚增加,反之减少,并有刻度指示,当由片重确定的充填量调定后,可检查片剂的硬度后,对片厚再做适当调整(图 1-8-13)。

图 1-8-13 ZP-35B 旋转式压片机手轮

5. 输粉量的调整　为稳定颗粒物料在加料器中堆积的安息角,使流入模孔的充填量恒定,必须调整按重力加料的粉子流量,首先松开斗架面的滚花螺钉,再旋转斗架顶部的滚花螺钉,调节料斗下料口到转台工作面的距离,从而控制粉子的流量,当机器在运转时,其距离以观察加料口内粉子的积储量勿外溢为合格,调整后将滚花螺钉拧紧。

6. 工作压力的调整　对不同物料、片形、片径而言,压制成型所需工作压是不相同的,设定工作压力的目的是为压制片剂时,由于物料黏冲,冲杆头缺损造成片剂过硬,成型不规则而造成坏片,更可能导致意外重叠压片造成超压而损坏冲杆。

由上压轮轴、搅杆和弹簧支承所组成的上压轮缺荷装置中,当上压轮受冲杆的反力使搅杆上作用在弹簧上的力超过设定值时,弹簧自行移位,并使压轮上抬让开冲杆,与此同时在一端的行程开关被触发,机器自动停车,并发出声光信号。此时必须注意解除超压力指令后,机器可能自动启动,请注意安全。

打开机器顶部的手空盖,旋动压紧弹簧的外套,按标尺上刻度调整工作压力后,拧紧螺母即可。

7. 速度的调整　速度调整只需旋转操作面板上的速度旋钮,速度变频应由低速到高速顺序进行。速度的选择对机器使用寿命和片重、片剂质量有直接的影响。由于原料的性质、黏度、湿度、粒度以及片径大小、压力不同,故不能做统一的规定,只能视实际情况来确定。大片径、黏度差、快速难以成型的物料,宜采用较低的速度。反之,如压制黏合、润滑性好、小片径、易于成型的物料,可选择较高的速度。

三、高速旋转式压片机

详见相关设备介绍。

活动三　压片机的应用

一、ZP-35B 旋转式压片机操作

1. 装机

(1)安装加料器:拿起月形栅式加料器、扳手、螺丝刀,把挡片板及刮粉板取下,把加料器装上,调节加料器的位置,拧紧支撑柱上的锁紧螺母,再装上挡片板及刮粉板,使之既不漏粉又不摩擦转台,然后紧挡片板及刮粉板的螺母。

(2)安装加料斗:取下加料斗、颈项圈,把颈项圈放于机器顶部,关闭四周的防护门。装加料斗,调节加料斗下出口与转盘之间的距离大约在一平指之间,卸下加料斗,放上颈项圈,装加料斗,调节流量阀(一般观察刮粉器上的颗粒不宜外溢为合格),装上透视窗,关上防护门。

(3)空车试机:打开设备左侧护板,套上手轮转动设备1周,无异常后去轮关门,戴上手套,把废料桶放在出料口处,挂上"设备运行"状态标志,打开电源,调整液压至20~30 kN,开机看设备是否有异情况,如吊冲等。

(4)领取物料:拿着生产指令单和领料桶领取物料,领料时需要对物料进行核对并检查,保证品名、数量和批号正确。

2.调试

（1）检查物料中是否有异物,检查无异物后,可以加料,两个加料斗里的物料要一样。

（2）转动片厚调节轮,将压力调至最小后开机运行。转动片厚调节轮,适当减少填充量;转动片厚调节轮,适当增加压力。调整后,接片观察片子情况(观察时应先比较片厚,再比较硬度,并且分清出片的轨道)。根据片子的片重和硬度,调节手轮,使片子的片重和硬度基本符合规定,然后用天平进行称量,依照称量结果再适当调节手轮,直至片子的片重和硬度完全符合规定。

3.出成品

（1）先停机,去手套,连接吸粉器,打开吸粉器,把废料桶换成成品桶。然后开机运行,用油杯在上冲处加润滑油,少量多次。

（2）再次取左右轨道片子各 50 片称量,测量片重是否合格,不合格时应及时调节片子的重量与压力,使片子符合规定为止。

（3）在生产过程中,随时观察片子,取一张白纸接约 100 片子,放在自然光下目距 30 cm,斜角 45°,观察 30 s,观察片厚是否一致,是否有黑点于缺角现象。

（4）确认片重差异符合规定要求后开始正式压片,并每隔 5 min 抽查一次,要求不得有超内控标准。确认 30 min 内片重差稳定后,每隔 30 min 抽查一次,并做好记录,每次抽检后更换一次接料容器(不锈钢筛)。

4.清场

（1）成品出完后,先停机,把成品桶换成尾料桶,调厚度手轮减两轨道的压力,调填充量手轮增加填充量,开机下尾料,尾料下完后停机,降液压,关吸粉器和电源,并挂"待清洁"标示牌。

（2）卸加料斗,加料斗内用浅毛巾擦拭干净,然后用消毒剂消毒后,放回当初位置,再将颈项圈用深色毛巾擦拭消毒。

（3）用深色毛巾擦拭机器上部,上轨道加料器用浅色毛巾擦干净,消毒后放当初位置。

（4）打开机器左侧不锈钢门,装上手轮,盘动手轮转动大盘,拿浅色毛巾放置加料器处,贴紧大盘边转边擦拭干净,消毒。清完大盘后,取下手轮,装上护板。

（5）用浅色毛巾擦拭四周的防护门,用深色毛巾擦拭外防护门及护板与操作控制面板,并分别消毒。

（6）把桶从小到大的顺序排列,内壁用浅毛巾擦拭,外壁用深色毛巾,用深色毛巾擦拭吸粉器,并分别消毒。

（7）把电子秤归零,天平复位。

（8）计算物料平衡,并填写记录,写流通卡、物料标示卡。

（9）清洁地面。

（10）填写设备已清洁状态标志,并经检查取得清场合格证。

二、常见故障及排除

1.压片出现以下情况时,应更换冲头与模圈

（1）上冲与模圈不吻合或上、下冲头向内卷边——发生裂片、松片、片重差异大。

（2）模圈摩擦，中间直径大于上部直径——裂片。

（3）冲头长短不齐——松片、片重差异、厚薄不一。

（4）冲头表面粗糙或刻字太深有棱角——黏冲、斑点。

2. 机械条件

（1）车速太快——裂片、片重差异——调整车速。

（2）压力过大——裂片、崩解迟缓——调节压力。

（3）压力不足——松片——调节压力。

（4）加料器装置不平衡或堵塞——片重差异大——调整平衡，除异物。

（5）上冲润滑油垢多——引起黏冲、色斑或表面斑点——减少加油量。

（6）机械异常发热——黏冲——检查发热原因并检修。

三、压片过程中可能发生的质量问题及解决办法

1. 裂片　裂片系指片剂受到振动或经放置时从顶部脱落一层或腰间开裂的现象。顶部脱落一层称顶裂，这是裂片的常见形式；腰间开裂称为腰裂。产生原因及解决方法如下：

（1）主药因素：颗粒中含纤维性药物、油类成分药物时，因药物塑性差、结合力弱，易发生裂片，可选用塑性强、黏度大的辅料（如糖粉）来克服。

（2）辅料因素：黏合剂黏度小或用量不足，可适当加入干燥黏合剂混匀后压片。

（3）工艺因素：①颗粒过粗、过细、细粉过多，应再整粒或重新制粒。②颗粒过分干燥，含水量低，可与含水分较多的颗粒混合压片，或喷入适量浓度的乙醇后压片。③压力过大或车速过快，片剂受压时间短使空气来不及逸出，可适当减小压力或减慢车速克服。

（4）设备因素：冲头及冲模久用磨损，应及时更换冲模。如冲头卷边，压力不均匀，使片剂部分受压过大，而造成裂片；冲模中间直径大于口部直径，片剂顶出时裂片。

2. 松片　松片系指片剂硬度不够，受震动后出现破碎、松散的现象。产生的原因及解决方法如下：

（1）主药因素：含纤维性药物，受压后弹性回复大；油类成分含量高的药物降低了黏合剂的作用；为克服药物弹性，增加可塑性，加入易塑形变的辅料和黏性强的黏合剂。

（2）辅料因素：润湿剂或黏合剂选择不当或用量不够，可另选择润湿剂或黏性较强的黏合剂重新制粒，或加入干燥黏合剂混匀后压片。

（3）工艺因素：①颗粒质松，细粉多，可另选择黏性较强的黏合剂或润湿剂重新制粒。②颗粒含水量少，完全干燥的颗粒弹性变形大，应调整、控制颗粒含水量，或喷入适量浓度的乙醇后压片。③压力过小易松片，可增加压力克服。

（4）设备因素：冲头长短不齐使片剂所受压力不同，受压小者产生松片；下冲下降不灵活使模孔中颗粒填充不足时亦会产生松片。可更换冲头、冲模。

3. 黏冲　黏冲系指片剂表面被冲头黏去一薄层或一小部分，造成片剂表面粗糙不平或出现凹痕的现象。刻字的冲头更易发生黏冲。产生原因及解决方法如下：

（1）主药因素：药物易吸湿，操作室应保持干燥，避免药物吸湿受潮。

（2）辅料因素：润滑剂用量不够或混合不匀,前者应增加其用量,后者应充分混匀。

（3）工艺因素：颗粒干燥不完全,含水量大;或在潮湿环境中暴露过久;应重新干燥至规定要求。

（4）设备因素：冲模表面粗糙,锈蚀、冲头刻字太深,可擦亮使之光滑或更换冲头。

4. 片重差异超限　片重差异超过药典规定的重量差异限度。产生原因及解决方法如下：

（1）辅料因素：助流剂用量不够或混合不匀,前者应增加其用量,后者应充分混匀。

（2）工艺因素：①颗粒粗细相差悬殊,或细粉量太多,使填入模孔内的颗粒量不均匀,应重新整粒或筛去过多细粉,必要时重新制粒。颗粒大小不同,孔隙率不同,压片过程由于压片机震动,颗粒分层,小粒子沉于底部,因其孔隙率较低,所得片重大,即造成片重差异超限。②加料斗内的物料量时多、时少或双轨压片机的两个加料器不平衡,应保证加料斗中有1/3体积以上的颗粒,调整两个加料器使之平衡。

（3）设备因素：冲头和冲模吻合性不好,下冲下降不灵活,造成颗粒填充不足,可更换或调整冲头、冲模。

5. 含量均匀度超限　含量均匀度超限系指片剂的含量均匀度超过药典规定的限度。含量均匀度超限产生原因和解决方法如下：

（1）主药因素：主药剂量小,与辅料比例量相差悬殊而未混合均匀,可采用等量递加法混合,并增加混合时间。

（2）工艺因素：可溶性成分在制湿粒时已混合均匀,但在干燥过程中,可溶性成分从颗粒的内部迁移到外表面;箱式干燥器干燥时,可溶性成分随颗粒中水分蒸发气化,迁移到上层颗粒中,使局部浓度增高,导致含量不均匀;采用流化床干燥方法防止颗粒中可溶性成分"迁移"。

（3）其他因素：凡引起片重差异的因素均可造成含量均匀度超限,可采取改善片重差异的方法解决。

6. 崩解迟缓　崩解迟缓系指片剂不能在药典规定的时间内完全崩解或溶解。产生原因及解决方法如下：

（1）辅料因素：①崩解剂用量不足、干燥不够或选择不当,可增加崩解剂用量、用前干燥、选用适当崩解剂,也可加入适宜的表面活性剂克服。②黏合剂黏性太强或用量太大,可增加崩解剂用量或选择适宜的黏合剂。③疏水性润滑剂用量太多,应减少疏水性润滑剂用量或加入适宜的表面活性剂,或改用亲水性润滑剂。

（2）工艺因素：润湿剂用量大,引发物料黏性过强,干燥后颗粒过硬、过粗,可将粗粒过20~40目筛整粒或采用高浓度乙醇喷入使颗粒硬度降低。

（3）设备因素：如压力过大,压出片子过于坚硬,影响崩解,可减小压力。

7. 溶出超限　溶出超限系指片剂在规定的时间内未能溶解出规定的药物量。难溶性药物的片剂崩解度合格者并不一定能保证药物快速完全溶出,也就不能保证该片剂具有可靠的疗效。因此,对难溶性或治疗量与中毒量接近的口服固体制剂要测定溶出度。溶出超限产生原因和解决方法如下：

（1）主药因素：由于药物溶解度差,导致溶出速度小,可采取以下措施来改善药物的溶出速度。①将药物微粉化处理增加表面积,加快药物溶出。②制成固体分散物,将药物以分子或离子形式分散于易溶性的高分子载体中,载体溶解时药物随之溶解。③制成药物混合物,药物与水溶性辅料共同粉碎制成混合物,水溶性辅料吸附在细小药物粒子周围,当水溶性辅料溶解时,细小药物粒子暴露于溶出介质中,增加其溶解速度。

(2)其他因素:凡引起崩解迟缓的因素都可能造成药物溶出超限,可采用改善崩解迟缓的方法来解决。

8.变色与花斑　片剂表面出现色差或花斑。此种现象多发生于有色片剂,产生的原因及解决方法如下:

(1)主药因素:药物因湿、氧化等变色,应控制空气湿度和避免与金属器皿接触。

(2)辅料因素:使用了可溶解色素的润湿剂,颗粒干燥时色素迁移,压片时造成片面色差;更换润湿剂。

(3)工艺因素:①主辅料颜色差别大,制粒前未磨细或混匀,需进行返工处理。②有色颗粒松紧不匀,应重新制颗粒,选用适宜的润湿剂制出粗细均匀、松紧适宜的颗粒。

(4)设备因素:压片机上有油斑或冲头有油垢,应经常擦拭压片机冲头并在上冲头装一橡皮圈以防油垢落入颗粒。

9.叠片　叠片系指两个片剂叠压在一起的现象。叠片时,压力骤然增大,极易造成机器损坏,应立即停机检修。产生的原因及解决方法如下:

(1)设备因素:压片机出片调节器调节不当,下冲不能将压好的片剂顶出,饲粉器又将颗粒加于模孔重复加压,出现叠片现象。

(2)其他因素:压片时由于黏冲致使片剂黏在上冲,再继续压入已装满颗粒的模孔中,出现叠片现象。

活动与探究

1.ZP-35B、ZP-37D 旋转式压片机上下冲的安装练习。

2.书写 ZP-35B、ZP-37D 旋转式压片机上下冲安装标准操作规程。

3.ZP-35B、ZP-37D 旋转式压片机刮粉器的安装练习。

4.书写 ZP-35B、ZP-37D 旋转式压片机刮粉器的安装标准操作规程。

5.ZP-35B、ZP-37D 旋转式压片机片重调节练习。

6.书写 ZP-35B、ZP-37D 旋转式压片机操作标准操作规程。

压片机上、下冲安装操作评分标准见表 1-8-1,压片机制粉器安装操作评分标准见表 1-8-2,片重调节、压片操作见表 1-8-3,表 1-4-8,压片岗位生产记录式样见表 1-8-5,表 1-8-6。

表 1-8-1 压片机上、下冲安装操作评分标准

姓名：　　　　　　总分：

序号	考试内容	操作内容	分值	评分要求	得分
1	操作前检查	设备、容器、仪器、状态标志和记录	20	1. 检查操作间设备有无上批遗留物,悬挂"已清洁"状态标志。	
				2. 检查工具、容器等是否清洁干燥。	
				3. 检查设备是否干燥、清洁。	
				4. 是否有上批清场合格证。	
				5. 仪器状态标志检查(天平调平或至零,状态标志完好无缺)。	
2	装机	按照标准操作规程要求安装机器	30	1. 正确转动手轮检查机器是否运转正常。	
				2. 正确安装中模并检查安装是否到位。	
				3. 正确安装上冲并检查安装是否到位。	
				4. 正确安装下冲并检查安装是否到位。	
				5. 装机完毕,检查机器运转有无异常。	
3	清场	清理机器与打扫地面	20	1. 检查机器电源是否关闭。	
				2. 拆卸机器顺序合理,动作规范。	
				3. 清洁机器顺序合理,动作规范。	
4	按时完成任务	评估是否按时完成操作任务	15	根据完成任务的情况酌情给分。	
5	安全生产	评估生产过程中是否存在影响安全的行为和因素	15	评估生产过程中是否存在与正确操作无关的行为。	

表 1-8-2   压片机刮粉器安装操作评分标准

姓名：   总分：

序号	考试内容	操作内容	分值	评分要求	得分
1	操作前检查	设备、容器、仪器、状态标志和记录	20	1. 检查操作间设备有无上批遗留物,悬挂"已清洁"状态标志。 2. 检查工具、容器等是否清洁干燥。 3. 检查设备是否干燥、清洁。 4. 是否有上批清场合格证。 5. 仪器状态标志检查(天平调平或至零,状态标志完好无缺)	
2	刮粉器安装	按照标准操作规程要求安装机器	30	1. 正确转动手轮检查机器是否运转正常。 2. 正确安装底板。 3. 刮粉器与大盘之间的间隙合适且不晃动。 4. 装机完毕,检查机器运转有无异常。	
3	清场	清理机器与打扫地面	20	1. 检查机器电源是否关闭。 2. 拆卸机器顺序合理,动作规范。 3. 清洁机器顺序合理,动作规范。	
4	按时完成任务	评估是否按时完成操作任务	15	根据完成任务的情况酌情给分。	
5	安全生产	评估生产过程中是否存在影响安全的行为和因素	15	评估生产过程中是否存在与正确操作无关的行为。	

表 1-8-3 片重调节操作评分标准

姓名： 总分：

序号	考试内容	操作内容	分值	评分要求	得分
1	操作前检查	设备、容器、仪器、状态标志和记录	10	1.检查操作间设备有无上批遗留物,悬挂"已清洁"状态标志。 2.检查工具、容器等是否清洁干燥。 3.检查设备是否干燥、清洁。 4.是否有上批清场合格证。 5.仪器状态标志检查(天平调平或至零,状态标志完好无缺。)	
2	压出成型的片剂	片剂的数量足够、片剂的外观和硬度合格	20	1.要求压制片剂的数量达到 1 000 片。 2.外观应完整光洁,色泽均匀。 3.有适宜的硬度。	
3	片重	片剂的重量是否合格	10	随机选 10 片进行称量,每合格一片,得一分。	
4	片剂的精确度	合格片数和平均片重	20	以上述 10 片计算片剂的平均片重,有效值保留小数点后四位。按照合格片数的多少给分。	
5	清场	清理机器与打扫地面	10	1.检查机器电源是否关闭。 2.拆卸机器顺序合理,动作规范。 3.清洁机器顺序合理,动作规范。	
6	生产记录	物料记录、生产前检查记录、清场记录	10	4.生产记录的真实性和准确性。 5.生产记录的完整性。 6.生产记录的及时性。	
7	按时完成任务	评估是否按时完成操作任务	10	根据完成任务的情况酌情给分	
8	安全生产	评估生产过程中是否存在影响安全的行为和因素	10	评估生产过程中是否存在与正确操作无关的行为	

表1-8-4　压片操作评分标准

姓名：　　　　　　　　　总分：

序号	考试内容	操作内容	分值	评分要求	得分
1	操作前检查	设备、容器、仪器、状态标志和记录	5分	1.检查操作间设备有无上批遗留物,悬挂"已清洁"状态标志。	
				2.检查设备、工具、容器等是否清洁干燥。	
				3.操作间温度、湿度、静压差检查并记录。	
				4.是否有上批清场合格证。	
				5.仪器状态标志检查(天平调平或至零,状态标志完好无缺)。	
2	装机	上冲、下冲、刮粉器、料斗安装操作	10分	1.规范检查上、下冲的大小、规格和磨损情况。	
				2.按要求对各零部件消毒。	
				3.各零部件安装顺序合理,动作规范。	
				4.刮粉器与大盘之间间隙合适。	
3	压片	物料的领取,生产状态标志的更换,启动机器试压、压片,合格品和不合格品的分装	10	1.按GMP规范领取物料。	
				2.及时更换生产状态标志。	
				3.启动机器试压过程符合SOP要求。	
				4.压片生产过程符合规范。	
				5.按GMP规范分装合格品和不合格品。	
4	清场	挂待清场状态标志,清除物料,拆卸机器,清洁冲头,清洁操作间,挂已清洁状态标志	5	1.正确填写清场合格证,适时悬挂待清场和已清场状态标志。	
				2.清除物料,动作规范。	
				3.拆卸机器顺序合理,动作规范。	
				4.清洁机器顺序合理,动作规范。	
				5.清洁操作间顺序合理,动作规范。	

续表 1-8-4

序号	考试内容	操作内容	分值	评分要求	得分
5	团队协作	搭档间沟通、配合和协调	2	1. 搭档之间沟通流畅,配合默契。	
				2. 搭档之间分工明确,科学协调。	
6	生产记录	物料记录、生产前检查记录、清场记录	5	1. 生产记录的真实性和准确性。	
				2. 生产记录的完整性。	
				3. 生产记录的及时性。	
7	按时完成任务	评估是否按时完成操作任务	8	根据完成任务的情况酌情给分。	
8	安全生产	评估生产过程中是否存在影响安全的行为和因素	5	评估生产过程中是否存在与正确操作无关的行为。	
9	片重	片剂的重量是否合格	10	随机选 10 片进行称量,每合格一片,得一分。	
10	片剂的精确度	合格片数和平均片重	20	以上述 10 片计算片剂的平均片重,有效值保留小数点后四位。按照合格片数的多少给分。	

表 1-8-5 压片岗位生产记录(1/2)

年　月　日　班次

产品名称		代　码		规　格	
批　号		理论量		生产指令单号	

	操作要求			执行情况	
生产前检查	1. 生产相关文件是否齐全。 2. 清场合格证是否在有效期内。 3. 计量器具校验合格证是否在效期内。 4. 按批指令,核对颗粒的品名、规格、重量、批号等。 5. 按批指令,核对冲头的品名、规格等。 6. 设备是否完好。			1. 是□　　否□ 2. 是□　　否□ 3. 是□　　否□ 4. 是□　　否□ 5. 是□　　否□ 6. 是□　　否□	

	压片时间		分钟	压片开始	
生产操作	压片结束			模具规格	
	理论片重(g)		g	理论片重限度	g ± g
	实际片重		g	实际片重限度	g ± g
	崩解时限(分)			脆碎度	
	平均片重检查频次		min/次	设备转速	转/min
	左轨压力(kN)			右轨压力(kN)	
	领颗粒量(kg)			颗粒余量(kg)	
	细粉量(kg)			废料量(kg)	
	素片总量(kg)			取样量(kg)	
	设备名称			设备编号	
	操作人			复核人	
	具体称量操作记录见下页				

	物料平衡计算:(压片总量+取样量+废料量+颗粒余量+细粉量)/领颗粒量×100%
物料平衡	计算:　　　　　　　　————————×100% =　　　　　%
	计算人:　　　　　　　　　复核人:
	≤限度≤　　　　实际为　　　%　　　符合限度□　不符合限度□

	移交人		交接量		kg	日　期	
传递	接收人		物料件数		件	质检员	

备注:	

表 1-8-6 压片岗位生产记录(2/2)

年 月 日 班次

产品名称		代 码		规 格	
批 号		理论量		生产指令单号	

生产前检查	操作要求	执行情况
	1.生产相关文件是否齐全。	1.是□ 否□
	2.清场合格证是否在有效期内。	2.是□ 否□
	3.计量器具校验合格证是否在效期内。	3.是□ 否□
	4.按批指令,核对颗粒的品名、规格、重量、批号等。	4.是□ 否□
	5.按批指令,核对冲头的品名、规格等。	5.是□ 否□
	6.设备是否完好。	6.是□ 否□

平均片重统计:限度: ~ 频次: min/次

生产操作记录	1 号机		2 号机		3 号机		4 号机		5 号机		6 号机	
	时间	平均片重	时间	平均片重	时间	平均片重	时间	平均片重	时间	平均片重	时间	平均片重

操作人: 复核人:

备注:

项目九 包衣

活动一　认识多种包衣机

一、荸荠式包衣锅

片剂包衣后,不仅可以防止片芯吸潮或氧化变质,便于储存,而且可以掩盖药物的不良气味,使片剂外观美丽,利于服用。该机包衣均匀,厚薄自控,外观色泽光亮。但劳动强度较大,能耗大,有粉尘飞扬。它主要应用于片剂的糖衣操作(图1-9-1)。

图1-9-1　荸荠式包衣锅

结构及工作原理:包衣锅与水平面调节至45°倾斜,在电动机的驱动下,包衣锅随轴一起旋转,使锅内片剂能最大幅度地上下、前后翻动,同时喷洒在锅内的糖浆与水均匀地分布与黏附在片心表面上。在吹热风的作用下,逐渐干燥并定形,所产生的湿热空气与粉尘经吸风装置排出,待药片涂包一层均匀的糖衣并干燥为止。

二、高效包衣机

热风温度设置、控制及滚筒转速调整等所有操作均在电脑控制面板上完成,工作可靠、性能稳定,符合 GMP 要求。素芯翻转流畅、交换频繁,杜绝了碎片和磕边,提高成品率。导流板上表面狭小,避免黏附辅料。滚轮的回转半径随压力的变化而随时变动,稳定了雾化效果,简化了雾化系统,且清洗简单,无死角。专为包衣机设计、制造的喷枪。雾化均匀,喷雾面大,万向可调喷头不受装量多少的影响。主要用于制药及食品工业,是片剂、丸剂等进行有机薄膜包衣,水溶薄膜包衣,缓、控释包衣,滴丸包衣,糖衣包衣的一种高效、节能、安全、洁净,符合 GMP 要求的机电一体化包衣设备(图1-9-2)。

图1-9-2 高效包衣机

1.工作流程

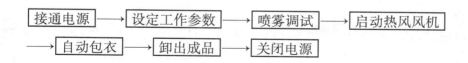

2.结构

(1)主机由密闭工作室,网孔包衣滚筒、搅拌器、清洗盘、传动机构、外箱和控制面板等部分组成。

(2)喷雾系统由蠕动泵、喷枪、硅胶管等组成。喷枪的要求:高压喷出均匀雾状溶液,雾化效果好,喷嘴不宜堵塞,结构简单宜清洗等。

(3)热风柜由风机、热交换器、三效过滤器等组成。

(4)柜由箱体、风机、除尘器、振打机构、清灰斗等,使外排的气体符合环保及 GMP 的要求。

（5）恒温搅拌桶由电热加温、搅拌器、配料桶等组成。

3. 工作原理　被包衣的素片偏芯在包衣主机密闭的包衣滚筒内做连续复杂的轨迹运动。包衣介质经配料后，由蠕动泵增压通过喷枪或滴管，自动地喷洒在片芯表面。与此同时，在负压状态下，由热风柜供给过滤并加热的热风由滚筒上部导入，通过运动的片芯层从滚筒底部由排风机抽走并经除尘后排出（图1-9-3）。

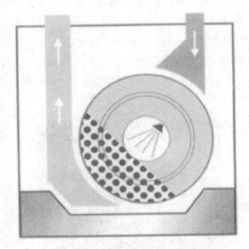

图1-9-3　高效包衣机工作原理

活动二　包衣机的应用

一、设备操作

（一）荸荠式包衣锅

1. 检查　包衣机的各装置运转是否良好，如运转正常，开始配制包衣液，其配制方法按以下过程进行。

（1）明胶液的制备：按明胶和温水（一般比例为3：17）放在一起，泡至明胶全部溶解，混匀备用。

（2）色糖浆溶液的制备：先将蔗糖配成60%～65%（g/g）的水溶液，相对密度在1.3以上（每千克素片需蔗糖300～500 g）。再将一定比例的食用色素溶于热水或稀醇中（约1：10），过120目筛，加入糖浆加热即得色糖浆。随药片着色程度的深浅，色素溶液：糖浆比为（5～1）：100不等（包衣时一般用浓缩型色素）。

2. 包衣

（1）将称量后的素片加入包衣机，启动主机（按匀浆键），控制包衣锅的转速约20 r/min，根据素片重量加入适量包衣液，同时加热并开启热风机。将锅内温度控制在30～50℃。

（2）先包隔离层4～5层，再包粉衣层10～15层，再包糖衣层6～15层，接着包色糖衣层,再打光干燥。

1)包隔离层:将选好的片剂置糖衣锅内,转动糖衣锅,加入适量胶浆,使胶浆很快而均匀地分布在片剂表面,然后加入适量滑石粉,使之全部均匀地附着在片剂表面,同时加热,并吹热风(30~50℃)使胶衣充分干燥(40~50 min),这是第一层,依上法再包第二层、第三层(大约要包四五层),直至片心全被包平,每包一层要充分干燥(干燥与否的鉴别方法是:从锅底取出至少10片,连取三次,刮胶衣层的表面,如有坚硬感,且不易刮下,即干燥合格)。

2)包粉衣层,以糖浆及滑石粉反复交替上衣是上粉衣层。第一层都必须吹热风干燥,直至片子棱角全部包没。滑石粉与糖浆的用量开始是逐层增加,片子包平后,应尽量少上滑石粉,而糖浆的量基本保持不变,包粉衣层的前两层时,加糖浆后立即加入滑石粉(锅内温度控制在35~50℃)。

3)包糖衣层:首先看粉衣层是否平整光滑。如果不够平整,每次上糖浆搅匀后撒少量滑石粉将片面拉平补满。以后不加滑石粉,用稍稀些的糖浆挂衣,每次加入糖浆后,要不断搅拌,使片剂表面均匀湿润,依上法连续挂8~10层,第一层上糖浆时热风应停止,吹冷风干燥使锅温慢慢下降,锅温控制在25~30℃,否则片子遇水汽时不易出现光泽。

4)包有色糖衣:在完成糖衣操作之后,药片表面出现细腻的白霜,遇水汽时片面即出现光泽,此时可进行色衣层操作。

操作时,分次加入有色糖浆,颜色应由浅至深,每次加量应保证全部药片都能均匀湿润,并层层干透。最后一层色糖浆用量要特少,色要浅,然后缓缓晾干。此时应停车封锅,每隔片刻开车翻动一次。

上色衣层的温度开始应掌握在25℃左右,逐步降至室温。片面色调均匀、坚硬、光滑、干透、无浮粉即可。

5)打光,打光时应保持药片片面微湿润,启动糖衣锅,加入蜡粉,初时先加蜡粉的2/3,开始发光后,再加入其余的1/3,直至锅内发出有节律的沙沙声,片面光亮均匀。然后包衣锅应继续转动30~40 min,以免剥色。

(3)停机。

1)停止加热和吹热风,让药物在机内降温至30℃。

2)让机器停止运转,并检查水、电、气关闭情况。

3)将药物出锅,挂放物料标示卡,放入凉片间放置12 min以上。

(二)高效包衣机

(1)接通主电源,合上墙电柜内开关,主机面板上电源指示灯亮。

(2)按下主机面板上"启动"键,控制系统通电,在触摸屏显示后随意触摸,即可调出操纵菜单。通过菜单设定各项工作参数后即可操作。

(3)将硅胶管装在蠕动泵上,输入口与搅拌桶连接,输出口穿入包衣机旋转臂管孔内,与多嘴式滴管或喷枪连接。包薄膜衣前须将装好喷枪的旋转臂移出滚筒,进行喷雾调试。

(4)打开加热开关,将主机开至3~4 r/min,启动热风风机,对片芯进行预热。

(5)将各工序的运行时间编成参数输入电脑,进行自动包衣。

（6）包衣结束后，装上内出料器和外出料器，开动主机，将成品卸出。

（7）按"返回"键退出操纵菜单后，按主机面板上"停止"键，控制系统停止工作，然后切断主电源。

二、常见故障及排除

常见故障及排除方法见表1-9-1，表1-9-2。

表1-9-1   荸荠式包衣锅常见故障及排除

故障现象	故障原因	排除方法
减速机过度发热	蜗轮蜗杆齿合间隙过小或齿合面不正确 轴承装配部不正确或间隙不恰当 密封圈与轴的配合过紧 轴承已损坏或松动 润滑油油质不好，油量不足或过多	调整间隙或位置 重新安装或调整 进行调整 更换轴承 更换新油或调整油量
减速机噪声大	齿轮磨损严重 齿轮齿合不正确 轴承损坏 轴承间隙不当 轴承处缺油 连接件松动	更换 调整 更换 调整 加润滑油 紧固
减速机漏油	箱体部分面间垫片损坏 密封圈老化、磨损变形 轴表面密封处磨损或变形	更换垫片 更换 修理或更换
风机振动过大	进风口、机壳与叶轮磨损 基础的刚度不够或不牢固 叶轮铆钉松动或轮盘变形 连接螺栓松动 转子不平衡	调整 加固基础 重铆、修正 紧固 校正
风机电机电流过大或温升过高	流量过大 电机电压过低或电源单相断电	减少流量 提高电压，修电源
粉尘排出效果不佳	中效过滤器堵塞 高效过滤器堵塞	清洗或更换 清洗或更换

表 1-9-2 高效包衣机常见故障及排除

	故障现象	故障原因	排除方法
喷枪部分	1. 喷枪不关闭或关的慢	1. 气源关闭 2. 料针损坏 3. 气缸密封圈损坏 4. 轴密封圈损坏	1. 打开气源 2. 更换料针 3. 更换密封圈 4. 更换密封圈
	2. 喷枪不开或开的慢	1. 气源未接上 2. 气压太低 3. 气缸密封圈损坏	1. 接通气源 2. 气压调至 0.2 MPa 以上 3. 更换密封圈
	3. 喷枪打开后无液体或流量不充足	1. 过滤网堵塞 2. 泵的气压不足 3. 喷嘴孔堵塞	1. 清洗过滤器 2. 增加气压 3. 疏通喷嘴孔
	4. 喷枪滴漏	1. 针阀与阀座磨损 2. 枪端螺帽未压紧 3. 气缸中压紧活塞的弹簧失去弹性或损坏	1. 修配或更换 2. 旋紧螺帽 3. 更换弹簧
	5. 压力波动过大	1. 喷嘴孔太大 2. 气源不足	1. 改用较小的喷嘴 2. 提高气源压力或流量
蠕动泵部分	1. 硅胶管经常破裂	1. 滚筒损坏或有毛刺 2. 同一位置上使用时间过长	1. 修配或更换滚轮 2. 适时更换滚轮压紧胶管的位置
	2. 胶管往外跑或往泵壳里缩	胶管规格不对	更换胶管

三、包衣过程中可能发生的质量问题及解决办法

包衣过程中可能发生的质量问题及解决办法见表 1-9-3，表 1-9-4。

表 1-9-3 薄膜衣片常见质量问题及解决办法

常见问题	原 因	解决办法
起泡	固化条件不当，干燥速度过快	掌握成膜条件，控制干燥温度和湿度
皱皮	选择衣料不当，干燥条件不当	更换衣料，改善成膜温度
剥落	选择衣料不当，两次包衣间的加料间隔过短	更换衣料，调节间隔时间，调节干燥温度和适当降低包衣液的浓度
花斑	增塑剂、色素等选择不当。干燥时，溶剂可溶性成分带到衣膜表面	改变包衣处方，调节空气湿度和流量，减慢干燥速度

表1-9-4　糖衣片常见质量问题及解决办法

常见问题	原因	解决办法
糖浆不黏锅	锅壁上蜡未除尽	洗净锅壁,或再涂一层热糖浆,撒一层滑石粉
色泽不均匀	片面粗糙,有色糖浆用量过少且未搅匀;温度太高,干燥过快,糖浆在片面上析出过快,衣层未干就加蜡打光	针对原因给予解决,如可用浅色糖浆,增加所包层数,"勤加少上",控制温度;情况严重时,可洗去衣层,重新包衣
片面不平	撒粉太多,温度过高,衣层未干就包第二层	改进操作办法,做到低温干燥,勤加料,多搅拌
龟裂或爆裂	糖浆与滑石粉用量不当,芯片太松,温度太高,干燥过快,析出粗糖晶使片面留有裂缝	控制糖浆和滑石粉用量,注意干燥时的温度与速度,更换片芯
露边与麻面	衣料用量不当,温度过高或吹风过早	注意糖浆和粉料的用量,糖浆以均匀润湿片芯为度,粉料以能在片面均匀黏附一层为宜,片面不见水分和产生光亮时再吹风
黏锅	加糖浆过多,黏性大,搅拌不匀	糖浆的含量应恒定,一次用量不宜过多,锅温不宜过低
膨胀磨片或剥落	片芯或糖衣层未充分干燥,崩解剂用量过多	注意干燥,控制胶浆或糖浆用量

活动与探究

1. 书写荸荠式包衣锅包衣操作标准操作规程。
2. 使用荸荠式包衣锅进行包衣操作并填写生产记录。

包衣操作评分标准见表1-9-5,包衣岗位生产记录见表1-9-6,表1-9-7。

表 1-9-5 包衣操作评分标准

姓名： 总分：

序号	考试内容	操作内容	分值	评分要求	得分
1	操作前检查	设备、容器、仪器、状态标志和记录	15	1. 检查操作间设备有无上批遗留物,悬挂"已清洁"状态标志。 2. 检查工具、容器等是否清洁干燥。 3. 检查设备是否干燥、清洁。 4. 是否有上批清场合格证。 5. 仪器状态标志检查(天平调平或至零,状态标志完好无缺)。	
2	包衣	物料的领取,生产状态标志的更换,明胶液、色糖浆溶液的制备,试机,包衣	35	1. 按 GMP 规范领取物料。 2. 及时更换生产状态标志。 3. 正确制备明胶液、色糖浆液。 4. 空车试机,检查机器是否运转正常。 5. 包衣操作顺序合理,动作规范。 6. 糖衣片质量符合要求。	
3	清场	清理机器与打扫地面	20	1. 检查机器电源是否关闭。 2. 拆卸机器顺序合理,动作规范。 3. 清洁机器顺序合理,动作规范。	
4	按时完成任务	评估是否按时完成操作任务	15	根据完成任务的情况酌情给分。	
5	安全生产	评估生产过程中是否存在影响安全的行为和因素	15	评估生产过程中是否存在与正确操作无关的行为。	

表 1-9-6　包衣岗位生产记录(1/2)

年　　月　　日　　班次

产品名称		代　　码		规　　格	
批　　号		理 论 量		生产指令单号	
领素片量	kg	片芯重量		最终片重	g
大锅装量	kg　共　锅	小锅装量	kg　共　锅	末锅装量	kg
压片人		操作人			

生产前检查	操作要求	执行情况
	1. 生产相关文件是否齐全。	1. 是□　　否□
	2. 清场合格证是否在有效期内。	2. 是□　　否□
	3. 计量器具校验合格证是否在效期内。	3. 是□　　否□
	4. 按批指令,核对名称、批号、数量、规格及片芯质量情况。	4. 是□　　否□
	5. 设备是否完好。	5. 是□　　否□

生产操作		制浆操作记录					
		物料名称	批号或检验单号	领用量	使用量	剩余量	制浆量
	糖浆	蔗　糖					
		纯化水					
	胶糖浆	明　胶					
		纯化水					
		糖　浆					
	混浆	滑石粉					
		糖　浆					
	辅料	滑石粉					
		色　素					
		川　蜡					

次数	时间	包衣阶段	浆液名称	用量(mL)	次数	时间	包衣阶段	浆液名称	用量(mL)

表 1-9-7　**包衣岗位生产记录**_(2/2)

年　　月　　日　　班次

产品名称			代　码			规　格		
批　号			理论量			生产指令单号		

	次数	时间	包衣阶段	浆液名称	用量(mL)	次数	时间	包衣阶段	浆液名称	用量(mL)
生产操作										

晾片	衣片总量	kg	取样量	kg
	废料量	kg	崩解时限	min
	晾片开始		室内温度	℃
	晾片结束		室内湿度	%

物料平衡	物料平衡计算公式:(包衣片总量+废料量+取样量)/总投料量×100% 　　计算: 　　　　　　　——————×100% =　　　　% 　　计算人:　　　　　　　　　复核人: 98%≤限度≤100%　　　实际为　　　%　　　符合限度□　　　不符合限度□

传递	移交人		交接量		kg	日　期	
	接收人		物料件数		件	质监员	

备注:

项目十
薄荷喉片工艺规程

活动一　了解薄荷喉片工艺

一、薄荷喉片

本品类别:本品为复方制剂,每片含活性成分为:薄荷脑 2 mg、苯甲酸钠 5 mg、三氯叔丁醇 0.6 mg、桉油 0.6 mg、八角茴香油 0.8 mg。

[性状]本品为白色片,有薄荷脑、桉油、八角茴香油的特殊气味。

[适应证]用有清凉、止痛、防腐作用,用于咽喉炎、扁桃体炎及口臭等。

[规　格]薄荷脑 2 mg、苯甲酸钠 5 mg、三氯叔丁醇 0.6 mg、桉油 0.6 mg、八角茴香油 0.8 mg。

[储藏]密封保存。

二、认识薄荷喉片

1. 产品名称及成品、中间成品质量标准

(1)通用名　薄荷喉片。

(2)成品质量标准(表 1-10-1)

表 1-10-1 成品质量标准

检查项目	法定标准	企业标准
性　状	白色片	白色片
外　观	外观光洁、完整、色泽均匀	外观光洁、完整、色泽均匀
鉴　别	(1)本品呈正反应 (2)本品呈正反应	(1)本品呈正反应 (2)本品呈正反应
重量差异	±5%	±3%
崩解时限	不应在 10 min 内全部崩解或溶化	不应在 11 min 内全部崩解或溶化

续表 1-10-1

检查项目	法定标准	企业标准
脆碎度	减失重量≤1%	减失重量≤1%
微生物限度检查	需氧菌总数≤10^3 cfu/g 霉菌和酵母菌总数≤10^2 cfu/g 大肠埃希菌每 1 g 不得检出	需氧菌总数≤10^3 cfu/g 霉菌和酵母菌总数≤10^2 cfu/g 大肠埃希菌每 1 g 不得检出

（3）中间品质量标准

1）颗粒中间品内控标准（表 1-10-2）

表 1-10-2　颗粒中间品内控标准

检查项目	颗粒中间产品内控标准
性　状	白色或类白色颗粒
水　分	2.0%～3.0%
颗粒率	65%～75%

2）片剂中间品内控标准（表 1-10-3）

表 1-10-3　片剂中间品内控标准

检查项目	质量标准
性　状	白色片
干燥失重	2.0%～3.0%
片重差异	±3%
崩解时限	不应在 11 min 内全部崩解或溶化
脆碎度	减失重量≤1%
规　格	处方量
储　藏	不锈钢桶加盖保存

2. 固体制剂工艺流程图及洁净区域划分（图 1-10-1）

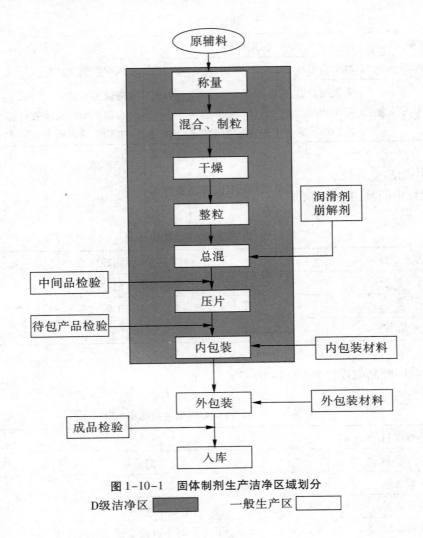

图 1-10-1   固体制剂生产洁净区域划分

D级洁净区 ▆   一般生产区 ☐

3. 处方与依据

（1）依据   中国卫生部药品标准（1963 年版）、《中华人民共和国药典》2015 年版、注册处方工艺。

（2）批准文号   国药准字号。

（3）商品名   薄荷喉片。

（4）处方

名称	数量	备注
糖粉	3 100 g	
糊精	330 g	
苯甲酸钠	40 g	
三氯叔丁醇	6 g	配制母粉
薄荷素油	40 g	
八角茴香油	8 g	
桉油	6 g	
氢氧化铝	50 g	
滑石粉	100 g	
糊精	50 g	
糊精浆	300 g	
硬脂酸镁	33 g	

制成 10 000 片。

（5）说明　①包装规格为 1 000 片/瓶×20 瓶/件。②按 200 万片的批量投料，理论成品件数应为 100 件，最终成品应不低于 97 件。

活动二　生产工艺操作过程

一、固体制剂车间生产指令单的编制、下发标准操作程序

1. 生产部计划员根据销售合同起草批生产指令单，生产部长审核签发，一式三份（原件一份，复印两份），原件生产部留存备查，复印件一份发往仓库备料，一份发往车间组织生产。批生产指令单至少提前 1 d 下达。车间主任接到生产部下达的批生产指令单后，组织车间有关人员对批生产指令单进行分解落实。

2. 车间主任根据各工序现有设备生产能力、人员状况以及产品工艺规程合理安排车间生产。

3. 车间批包装计划指令单由车间主任根据本批实际成品量编制，QA 审查，无误后交至生产部，生产部长审核、签发。内容包括品名、规格、批号、包装规格、计划产量、作业时间及期限等。

4. 批生产指令单、批包装指令单由车间工艺员下发有关班组执行。

5. 车间工艺员根据批生产指令单和批包装指令单核算、统计车间所需原辅料、包装材料的品种、规格、数量等，以最小包装为原则，开据整包装额领料单，报车间主任审批后，经 QA 签字确认，组织车间人员到库房领取物料。

6. 车间各班长根据车间作业计划做好本班人员生产组织安排及生产前的一切准备工作。

7. 车间工艺员根据批生产指令单填写工艺指令,经车间主任审批后下发各工序执行。

二、生产记录填写要求

1. 记录及时填写,不得事前填写或事后补写。

2. 字迹清晰,内容真实,数据完整。

3. 姓名应写全名,日期应按年、月、日填写详细,时间采用 24 h 制。

4. 记录需要更改时,在更改处划二横线,并在更改处签名。

5. 操作如执行,填写记录在"执行情况"栏中用"√"表示;如未执行则用"-"表示。

6. 有选择的在被选择项上中用"√"表示。

7. 需填写具体内容时,应将内容填写详细。

8. 记录中品名、规格、批号、批量等内容由车间负责人根据生产指令填写,操作过程记录由操作人填写。

三、领料、脱包操作过程

1. 工艺员根据生产部下达的批生产指令单(附于批生产记录首页),以最小包装为原则开具领料单,领料单由制粒组组长审核签字后交予本组领料员,到对应仓库领取物料。

2. 领料员根据领料单到仓库领取并核对原辅料的品名、批号、重量、数量,领料时物料必须有本批次原辅料检验报告单,将检验报告单带回。

3. 领料员除净原辅料的外包装污垢,查验内包装有无破损、吸潮变质等情况,均符合质量标准后,填写各物料卡(品名、批号、重量、操作人及操作日期)并挂在原辅料内包装上。原辅料经传递窗(在传递窗内紫外灯照射 15 min)或缓冲间传入储料间。领料员按检验报告单的信息及时填写生产记录,原辅料检验报告单交予本组组长,由本组组长转交工艺员存档。

4. 清场:岗位操作工按片剂、胶囊剂、颗粒剂脱包岗位清场标准操作规程进行清场。清场后的操作间应整洁、干净,无杂物。填写清场记录,QA 人员对清场后的区域进行检查,合格后发"清场合格证",正本贴于批生产记录,副本放于本操作间。

表 1-10-4　批生产指令单

产品名称		薄荷喉片		规　格	
产品批号	生产日期		年 月 日	产品代码	
计划产量				指令单号	
物料名称	单位	处方量		投料量	
糖粉	kg	3 100 g		620 kg	
糊精	kg	330 g		66 kg	

续表1-10-4

苯甲酸钠	kg	40 g	8 kg
三氯叔丁醇	kg	6 g	1.2 kg
薄荷油素	k g	40 g	8 kg
八角茴香油	kg	8 g	1.6 kg
桉油	kg	6 g	1.2 kg
氢氧化铝	kg	50 g	10 kg
滑石粉	kg	100 g	20 kg
糊精	kg	50 g	10 kg
糊精浆	kg	300 g	60 kg
硬脂酸镁	kg	33 g	6.6 kg
制　　成		10 000 片	200 万片
请按_____工艺规程组织生产			
备注：			
编制人：　　　年　月　日		审批人：　　　年　月　日	

表1-10-5　领料单

产品名称					规　格		
计划产量				产品批号			
物料名称	生产厂家	物料编号	批号	检验单号	规格	单位	请发数	实发数
糖粉						kg		
糊精						kg		
苯甲酸钠						kg		
三氯叔丁醇						kg		
薄荷油素						kg		
八角茴香油						kg		
桉油						kg		
氢氧化铝						kg		
滑石粉						kg		
糊精						kg		
糊精浆						kg		

续表 1-10-5

硬脂酸镁						kg		
备注:								
编制人:		年 月 日			审批人:		年 月 日	

表 1-10-6 糊精检验报告单

品名			糊　精			
报告书编号		批号		生产单位		
取样日期		规格		送检单位		
报告日期		数量		检验目的		
检验项目		国家标准			测定结果	
性状		本品为白色或类白色的无定形粉末			符合规定	
显色反应		应呈正反应			符合规定	
酸度		应符合规定			符合规定	
还原糖		氧化亚铜应不得过 0.20 g			符合规定	
干燥失重		应不得过 10.0%			符合规定	
炽灼残渣		应不得过 0.5%			符合规定	
重金属		应不得过 0.002%			符合规定	
铁盐		应符合规定			符合规定	
细菌数		≤1 000 cfu/g			符合规定	
霉菌和酵母菌数		≤100 cfu /g			符合规定	
大肠埃希菌		不得检出			符合规定	
结论		符合企业标准				
备注						
检验人:		复核人:			负责人:	

表 1-10-7 糊精检验原始记录

检品名称		糊精	规格	
生产单位或产地			批号	
请验部门			检品数量	
检验项目		全检	剩余量	

续表 1-10-7

检品名称	糊精	规格	
检验前检查		收检日期	
检验依据	《中华人民共和国药典》2015 年版	报告日期	

检品编号：

【性状】　本品为_____色的无定形粉末；无臭；味微甜。

　　　　　本品在_____中易溶，在_____中不溶。

单项结论：

【鉴别】取本品 10% 的水溶液 1 mL，加碘试液 1 滴，即显 _____。

单项结论：

【检查】

酸度

检测方法：取本品____ g，加水____mL，加热使溶解，放冷，加酚酞指示液 2 滴与氢氧化钠滴定液（0.1 mol/L）2.0 mL，显_____。

单项结论：

还原糖

检测方法：取本品_____g，加水_____mL，振摇 5 min，静置，过滤；取滤液 50 mL，加碱性酒石酸铜试液 50 mL，煮沸 3 min，用 105℃ 恒重的垂熔玻璃坩埚滤过，滤渣先用水、再用乙醇、最后用乙醚分次洗涤，在 105℃ 干燥 2 h，结果_____。遗留的氧化亚铜不得过 0.20 g。

单项结论：

干燥失重

取本品，在 105℃ 干燥至恒重的称量瓶中，于 105℃ 干燥 5 h，取出，放冷后称重，计算干燥失重。减失重量不得过 10.0%。

仪器：　　　　电子天平：　　　　　　　　恒温干燥箱：

干燥温度：_____℃　干燥时间：_____　室温：_____℃　　　湿度：_____%

1. 称量记录：

样品（1）	W_1(g)	W(g)	W_2(g)
第一次称量			
第二次称重			
第三次称重			
样品（2）	W_1(g)	W(g)	W_2(g)
第一次称量			
第二次称重			
第三次称重			

2. 计算公式：

干燥失重（%）＝[W－(W_2－W_1)]/W ×100%

W_1：称量瓶重量；　　W：供试品恒重；　　W_2：干燥后称量瓶＋供试品恒重

续表 1-10-7

3.计算:

(1) _____×100% =

(2) _____×100% =

平均值:_____ 相对偏差:_____

单项结论:

炽灼残渣

取本品_____g,置已炽灼至恒重的坩埚中,精密称定,缓缓炽灼至完全炭化,放冷至室温;加硫酸_____mL使湿润,低温加热至硫酸蒸气除尽后,在550℃炽灼使完全炭化,移置干燥器内,放冷至室温,精密称定后,再在550℃炽灼至恒重,取出放冷至室温,计算即得。遗留残渣不得过0.5%。

仪器:_____型电子分析天平 _____型箱式电阻炉

炽灼温度:____℃ 炽灼时间:_____ 室温:____℃ 湿度:____%

1.计算公式:

炽灼残渣(%)=(W_2−W_1)/ W ×100%

W_1:称量瓶重量; W:坩埚重量; W_2:炽灼后坩埚+供试品重量

样品(1)	$W_1(g)$	$W(g)$	$W_2(g)$
第一次称量			
第二次称重			
第三次称重			

计算:_____×100% =

单项结论:

重金属

取炽灼残渣项下遗留的残渣,取炽灼残渣项下遗留的残渣,加硝酸0.5 mL,蒸干,加氧化氮蒸汽除尽后,放冷,加盐酸2 mL,置水浴上蒸干后加水15 mL,滴加氨试液至对酚酞指示液显微粉红色,再加醋酸盐缓冲液(pH值为3.5)2 mL,微热溶解后,移置纳氏比色管中,加水稀释成25 mL,作为甲管;另取配置供试品溶液的试剂,置瓷皿中蒸干后,加醋酸盐缓冲液(pH值为3.5)2 mL与水15 mL,微热溶解后,移置纳氏比色管中,加标准铅溶液一定量,再用水稀释成25 mL,作为乙管;再在甲乙两管中分别加硫代乙酰胺试液各2 mL,摇匀,放置2 min,同置白纸上,自上向下透视,乙管中显出的颜色与甲管比较,_____。含重金属不得过0.002%。

单项结论:

铁盐

取本品__g,炽灼灰化后残渣加盐酸__mL与硝酸3滴,置水浴上蒸发至近干,放冷,加盐酸__mL使溶解,用水移至50 mL量瓶中,加水稀释至刻度,摇匀;精密量取10 mL,加水使成25 mL,加稀盐酸4 mL与过硫酸铵50 mg,用水稀释使成35 mL后,加30%硫氰酸铵溶液3 mL,再加水适量稀释成50 mL,摇匀;立即与标准铁溶液2.0 mL制成的对照液比较,_____。检品与对照品溶液比较,颜色不得更深(0.005%)。

单项结论:

微生物限度

续表 1-10-7

检查方法:取本品,依法检查,每 1 g 供试品中细菌数_____ 个、霉菌和酵母菌数_____ 个, 大肠埃希菌 _____ 个。 单项结论: 结论:本品按《中华人民共和国药典》2015 年版检验,结果 _____。

检验者: 　年　月　日	核对者: 　年　月　日

表 1-10-8　蔗糖检验报告单

品名		蔗糖			
报告书编号		批号		生产单位	
取样日期		规格		送检单位	
报告日期		数量		检验目的	
检验项目		标准		测定结果	
性　状		无色结晶或白色结晶性的松散粉末;无臭,味甜		符合规定	
比旋度		+66.3°～+67.0°		符合规定	
鉴　别		氧化亚铜的红色沉淀		符合规定	
溶液的颜色		与标准液比较,不得更深		符合规定	
硫酸盐		与标准液比较,不得更浓		符合规定	
钙盐		与标准液比较,不得更浓		符合规定	
还原糖		滴定液的差数不得过 2.0 mL		符合规定	
炽灼残渣		≤0.1%		符合规定	
重 金 属		不得超过 0.000 5%		符合规定	
结论		符合企业标准			
备注:					

检验人:	复核人:	负责人:

表 1-10-9　蔗糖检验原始记录

检品编号：

检品名称	蔗糖	规格	
生产单位或产地		批号	
请验部门		检品数量	
检验项目	全检	剩余量	
检验前检查		收检日期	
检验依据	《中华人民共和国药典》2015 年版	报告日期	

【性状】

取_____g 本品加入水的锥形瓶搅拌；取____ g 本品加入乙醇的锥形瓶搅拌。

单项结论：

【比旋度】取本品,在____ ℃干燥__小时后,精密称定,加水溶解并定量稀释制成每_____ mL 中含本品_____ g 与氨试液_____mL 的溶液测定比旋度比旋度不得少于+66°。测定比旋度 _____。

单项结论：

【鉴别】取本品____ g,用直火加热,先熔融膨胀,后燃烧并发生焦糖臭,遗留多量的炭。取本品____ g,加 0.05 mol/L 硫酸溶液,煮沸后,用 0.1 mol/L 氢氧化钠溶液中和,再加碱性酒石酸铜试液数滴,加热即生成氧化亚铜的_____沉淀。

单项结论：

【溶液的颜色】取本品_____g 加水____ mL 溶解,与黄色 6 号标准比色液比较,不得更深。

单项结论：

【检查】

硫酸盐

取本品____ g,依法检查(见硫酸盐检查操作规程),与标准硫酸钾溶液 5.0 mL 制成的对照液比较,不得更浓(0.05%)

单项结论：

还原糖

取本品_____g 置 250 mL 锥形瓶中,加水____ mL 溶解后,精密加入碱性枸橼酸铜 试液_____mL 与玻璃珠数粒,加热回流使在_____min 内沸腾,从全沸时起,连续沸_____min,迅速冷却至室温(应注意意勿使瓶中氧化亚铜与空气接触),立即加 25% 碘化钾溶液_____mL,摇匀,缓缓加入硫酸溶液(1→5)____mL,二氧化碳停止放出后,立即用硫代硫酸钠滴 定液(0.1 mol/L)滴定,至近终点时,加淀粉指示液____ mL,继续滴定至蓝色消失,消耗滴定液(0.1 mol/L)_____mL；空白试验消耗滴定液(0.1 mol/L)_____mL。二者消耗硫代硫酸钠滴定液(0.1 mol/L)的差数不得过 2.0 mL(0.10%)。

单项结论：

炽灼残渣

取本品 _____g 置于恒重的坩埚中,在__℃炽灼恒重,称量坩埚 _____g；样品与坩埚 _____g,减失重量不得过 1.0%.减失重量 _____%。

单项结论：

续表 1-10-9

钙盐

取本品_____g,加水_____mL 使溶解,如氨试液____ mL 与草酸铵试液____mL,摇匀,放 置_____h,与标准钙溶液(精密称取碳酸钙0.125 g,置500 mL 量瓶中,加水5 mL 与盐酸0.5 mL 使溶解,加上水至刻度,摇匀,每1 mL 相当于0.10 mg 的 Ca)____mL 制成的对照液 比较,不得更浓(0.05%)。

单项结论:

炽灼残渣

取本品2.0 g,依法检查(通 则 0841),遗留残渣_____,应不得过0.1%。

重金属

取炽灼残渣项下遗留的残渣,依法检查(见重金属检查操作规程),含重金属不得过0.000 5%。

单项结论:

结论:本品按《中华人民共和国药典》2015 年版检验,结果_____。

检验者: 核对者:
年   月   日   年   月   日

表 1-10-10 硬脂酸镁检验报告单

品名		硬脂酸镁		
报告书编号	批号		生产单位	
取样日期	规格		送检单位	
报告日期	数量		检验目的	
检验项目	检验标准			测定结果
外观	本品为白色轻松无砂性的细粉;微有特臭;与皮肤接触有滑腻感			符合规定
溶解度	本品在水、乙醇或乙醚中不溶			符合规定
化学反应	应呈正反应			符合规定
气相色谱	供试品溶液两主峰的保留时间应分别与对照品溶液两主峰的保留时间一致			符合规定
酸碱度	用酸碱滴定液滴定用量不得超过0.05 mL			符合规定
氯化物	不得更浓(0.10%)			符合规定
硫酸盐	不得更浓(0.6%)			符合规定
干燥失重	减失重量不得过5.0%			符合规定
铁盐	不得更深(0.01%)			符合规定
镉盐	符合规定(0.000 3%)			符合规定
镍盐	符合规定(0.000 5%)			符合规定

续表 1-10-10

重金属	不得超过 0.000 15%	符合规定
硬脂酸与棕榈酸相对含量	硬脂酸相对含量不得低于 40%，硬脂酸与棕榈酸相对含量的总和不低于 90%	符合规定
微生物限度	每 1 g 供试品中需氧菌总数不得过 1 000 cfu、霉菌和酵母菌总数不得过 100 cfu，不得检出大肠埃希菌	符合规定
含量测定	按干燥品计算，含 Mg 应为 4.0% ~5.0%	符合规定
结论	符合企业标准	
备注：		

检验人：	复核人：	负责人：

表 1-10-11　硬脂酸镁检验原始记录

检品编号：

检品名称	硬脂酸镁	规格	
生产单位或产地		批号	
请验部门		检品数量	
检验项目	全检	剩余量	
检验前检查		收检日期	
检验依据	《中华人民共和国药典》2015 年版	报告日期	

【性状】

本品为_____（白色轻松无砂性的细粉）；微有特臭；与皮肤接触有滑腻感。

单项结论：

【鉴别】

电子天平/型号：_____

1. 取本品 5.0 g，置圆底烧瓶中，加无过氧化物乙醚 50 mL、稀硝酸 20 mL 与水 20 mL，加热回流至完全溶解，放冷，移至分液漏斗中，振摇，放置分层，将水层移入另一分液漏斗中，用水提取乙醚 2 次，每次 4 mL，合并水层，用无过氧化物乙醚 15 mL 清洗水层，将水层移至 50 mL 量瓶中，加水稀释至刻度，摇匀，作为供试品溶液。

(1) 取上述溶液 10 mL，加氨试液，即生成_____（白色沉淀）；滴加氯化铵试液，沉淀_____（溶解）；再加磷酸氢二钠试液 1 滴，振摇，即生成_____（白色沉淀）。分离，沉淀在氨试液中___（不溶）。

(2) 另取上述溶液 10 mL，加氢氧化钠试液，即生成_____（白色沉淀）。分离，沉淀分成两份，一份中加过量的氢氧化钠试液，沉淀_____（不溶）；另一份中加碘试液，沉淀转为_____（红棕色）。

单项结论：

2.在硬脂酸与棕榈酸相对含量检查项下记录的色谱图中,供试品溶液两主峰的保留时间分别与对照品溶液两主峰的保留时间_____（应一致）。

单项结论：

【检查】

酸碱度

电子天平/型号：_____.

取本品 1.0 g,加新沸过的冷水 20 mL,水浴上加热 1 min 并时时振摇,放冷,滤过,取续滤液 10 mL,加溴麝香草酚蓝指示液 0.05 mL,用盐酸滴定液(0.1 mol/L)或氢氧化钠滴定液(0.1 mol/L)滴至溶液颜色发生变化,滴定液用量为_____（应不得过 0.05 mL）。

单项结论：

氯化物

标准氯化钠溶液的制备:精密吸取标准氯化钠溶液的贮备液 10 mL,置 100 mL 量瓶中,加水稀释至刻度,摇匀,即得(每 1 mL 相当于 10 μg 的 cl)。

取两支配对的 50 mL 纳氏比色管,甲管为供试品管,乙管为对照品管。

供试品溶液的制备:取鉴别(1)项下的供试品溶液 1.0 mL 置甲管中,加稀硝酸 10 mL,加水稀释成 40 mL。

对照品溶液的配制：取标准氯化钠溶液 10.0 mL 置乙管中;加稀硝酸 10 mL,加水使成 40 mL,摇匀。

分别在甲、乙两管中加入硝酸银试液 1.0 mL,用水稀释成 50 mL,摇匀,在暗处放置 5 min,同置黑色背景上,从比色管上方向下观察：_____。

单项结论：

硫酸盐

取两支配对的 50 mL 纳氏比色管,甲管为供试品管,乙管为对照品管。

供试品溶液的制备:取鉴别(1)项下的供试品溶液 1.0 mL 置甲管中,加水稀释成 40 mL,再加稀盐酸 2 mL,摇匀,作为供试品溶液。

对照品溶液的配制：取标准硫酸钾溶液 6.0 mL 置乙管中,加水稀释成 40 mL,再加稀盐酸 2 mL,摇匀,作为对照品溶液。

分别于甲管和乙管中加入 25% 氯化钡溶液 5 mL,用水稀释至 50 mL,充分摇匀,放置 10 min,同置黑色背景上,从比色管上方向下观察：_____。

单项结论：

干燥失重：(减失重量应不得过 5.0%)

电子天平/型号：_____ 电热恒温鼓风干燥箱/型号：_____ 干燥温度：____℃

取两个称量瓶,置干燥箱中干燥 2 h,取出,移置干燥器中,放冷至室温,精密称定,$W_1 =$ _____ g;$W_2 =$ _____ g,再置干燥箱中干燥 1 ,取出,移置干燥器中,放冷至室温,精密称定,$W_3 =$ _____ g $W_4 =$ _____ g,称量瓶已恒重。

取本品置上述称量瓶中,精密称定,$W_5 =$ _____ g,$W_6 =$ _____ g,移置干燥箱中干燥 2 h,取出,移置干燥器中,放冷至室温,精密称定,$W_7 =$ _____ g ,$W_8 =$ _____ g;再置干燥箱中干燥 1 h,取出,移置干燥器中,放冷至室温,精密称定,$W_9 =$ _____ g,$W_{10} =$ _____ g;样品与称量瓶已恒重。

计算：(1)$(W_3 + W_5 - W_9)/W_5 \times 100\% =$

续表 1-10-11

（2）$(W_4+W_6-W_1)/W_6\times100\%=$

平均：

单项结论：

铁盐

电子天平/型号：＿＿＿＿＿＿＿＿＿

标准铁溶液的制备：精密吸取标准铁溶液的储备液 10.0 mL，置 100 mL 量瓶中，加水稀释至刻度，摇匀，即得（每 1 mL 相当于 10 μg 的 Fe）。

取两支配对的 50 mL 纳氏比色管，甲管为供试品管，乙管为对照品管。

称取本品＿＿＿＿＿＿（0.5 g），炽灼灰化后，加稀盐酸 5 mL 与水 10 mL，煮沸，放冷，滤过，滤液加过硫酸铵＿＿＿＿＿＿，置甲管中，用水稀释使成35 mL后，加 30% 硫氰酸铵溶液 3 mL，再加水适量稀释成 50 mL，摇匀，即得供试品溶液。

取标准铁溶液 5.0 mL 置乙管中，加水使成 25 mL，加稀盐酸 4 mL 与过硫酸铵＿＿＿＿＿＿，用水稀释成 35 mL，加 30% 硫氰酸铵溶液 3 mL，再加水适量稀释成 50 mL，摇匀，即得对照品溶液。

取甲管和乙管同置白色背景上，从比色管上方向下观察：＿＿＿＿＿＿＿＿＿＿＿＿＿＿。

单项结论：

重金属

电子天平/型号：＿＿＿＿＿＿＿＿＿　电热恒温水浴锅/型号：＿＿＿＿＿＿＿＿＿

标准铅溶液的制备：精密吸取标准铅溶液的贮备液 10.0 mL，置 100 mL 量瓶中，加水稀释至刻度，摇匀，即得（每 1 mL 相当于 10 μg 的 Pb）。

取两支配对的 25 mL 纳氏比色管，甲管为供试品管，乙管为对照品管。

供试品溶液的配制：取本品 2.0 g，缓缓炽灼至完全炭化，放冷，加硫酸 0.5～1.0 mL，使恰湿润，低温加热至硫酸除尽，加硝酸 0.5 mL，蒸干，至氧化氮蒸汽除尽后，放冷，在 500～600℃ 炽灼使完全炭化，放冷，加盐酸 2 mL，置水浴上蒸干后加水 15 mL 与稀醋酸 2 mL，加热溶解后，放冷，加醋酸盐缓冲液（pH 值为 3.5）2 mL 与水适量使成 25 mL，摇匀，为供试品溶液。

对照品溶液的配制：取标准铅溶液＿＿＿＿＿＿ mL，置乙管中，加醋酸盐缓冲液（pH 值为 3.5）2 mL 与水适量使成 25 mL，摇匀，作为对照品溶液。

再在甲管和乙管中分别加硫代乙酰胺试液各 2 mL，摇匀，放置 2 min，同置白纸上，从比色管上方向下观察：＿＿＿＿＿＿＿＿＿＿＿＿＿＿。

单项结论：

硬脂酸与棕榈酸相对含量　照气相色谱法（附录 VE）测定

　电子天平型号：＿＿＿＿＿＿＿　　　　气相色谱仪型号：＿＿＿＿＿＿＿（硬脂酸相对含量应不得低于40%，硬脂酸与棕榈酸相对含量的总和应不得低于90%）

色谱条件与系统适用性试验　进样口温度220℃，检测器温度 260℃

取本品 0.1 g，置锥形瓶中，加三氟化硼的甲醇溶液〔取三氟化硼一水合物或二水合物适量（相当于三氟化硼 14 g），加甲醇溶解并稀释至 100 mL，摇匀〕5 mL，摇匀，加热回流 10 min 使溶解，从冷凝管加正庚烷 4 mL，再回流 10 min，放冷后加饱和氯化钠溶液 20 mL，振摇，静置使分层，将正庚烷层通过装有无水硫酸钠 0.1 g（预先用正庚烷洗涤）的玻璃柱，移入烧杯中，作为供试品溶液。精密量取供试品溶液 1 mL，置 100 mL 量瓶中，用正庚烷稀释至刻度，摇匀，取 1 μL 注入气相色谱仪，记录色谱图；分别称取对照品棕榈酸甲酯与硬脂酸甲酯适量，加正庚烷制成每 1 mL 约含 15 mg 与 10 mg 的溶液，同法测定。按下式面积归一法计算：

续表 1-10-11

硬脂酸(棕榈酸)百分含量(%) = $\dfrac{A}{B}$100%

式中,A 为供试品中硬脂酸甲酯的峰面积;B 为供试品中所有脂肪酸酯的峰面积。

单项结论:

微生物限度

取本品,依法检查(附录 XI J),每 1 g 供试品中除细菌数不得过____ 个,霉菌数及酵母菌数不得过____ 个外,大肠埃希菌_____ 。

单项结论:

含量测定

电子天平/型号:_____

取本品约 0.2 g,精密称定 W_1 = ____ g,W_2 = _____g,加正丁醇-无水乙醇(1∶1)溶液 50 mL,加浓氨溶液 5 mL 与氨-氯化铵缓冲液(pH 值为 10.0)3 mL,再精密加乙二胺四醋酸二钠滴定液(0.05 mol/L)25 mL 与铬黑 T 指示剂少许,混匀,在 40~50℃ 水浴上加热至溶液澄清,用锌滴定液(0.05 mol/L)滴定至溶液自蓝色转变为紫色,并将滴定的结果用空白试验校正。每 1 mL 乙二胺四醋酸二钠滴定液(0.05 mol/L)相当于 1.215 mg 的 Mg。

$$式中:X = \frac{(V_{空白} - V_{样}) \times 1.215 \times F_{EDTA}}{W \times (1-水分) \times 1000} \times 100\%$$

公式中:$V_{空白}$ 为空白消耗锌滴定液的体积(mL);$V_{样}$ 为样品消耗锌滴定液的体积数(mL)

　　　　F 为乙二胺四醋酸二钠滴定液(0.05 mol/L)名义值与实际值的比值;W 为供试品的称样量(g)

Mg 含量 $C\%$ =

(按干燥品计算,含 Mg 应为 4.0%~5.0%)。

单项结论:

结论:本品按《中华人民共和国药典》2015 年版检验,结果_____。

检验者:
　年　　月　　日

核对者:
　年　　月　　日

表 1-10-12　苯甲酸钠检验报告单

品名	苯甲酸钠				
报告书编号		批号		生产单位	
取样日期		规格		送检单位	
报告日期		数量		检验目的	
检验项目	检验标准			测定结果	
外观	本品为白色颗粒、粉末或结晶性粉末;无臭或微带臭气,味微甜带咸			符合规定	
溶解度	本品在水中易溶,在乙醇中略溶			符合规定	
化学反应	应呈正反应			符合规定	
红外光谱	供试品的红外光吸收谱与对照品的图谱一致			符合规定	
酸碱度	加酚酞指示液,如显淡红色,加硫酸滴定液,淡红色消失;如无色,加氢氧化钠滴定液,显淡红色			符合规定	
溶液的澄清度与颜色	澄清无色			符合规定	
氯化物	不得更浓(0.03%)			符合规定	
硫酸盐	不得更浓(0.12%)			符合规定	
邻苯二甲酸	供试品溶液荧光度弱于对照品溶液			符合规定	
干燥失重	减失重量不得过1.5%			符合规定	
砷盐	符合规定(0.000 5%)			符合规定	
重金属	不得超过0.001%			符合规定	
含量测定	本品按干燥品计算,含 $C_7H_5NaO_2$ 不得少于99.0%			符合规定	
结论	符合企业标准				
备注:					
检验人:		复核人:		负责人:	

表 1-10-13 苯甲酸钠检验原始记录

检品编号：

检品名称	苯甲酸钠	规格	
生产单位或产地		批号	
请验部门		检品数量	
检验项目	全检	剩余量	
检验前检查		收检日期	
检验依据	《中华人民共和国药典》2015 年版	报告日期	

【性状】本品为_____色颗粒、粉末或结晶性粉末；无臭或微带臭气，味微甜带咸。
单项结论：

【鉴别】
（1）红外分光光度计型号
取本品，依法检测，本品的红外光吸收图谱与对照图谱_____，应一致。
单项结论：
（2）天平型号
a. 取本品约 0.5 g，加水 10 mL 溶解后作为供试液，取铂丝，用盐酸湿润后，蘸取供试液，在无色火焰中燃烧，火焰显_____（应显转红色）。
b. 取供试品的中性溶液，滴加三氯化铁试液，即生成_____沉淀（应为赭色）；再加稀盐酸，变为_____沉淀（应为白色）。
c. 取供试品，置干燥试管中，加硫酸后加热，不炭化，但析出苯甲酸，并在试管内壁凝结成_____（应为白色升华物）。
单项结论：

【检查】
酸碱度
取本品_____g，加水_____mL 溶解后，加酚酞指示液 2 滴，_____，应无色，加 0.1 mol/L 氢氧化钠滴定液_____mL，显_____（应显淡红色）。
单项结论：
溶液的澄清度与颜色
取本品_____g，加水_____mL 使溶解，溶液_____（应澄清无色）。
氯化物
取两支配对的 50 mL 比色管，甲管为供试品管，乙管为对照品管。取本品_____，置 30 mL 瓷坩埚中，加硝酸溶液（1→10）2 mL，混匀，于 100℃ 干燥至无明显湿迹，加碳酸钙 0.8 g，用少量水润湿，在 100℃ 干燥后，于电炉上低温炭化，再在 600℃ 马福炉中灼烧 10 min，冷却后，用硝酸溶液 20 mL 溶解残渣，滤过，滤液置 50 mL 比色管中，用水 15 mL 洗涤瓷坩埚，洗液并入滤液中，加水至刻度，摇匀，作为供试品溶液。另取碳酸钙 0.8 g，加硝酸溶液 22.5 mL 溶解，滤过，滤液置 50 mL 比色管中，加 15.0 mL 标准氯化钠溶液，用水稀释至刻度，摇匀，作为对照溶液。在两溶液中各加硝酸银试液 0.5 mL，摇匀，避光放置 5 min 后比较，供试品溶液的浊度_____（应浅于）对照溶液的浊度（0.03%）。

续表 1-10-13

单项结论：

硫酸盐

取两支配对的 50 mL 比色管,甲管为供试品管,乙管为对照品管。取本品____ g,用水__mL 溶解,边搅拌边慢慢加入稀盐酸____ mL,静置 5 min,滤过。取续滤液____mL 置 50 mL 纳氏比色管中,加水至刻度,摇匀,作为供试品溶液;量取标准硫酸钾溶液____mL,置 50 mL 纳氏比色管中,加稀盐酸____ mL,加水至刻度,摇匀,作为对照溶液。在两溶液中各加氯化钡溶液 5 mL,摇匀,供试品溶液的浊度_____（应浅于）对照。

溶液的浊度(0.12%)。

单项结论：

干燥失重

取本品,在 105℃ 干燥至恒重的称量瓶中,于 105℃ 干燥 5 h,取出,放冷后称重,计算干燥失重。减失重量不得过 1.5%。

仪器:电子天平:　　　　　　　　　　恒温干燥箱:

干燥温度:_____ ℃　干燥时间:_____　　　　　室温:_____℃　　　湿度:_____%

1. 称量记录:

取两个称量瓶,置干燥箱中(　　　~　　　),取出,移置干燥器中,放冷至室温,精密称定,$W_1 =$ ____ g,$W_2 =$ _____g。再置干燥箱中(　　　~　　　),取出,移置干燥器中,放冷至室温,精密称定,$W_3 =$ _____g,$W_4 =$ _____g。称量瓶已恒重。

取本品,精密称定 $W_5 =$ _____ g,$W_6 =$ _____ g,置上述称量瓶中,移置干燥箱中(　　　~　　　),取出,移置干燥器中,放冷至室温,精密称定,$W_7 =$ _____ g,$W_8 =$ _____ g。再置干燥箱中(　　　~　　　),取出,移置干燥器中,放冷至室温,精密称定,$W_9 =$ _____ g,$W_{10} =$ _____ g。

2. 计算公式:

干燥失重(%) = $(W_3 + W_5 - W_9)/W_5 \times 100\%$

3. 计算:(1)$(W_3 + W_5 - W_9)/W_5 \times 100\% =$

(2)$(W_4 + W_6 - W_1)/W_6 \times 100\% =$

平均值:_____　　　　　　相对偏差:_____

单项结论:　　　　重金属　　重金属检查法(附录ⅧH)第____法

标准铅溶液的制备:精密量取标准铅贮备液_____,置 100 mL 量瓶中,加水稀释至刻度,摇匀,即得(每 1 mL 相当于 10 μg 的 Pb)。

供试品的制备:取本品 2.0 g,加水 45 mL,不断搅拌,滴加稀盐酸 5 mL,滤过,取滤液即可。

取 25 mL 比色管 3 支,甲管中加标准铅溶液____ mL 与醋酸盐缓冲液(pH 值为 3.5)2 mL 后,加水稀释成 25 mL,作为对照品管;乙管中加入上述供试品溶液 25 mL,作为供试品管;丙管中加供试品 2 g,加水适量使溶解,加标准铅溶液____ mL(与甲管相同量)与醋酸盐缓冲液(pH 值为 3.5)2 mL 后,加水稀释成 25 mL。

再在甲、乙、丙三管中分别加硫代乙酰胺试液 2 mL,摇匀,放置 2 min,同置白纸上,自上向下透视,当丙管中显出的颜色不浅于甲管时,乙管中显示的颜色比甲管_____（不得更深）。

单项结论:

续表 1-10-13

砷盐

采用的方法:第＿＿＿法　　　　　　　　　　　电子天平/型号:

标准砷溶液的制备:精密量取标准砷贮备液＿＿＿＿mL,置 1 000 mL 量瓶中,加稀硫酸__mL,加水稀释至刻度,摇匀,即得(每 1 mL 相当于 1 μg 的 As)。

取无水碳酸钠 1 g,铺于坩埚底部与四周,再取本品 0.40 g,置无水碳酸钠上,用少量水湿润,干燥后,先用小火灼烧使炭化,再在 500～600 ℃ 中炽灼使完全炭化,放冷,加盐酸＿＿＿mL 与水＿＿＿mL 使溶解;另取标准砷溶液＿＿＿mL,依法检查,供试品生成的砷斑比标准砷斑

＿＿＿＿＿＿(应不得更深)。

单项结论:

含量测定

取本品,经 105℃ 干燥至恒重,取约 0.12 g,精密称定,加冰醋酸 20 mL 使溶解,加结晶紫指示液 1 滴,用高氯酸滴定液(0.1 mol/L)滴定至溶液显绿色,并将滴定的结果用空白试验校正。每 1 mL 高氯酸滴定液(0. mol/L)相当于 14. 41 mg 的 $C_7H_5NaO_2$。

$C_7H_5NaO_2$ 含量 $C\% =$

本品按干燥品计算,含 $C_7H_5NaO_2$ 不得少于 99.0%。

单项结论:

结论:本品按《中华人民共和国药典》2015 年版检验,结果＿＿＿＿＿＿＿＿＿。

检验者:　　　　　　　　　　　　　核对者:
　年　月　日　　　　　　　　　　　年　月　日

表 1-10-14　三氯叔丁醇检验报告单

品名			三氯叔丁醇	
报告书编号		批号		生产单位
取样日期		规格		送检单位
报告日期		数量		检验目的
检验项目		检验标准		测定结果
外观		本品为白色结晶,有微似樟脑的特臭,易升华		符合规定
溶解度		本品在乙醇、三氯甲烷、乙醚或挥发油中易溶,在水中微溶		符合规定
熔点		不低于77℃		符合规定
化学反应		应呈正反应		符合规定
红外光谱		供试品的红外光吸收谱与对照品的图谱一致		符合规定

续表 1-10-14

酸度	不得更深	符合规定
溶液的澄清度	澄清无色/不得更深	符合规定
氯化物	不得更浓(0.05%)	符合规定
水分	4.5%~5.5%	符合规定
炽灼残渣	不得过0.1%	符合规定
含量测定	按干燥品计算,含 $C_4H_7Cl_3O$ 不得少于98.5%	符合规定
结论	符合企业标准	
备注:		

检验人:	复核人:	负责人:

表 1-10-15 三氯叔丁醇检验原始记录

检品编号:

检品名称	糊精	规格	
生产单位或产地		批号	
请验部门		检品数量	
检验项目	全检	剩余量	
检验前检查		收检日期	
检验依据	《中华人民共和国药典》2015 年版	报告日期	

【性状】本品为_____色结晶,有微似樟脑的特臭,易升华。

单项结论:

熔点:取本品,不经干燥,依法测定,熔点不低于77℃。

单项结论:

【鉴别】

(1)红外分光光度计型号

取本品,依法检测,本品的红外光吸收图谱与对照图谱_____,应一致。

单项结论:

(2)天平型号:

取本品约 25 mg,加水 5 mL溶解后,加氢氧化钠试液 1 mL,缓缓加碘试液 3 mL,即产生____沉淀,并有碘仿的特臭。

单项结论:

续表 1-10-15

【检查】

酸度

取本品_____g,加乙醇_____mL,振摇使溶解;取 4 mL,加乙醇 15 mL 与溴麝香草酚蓝指示剂 0.1 mL,摇匀,其颜色与对照液(取 0.01 mol/L 氢氧化钠溶液 1.0 mL,加乙醇 18 mL 与溴麝香草酚蓝指示剂 0.1 mL,摇匀)所显的_____比较,不得更深。

单项结论:

溶液的澄清度

取本品_____g,加水_____mL 使溶解,溶液_____(应澄清无色)。如显浑浊,与 2 号浊度标准液比较,不得更浓。

单项结论:

氯化物

取本品 0.10 g,加稀乙醇 25 mL,振摇溶解后,加硝酸 1.0 mL 与稀乙醇适量使成 50 mL,再加硝酸银试液 1.0 mL,摇匀,在暗处放置 5 min,与对照液(取标准氯化钠溶液 5.0 mL 加硝酸 1.0 mL 与稀乙醇适量使成 50 mL,再加硝酸银试液 1.0 mL 制成)比较,检品浊度_____,不得更浓(0.05%)。

单项结论:

水分

取本品,照水分测定法测定,含水分为_____,应为 4.5% ~5.5%。

单项结论:

炽灼残渣

仪器:电子天平: 恒温干燥箱:

干燥温度:_____ ℃   干燥时间:_____   室温:_____℃   湿度:_____%

取供试品____ g,置已炽灼至恒重的坩埚应中,精密称定,缓缓炽灼至完全炭化,放冷;加硫酸____ mL 使湿润,低温加热至硫酸蒸气除尽后,在 700 ~800℃;炽灼使完全灰化,移置干燥器内,放冷,精密称定后,再在 700 ~800℃炽灼至恒重,减失重量不得过 0.1%,减失重量_____%。

含量测定

取本品约 0.1 g,精密称定,加乙醇 5 mL 使溶解,加 20% 氢氧化钠溶液 5 mL,加热回流 15 min,放冷,加水 20 mL 与硝酸 5 mL,精密加硝酸银滴定液(0.1 mol/L)30 mL,再加邻苯二甲酸二丁酯 5 mL,密塞,强力振摇后,加硫酸铁铵指示液 2 mL,用硫氰酸铵滴定液(0.1 mol/L)滴定,并将滴定的结果用空白试验校正。每 1 mL 硝酸银滴定液(0.1 mol/L)相当于 5.915 mg 的 $C_4H_7Cl_3O$。

$C_4H_7Cl_3O$ 含量 $C_{对}\%$ =

含 $C_4H_7Cl_3O$ 不得少于 98.5%。

单项结论:

结论:本品按《中华人民共和国药典》2015 年版检验,结果_____。

检验者:
    年   月   日

核对者:
    年   月   日

表 1-10-16 薄荷素油检验报告单

品名			薄荷素油		
报告书编号		批号		生产单位	
取样日期		规格		送检单位	
报告日期		数量		检验目的	
检验项目		检验标准			测定结果
外观		本品为无色或淡黄色的澄清液体,有特殊清凉香气,味初辛、后凉。存放日久,色渐变深			符合规定
溶解度		本品与乙醇、三氯甲烷或乙醚任意混溶			符合规定
相对密度		0.888 ~ 0.908			符合规定
旋光度		−17° ~ −24°			
折光率		1.456 ~ 1.466			
化学反应		应呈正反应			符合规定
颜色		不得更深			符合规定
乙醇中不溶物		澄清			符合规定
酸度		不大于 1.5			符合规定
指纹图谱		供试品的指纹图谱与对照指纹图谱的相似度不得低于 0.90			符合规定
含量测定		含薄荷脑($C_{10}H_{20}O$)应为 28.0% ~ 40.0%			符合规定
结论		符合企业标准			
备注:					
检验人:		复核人:		负责人:	

表 1-10-17　薄荷素油检验原始记录

检品编号：

检品名称	薄荷素油	规格	
生产单位或产地		批号	
请验部门		检品数量	
检验项目	全检	剩余量	
检验前检查		收检日期	
检验依据	《中华人民共和国药典》2015 年版	报告日期	

【性状】

1. 本品为_____ 的澄清液体。有特殊清凉香气,味初辛、后凉。

单项结论：

2. 相对密度

用韦氏比重天平测定,测得本品相对密度为_____。应为 0.888~0.908。

单项结论：

3. 旋光度

用_____型自动指示旋光仪依法操作,测得本品旋光度为_____。 应为 -17°~-24°。

单项结论：

4. 折光率

用_____折射仪依法操作,测得本品折光率为_____。应为 1.456~1.466。

单项结论：

【鉴别】

取本品 0.1 g,加无水乙醇 5 mL 使溶解,作为供试品溶液。另取薄荷素油对照提取物,同法制成对照提取物溶液。照薄层色谱法试验,吸取上述两种溶液各 5 μL,分别点于同一硅胶 GF_{254} 薄层板上,以甲苯-乙酸乙酯(19:1)为展开剂,展开,取出,晾干,置紫外光灯(254 nm)下检视。供试品色谱中,在与对照提取物色谱相应的位置上,显_____ 斑点。喷以茴香醛试液,在 105℃ 加热至斑点显色清晰。供试品中,在与对照提取物色谱相应的位置上,显_____ 斑点;置紫外光灯(365 nm)下检视,显_____ 荧光斑点。

单项结论：

【检查】

颜色

取本品与同体积的黄色 6 号标准比色液比较,_____。应不得更深。

单项结论：

乙醇中不溶物

取本品 1 mL,加 70% 乙醇 3.5 mL,溶液_____。应为澄清。

单项结论：

续表 1-10-17

酸值

照酸值测定法测定。应不大于 1.5。

计算公式:

$$酸值 = \frac{V \times 5.61 \times F}{W} = $$

样品 1:$W =$ _____ g;$F =$ _____;$V =$ _____ mL。

样品 2:$W =$ _____ g;$F =$ _____;$V =$ _____ mL。

单项结论:

指纹图谱

照气相色谱法测定。

1. 色谱条件与系统适用性试验　以改性聚乙二醇为固定相的毛细管柱(柱长 30 m,内径 0.25 mm,膜厚度 0.25 μm);柱温为程序升温:初始温度 60℃,保持 4 min,以每分钟 1.5℃的速率升温至 130℃,再以每分钟 20℃的速率升温至 200℃;进样口温度 250℃,检测器温度 250℃;分流进样,分流比100∶1。理论板数按薄荷脑峰计算应不低于 50 000。

2. 参照物溶液的制备

取桉油精对照品、薄荷酮对照品、薄荷脑对照品,精密称定,分别加无水乙醇制成每 1 mL 含 5 mg 的溶液,精密吸取参照物溶液 2 μL 注入气相色谱仪。

3. 供试品溶液的制备

取本品,精密吸取供试品溶液 0.2 μL 注入气相色谱仪。

供试品指纹图谱中应分别呈现与参照物色谱峰保留时间相同的色谱峰,按中药色谱指纹图谱相似度评价系统计算,供试品指纹图谱与对照指纹图谱的相似度不得低于 0.9。

积分参数:斜率灵敏度为 1,峰宽为 0.1,最小峰面积为 20,最小峰高为 10。

单项结论:

含量测定

照气相色谱法测定。

色谱条件

以改性聚乙二醇为固定相的毛细管柱(柱长 30 mm,内径 0.25 mm,膜厚度 0.25 μm);柱温为程序升温:初始温度 60℃,保持 4 min,以每分钟 2℃的速率升温至 100℃,再以每分钟 10℃的速率升温至 230℃,保持 1 min;进样口温度 250℃,检测器温度 250℃;分流比 5∶1。理论板数按萘峰计算应不低于 20 000。

校正因子测定

取萘适量,精密稳定,加无水乙醇制成每 1 mL 含 1.8 mg 的溶液,摇匀,作为内标溶液。另取薄荷脑对照品约 30 mg,精密称定,置 10 mL 量瓶中,加内标溶液至刻度,摇匀,吸取 1 μL 注入气相色谱仪。

测定法

取本品约 80 mg,精密称定,置 10 mL 量瓶中,加内标溶液至刻度,摇匀,吸取 1 μL 注入气相色谱仪,测定,即得。

薄荷脑含量 $C_{对}\% =$

含薄荷脑($C_{10}H_{20}O$)应为 28.0% ~40.0%

单项结论:

结论:本品按《中华人民共和国药典》2015 年版检验,结果_____。

检验者:
年　月　日

核对者:
年　月　日

表 1-10-18　八角茴香油检验报告单

品名			八角茴香油		
报告书编号		批号		生产单位	
取样日期		规格		送检单位	
报告日期		数量		检验目的	
检验项目		检验标准			测定结果
外观		本品为无色或淡黄色的澄清液体。气味与八角茴香类似			符合规定
溶解度		本品在 90% 乙醇中易溶			符合规定
相对密度		0.975 ~ 0.988			符合规定
凝点		不低于 15℃			符合规定
旋光度		$-2° ~ +1°$			符合规定
折光率		1.553 ~ 1.560			符合规定
乙醇中不溶物		澄清液体			符合规定
重金属		不得过 5 mg/kg			符合规定
含量测定		含反式茴香脑($C_{10}H_{12}O$)不得少于 80.0%			符合规定
结论		符合企业标准			
备注：					
检验人：		复核人：		负责人：	

表 1-10-19 八角茴香油检验原始记录

检品编号：

检品名称	八角茴香油	规格	
生产单位或产地		批号	
请验部门		检品数量	
检验项目	全检	剩余量	
检验前检查		收检日期	
检验依据	《中华人民共和国药典》2015 年版	报告日期	

【性状】

1. 本品为_____ 液体。气味与八角茴香类似。冷时常发生浑浊或析出结晶,加温后又澄清。

单项结论：

2. 相对密度

照(附录ⅦA)依法测定,在 25℃时用韦氏比重天平测定,测得本品相对密度为 _____。应为 0.975 ～ 0.988。

单项结论：

3. 旋光度

取本品依法测定(附录ⅦE),用_____型自动指示旋光仪依法操作,测得本品旋光度为 _____。 应为 -2° ～ +1°

单项结论：

4. 折光率

取本品依法测定(附录ⅦF),用_____折射仪依法操作,测得本品折光率为_____。应为 1.553 ～ 1.560。

单项结论：

5. 凝点

取本品照(附录ⅦD)依法测定,测得本品凝点为 _____。 应不低于 15。

单项结论：

【检查】

乙醇中不溶物

取本品 1 mL,加 70% 乙醇 3.5 mL,溶液 _____。应为澄清。

单项结论：

重金属

取本品 2.0 g,依法检查(附录 ⅨE 第二法)含重金属____ 不得过 0.000 5%。

单项结论：

含量测定照气相色谱法(通则 0521)测定。

色谱条件与系统适用性试验

以聚乙二醇-20 000(PEG-20M)为固定相的毛细管柱(内径为 0.53 mm, 柱长为 30 m,膜厚 度为 1 μm);柱温为程序升温:初始温度为 70℃,保持 3 min,以每分钟 5℃的速率升温至 200℃,保持 5 min;分流进样,分流比为 10∶1。理论板数按环己酮峰计算应不低于 50 000。

续表 1-10-19

校正因子测定
取环己酮适量,精密称定,加乙酸乙酯制成 每 1 mL 含 50 mg 的溶液,作为内标溶液。另取反式茴香脑对照品 60 mg,精密称定,置 50 mL 量瓶中,精密加入内标溶液 1 mL,加乙酸乙酯至刻度,摇匀,吸取 1 μL,注入气相色谱仪,测定,计算校正因子。
测定法
取本品约 50 mg,精密称定,置 50 mL 量瓶中,精密加入内标溶液 1 mL,加乙酸乙酯至刻度,摇匀,作为供试品溶液。吸取 1 μL,注入气相色谱仪,测定,即得。
反式茴香脑含量 $C_{对}$% =
本品含反式茴香脑($C_{10}H_{12}O$)不得少于 80.0% 。
单项结论:
结论:本品按《中华人民共和国药典》2015 年版检验,结果＿＿＿＿＿＿＿＿＿。

检验者:	核对者:
年 月 日	年 月 日

表 1-10-20 **桉油检验报告单**

品名			桉油		
报告书编号		批号		生产单位	
取样日期		规格		送检单位	
报告日期		数量		检验目的	
检验项目		检验标准			测定结果
外观		本品为无色或淡黄色的澄清液体,有特异的芳香气,微似樟脑,味辛、凉。储存日久,色稍变深			符合规定
溶解度		本品在 70% 乙醇中易溶			符合规定
相对密度		0.895 ~ 0.920			符合规定
折光率		1.553 ~ 1.560			符合规定
化学反应		呈正反应			符合规定
水茴香烃		10 min 内不得析出结晶			符合规定
重金属		不得过 10 mg/kg			符合规定
含量测定		含桉油精($C_{10}H_{18}O$)不得少于 70.0%			符合规定
结论		符合企业标准			
备注:					

检验人:	复核人:	负责人:

表 1-10-21 滑石粉检验报告单

品名		滑石粉		
报告书编号		批号	生产单位	
取样日期		规格	送检单位	
报告日期		数量	检验目的	
检验项目	检验标准			测定结果
外观	本品为白色或类白色、无砂性的微细粉末,有滑腻感			符合规定
溶解度	本品在水中、稀盐酸或 8.5% 氢氧化钠溶液中均不溶			符合规定
化学反应	应呈正反应			符合规定
红外光谱	在 3 677 cm^{-1}±2 cm^{-1},1 018 cm^{-1}±2 cm$^-$,669 cm^{-1}±2 cm$^-$波数处有特征吸收			符合规定
酸碱度	显中性			符合规定
酸中可溶物	遗留残渣不得过 10 mg(2.0%)			符合规定
水中可溶物	遗留残渣不得过 5 mg(0.1%)			符合规定
石棉	不得检出			符合规定
炽灼失重	不得过 5.0%			符合规定
铁	不得过 0.25%			符合规定
铅	不得过 0.001%			符合规定
钙	不得过 0.9%			符合规定
铝	不得过 2.0%			符合规定
砷盐	符合规定(0.000 2%)			符合规定
含量测定	按干燥品计算,含 Mg 应为 17.0% ~19.5%			符合规定
结论	符合企业标准			
备注:				
检验人:		复核人:		负责人:

表 1-10-22 滑石粉检验原始记录

检品编号：

检品名称	滑石粉	规格	
生产单位或产地		批号	
请验部门		检品数量	
检验项目	全检	剩余量	
检验前检查		收检日期	
检验依据	《中华人民共和国药典》2015 年版	报告日期	

【性状】

本品为_____ 微细、无砂性的粉末。

单项结论：

【鉴别】

电子天平/型号：_____.

1. 取本品 0.2 g,置铂坩埚中,加____g(0.2 g)氟化钠粉末,搅匀,加硫酸 5 mL,微热,立即将悬有 1 滴水的铂坩埚盖盖上,稍等片刻,取下坩埚盖,水滴出现_____ （白色浑浊）。

单项结论：

2. 取本品 0.5 g,置烧杯中,加入盐酸溶液(4→10)10 mL,盖上表面皿,加热至微沸,不时摇动烧杯,并保持微沸40 min,取下,用快速滤纸滤过,用水洗涤残渣____次(4~5 次)。取残渣____g(约 0.1 g),置铂坩埚中,加入硫酸(1→2)____滴(10 滴)和氢氟酸____ mL(5 mL),加热至冒三氧化硫白烟时,取下冷却后,加水 10 mL 使溶解,取溶液____滴(2 滴),加镁试剂____滴(1 滴),滴加氢氧化钠溶液(4→10)使成碱性,生成_____ （天蓝色沉淀）。

单项结论：

【检查】

酸碱度_____电子天平/型号：_____

取本品_____ g,加水____mL,煮沸____min,时时补充蒸失的水分,滤过,滤液石蕊试纸显_____ ____（中性反应）。

单项结论：

水中可溶物

电热恒温鼓风干燥箱/型号：_____ 干燥温度：____℃,取一个蒸发皿,置烘箱中干燥____h,取出,移置干燥器中,放冷至室温,精密称定,$W_1 =$ _____ g。

取本品____g,加水____mL,煮沸____min,时时补充散失的水分,放冷,滤过,滤渣加水____mL 洗涤,洗液与滤液合并,置上述蒸发皿中,蒸干,移置烘箱中干燥____h,取出,移置干燥器中,放冷至室温,精密称定,$W_2 =$ _____ g。

遗留残渣$= W_2 - W_1 =$ _____（不得过 5 mg）。

单项结论：

酸中可溶物

箱式电阻炉/型号：_____ 炽灼温度：_____℃

续表 1-10-22

取一个坩埚,置电阻炉中炽灼 1 h,取出,移置干燥器中,放冷至室温,精密称定,$W_1 =$ _____ g;再置电阻炉中炽灼 0.5 h,取出,移置干燥器中,放冷至室温,精密称定,$W_2 =$ _____ g;坩埚已恒重。

取本品 _____ g,加稀盐酸 ____ mL,在 ____ ℃浸渍 ____ min,滤过。取滤液 ____ mL,置上述坩埚中,加稀硫酸 ____ mL,蒸干,置电阻炉中炽灼 1 h,取出,移置干燥器中,放冷至室温,精密称定,$W_3 =$ _____ g;再置电阻炉中炽灼 0.5 h,取出,移置干燥器中,放冷至室温,精密称定,$W_4 =$ _____ g;样品与坩埚已恒重。遗留残渣 = $W_4 - W_2 =$ _____(不得过 10.0 mg)。

单项结论:

铁盐

电子天平/型号:_____

取本品 _____ g,加水 ____ mL,加热煮沸 ____ min,随时补充蒸失水分,放冷,滤过,滤液加稀盐酸与亚铁氰化钾试液各 ____ mL,溶液 _____(不得即时显蓝色)。

单项结论:

炽灼失重

电子天平/型号:_____   箱式电阻炉/型号:_____   炽灼温度:_____℃

取一个坩埚,置电阻炉中炽灼 1 h,取出,移置干燥器中,放冷至室温,精密称定,$W_1 =$ _____ g;再置电阻炉中炽灼 0.5 h,取出,移置干燥器中,放冷至室温,精密称定,$W_2 =$ _____ g;坩埚已恒重。

取本品置上述坩埚中,精密称定,$W_3 =$ _____ g,置电阻炉中炽灼 1 h,取出,移置干燥器中,放冷至室温,精密称定,$W_4 =$ _____ g;再置电阻炉中炽灼 0.5 h,取出,移置干燥器中,放冷至室温,精密称定,$W_5 =$ _____ g;样品与坩埚已恒重。

$$炽灼失重 = \frac{W_2 + W_3 - W_5}{W_3} \times 100\% = $$

应不得过 5.0%

单项结论:

重金属:(第一法)

标准铅溶液的制备:精密量取标准铅贮备液 ____ mL,置 100 mL 量瓶中,加水稀释至刻度,摇匀,即得(每 1 mL 相当于 10 μg 的 Pb)。

取两支配对的 25 mL 比色管,甲管为供试品管,乙管为对照品管。

取本品 5 g,精密称定,置锥形瓶中,加 0.5 mol/L 盐酸溶液 25 mL,摇匀,置水浴中加热回流 30 min,放冷,用中速滤纸滤过,滤液置 100 mL 量瓶中,用热水 25 mL 分次洗涤容器及残渣,滤过,洗液并入同一量瓶中,放冷,加水至刻度,摇匀,作为供试品溶液。取供试品溶液 5.0 mL,置 25 mL 钠氏比色管中(甲管),加醋酸盐缓冲液(pH 值为 3.5)2 mL,再加水稀释至刻度,摇匀。

另取标准铅溶液 ____ mL,置乙管中,加醋酸盐缓冲液(pH 值为 3.5) ____ mL,加水至 25 mL(乙管),摇匀。

在甲、乙两管中分别加硫代乙酰胺试液 ____ mL,摇匀,放置 ____ min,同置白纸上,自上向下透视,甲管显出的颜色比乙管 _____(不得更深)。(含重金属不得过 0.004%)。

单项结论:

砷盐

采用的方法:第一法(古蔡氏法)

续表 1-10-22

标准砷溶液的制备:精密量取标准砷贮备液_____ mL,置 1 000 mL 量瓶中,加稀硫酸_____mL,加水稀释至刻度,摇匀,即得(每 1 mL 相当于 1 μg 的 As)。

取重金属项下溶液 20 mL,加盐酸 5 mL,另取标准砷溶液_____ mL,依法检查,供试品生成的砷斑比标准砷斑_____(不得更深 0.000 2%)。

单项结论:

含量测定

取本品约 0.1 g,精密称定,置聚四氟乙烯容器中,加盐酸 1 mL、无铅硝酸 1 mL 与高氯酸 1 mL,搅拌摇匀,加氢氟酸 7 mL,置加热板上缓缓蒸至近干(约 0.5 mL),残渣加盐酸 5 mL,加热至沸,放冷,用水转移至 50 mL 量瓶中,用水稀释至刻度,摇匀,作为供试品贮备液。精密量取贮备液 2 mL,置 50 mL 量瓶中,用水稀释至刻度,摇匀,精密量取 2 mL,置 100 mL 量瓶中,用混合溶液(取盐酸 10 mL 和 8.9% 氯化镧溶液 10 mL,加水至 100 mL)稀释至刻度,摇匀,作为供试品溶液。精密量取镁标准溶液适量,分别用水稀释制成每 1 mL 中含镁 10 μg、15 μg、20 μg、25 μg 的溶液,各精密量取 2 mL,分置 100 mL 量瓶中,用混合溶液稀释至刻度,摇匀,作为对照品溶液。取空白溶液、供试品溶液和对照品溶液,照原子吸收分光光度法(通则 0406 第一法),在 285.2 nm 的波长处测定,用标准曲线法计算,即得。

Mg 含量 $C_{对}$% =

本品含镁(Mg)应为 17.0%～19.5%。

单项结论:

结论:本品按《中华人民共和国药典》2015 年版检验,结果_____。

检验者:	核对者:
年　月　日	年　月　日

工序状态标示牌

工序状态标示牌(片剂)

YJ-GT-09-11-05-03

工序名称_____ 状态_____

品名_____ 规格_____

批号_____ 日期_____

物料标示卡

物料标示卡 YJ-GT-09-11-05-04	物料标示卡 YJ-GT-09-11-05-04
生产工序_____ 品名_____	生产工序_____ 品名_____
批号 规格_____	批号 规格_____
数量 操作人_____	数量 操作人_____
生产日期_____	生产日期_____

物料流通卡

物料流通卡片 YJ-GT-09-11-05-05	物料流通卡片 YJ-GT-09-11-05-05
品名＿＿＿＿　批号＿＿＿＿ 毛重＿＿＿＿　规格＿＿＿＿ 皮重＿＿＿＿　胶囊重＿＿＿＿ 净重＿＿＿＿　成品＿＿＿＿ 检验者＿＿＿＿　日期＿＿＿＿ 操作者＿＿＿＿　日期＿＿＿＿	品名＿＿＿＿　批号＿＿＿＿ 毛重＿＿＿＿　规格＿＿＿＿ 皮重＿＿＿＿　胶囊重＿＿＿＿ 净重＿＿＿＿　成品＿＿＿＿ 检验者＿＿＿＿　日期＿＿＿＿ 操作者＿＿＿＿　日期＿＿＿＿

清场合格证

编号：2016-08-03-01

岗位：＿＿＿＿＿＿＿

结束生产品种：＿＿＿＿＿＿　批 号：＿＿＿＿＿

清 场 合 格 证（正本）

清场日期：＿＿＿＿＿＿　清场人：＿＿＿＿＿＿

有效期至：＿＿＿＿＿＿　质监员：＿＿＿＿＿＿

表 1-10-23　清场工作记录

生产品名	规格	生产批号	生产工序

清场开始时间：　　　年　　月　　日　　时　　分

	清场项目	清场结果	操作人	复核人
1	所有的原辅料、包装材料、中间品、成品、废弃物料是否已清理出生产现场。			
2	所有与下一批次生产无关的文件、表格、记录是否已清理出现场。			
3	房间内生产设备是是否已清洁/消毒。			
4	生产用工具、器具、容器是否已清洁/消毒并按规定存放。			
5	地漏、水池、操作台、地面、墙面、门窗、顶棚是否已清洁/消毒。			
6	灯管、排风管道表面、开关箱外壳是否清理			

续表 1-10-23

其他				
清场结束时间：	年　月　日　时　分			
清场检查意见：				
检查人：_____　　日期：年　月　日　时　分				

四、备料操作过程

1.岗位操作工按员工进出生产区标准操作规程进入生产区,检查上一批次的清场合格证(将上一批清场合格证副本附于本批批生产记录上),无误后方可进入准备工作。

2.领料员根据领料单领料单核对传递或缓冲间过来的原辅料的品名、批号、数量、重量。

3.将原辅料在储料间内按品名、批号分别存放,码放整齐。岗位操作工填写货位卡和生产记录。

4.根据批生产工艺指令和生产工艺指令单将储料间内的原辅料传入粉碎过筛间。

5.储料间的温度控制在 18～26℃,相对湿度控制在 45%～65%。

6.清场:岗位操作工按片剂、胶囊剂、颗粒剂备料岗位清场标准操作规程进行清场。清场后的操作间应整洁、干净、无杂物。填写清场记录,QA 人员对清场后的区域进行检查,合格后发"清场合格证"。

表 1-10-24　原辅料货位卡

物料名称			入库序号		
生产产品名称			批号		
日期	领用数量	发放数量	退回数量	库存数量	经手人

五、原辅料粉碎过筛操作过程

1.岗位操作工按员工进出生产区标准操作规程进入生产区,检查上一批次的清场合格证(将上一批清场合格证副本附于本批批生产记录上),检查设备有无完好、已清洁标志,检查电是否正常,无误后方可进入准备工作。

2. 注意检查机器是否安全,空车试机是否正常,一切正常后,方可开车。

3. 中途停车或最后停车时,应确保设备内的物料全部下完,以防堵塞造成重新启动时困难或烧坏电机。

4. 选择60目的筛网放在粉碎室的卡盘上,关闭粉碎机粉碎室的门,紧固锁紧螺母,用清洁接粉布袋套住出料口,并固定,要求遮盖严密,方能开机。

5. 开启鼓风开关、粉碎开关使万能粉碎机开始工作,然后将苯甲酸钠加入加料斗。加入量要适当,加至加料斗高度的1/3处即可。

6. 处理一桶(袋)后,可停车,打开紧固螺母,取出不合格物料。

7. 生产结束时,认真填写岗位原始记录。

8. 岗位操作工按片剂、胶囊剂、颗粒剂备料岗位清场标准操作规程进行清场,清理现场后的操作间应整洁、干净,无杂物、包括设备工具、填写清场记录,QA人员对清场后的区域进行检查,合格后发放"清场合格证"。

9. 把处理过的物料流入下道工序,没有流入下道工序的物料,分区存放建档,内外加放物料状态标示卡。

表 1-10-25　粉碎、过筛操作记录

产品名称	薄荷喉片		生产日期			规　格	复方
产品批号		产品代码		计划产量		指令单号	
设备名称	30B 高效粉碎机		设备编号			房间编号	
生产前准备	内　　容				记录结果		
	检查操作间是否有清场合格证并在有效期内。检查设备是否已清洁并在有效期内。检查设备状态是否完好。检查操作间温湿度是否在规定范围内。(温度:18~26℃,湿度:45%~65%)检查捕尘设施状态是否完好。检查容器具是否已清洁并在有效期内。				是否已贴清场合格证副本(　　)设备:　(　　　　)设备状态:(　　　)温度:　(　　　)℃湿度:　(　　　)%捕尘设施:(　　　)容器具:(　　)		
	检查人:　　　　QA:　　　　　　日期:						

续表 1-10-25

	操作步骤	记录结果
操作过程	苯甲酸钠过60目筛,过筛后外观检查无黑点、黄点等异物。	振荡筛粉机:ZS-515 筛网目数:( )目 开始时间:(:) 结束时间:(:) 筛网目数:( )目 开始时间:(:) 结束时间:(:)
	检查人: QA: 日期:	

	物料名称	领料重量 A(kg)	细粉重量 B(kg)	剩余重量 C(kg)	粗料重量 D(kg)	收率 $E=$ $B/(A-C)$ $\times 100\%$	物料平衡 $F=$ $(B+D)/$ $(A-C)\times 100\%$
收率及物料平衡	苯甲酸钠						
	计算人: 复核人: 日期:						

	清场内容	清场结果	QA检查结果
清场	移出所有物料。 移出所有容器具。 清洁设备。 打扫房间卫生。 清洁完毕,检查合格后,挂已清洁和已清场卡。	□已清洁 □未清洁 □已清洁 □未清洁 □已清洁 □未清洁 □已清洁 □未清洁 □已清洁 □未清洁	
	清场人: QA: 日期:		

六、称量操作过程

1. 岗位操作工按员工进出生产区标准操作规程进入生产区,检查上一批次的清场合格证(将上一批清场合格证副本附于本批批生产记录上),检查设备有无完好、已清洁标志,检查电是否正常,无误后方可进入准备工作。

2. 操作人员按生产指令单领取糖粉、糊精、苯甲酸钠、三氯叔丁醇、薄荷素油、八角茴香油、桉油、氢氧化铝、滑石粉、硬脂酸镁,检查外包装应完好,原辅料的品名、物料编码、批号、生产厂家等内容应与生产指令单相符,运至车间,按原辅料脱外包标准操作规程存放于原辅料备料间。

3.称量前检查称量间压差指示,压差不符合规定,不能称量。

4.衡器应已清洁、已校验且在有效期内方可使用,使用前操作人员用标准砝码进行校正,调至零点。

5.称量人员根据处方量依次称取糖粉、糊精、苯甲酸钠、三氯叔丁醇、薄荷素油、八角茴香油、桉油、氢氧化铝、滑石粉、硬脂酸镁,并经复核人复核,每种物料称量后电子磅秤均需归零,称量后每种物料均需装入洁净的不锈钢桶或塑料袋中并加盖或扎紧袋口,附物料卡,标明物料名称、批号、数量、称量人、复核人、日期等。将称量好的同一批原辅料集中存放,做好标识备用。称量后剩下的物料,运至物料暂存间,填写岗位物料结存卡,并注明拆封日期,使用数量,剩余数量,拆封人及品名、规格、批号,并封口保存。

6.将原辅料在储料间内按品名、批号分别存放,码放整齐。岗位操作工填写货位卡和生产记录。

7.每次称量过程及时做好记录。

8.称量结束,操作人员将剩余的原辅料标明品名、批号、数量、称量人、复核人、日期后存放于原辅料备料间。

9.清场:岗位操作工按片剂、胶囊剂、颗粒剂备料岗位清场标准操作规程进行清场。清场后的操作间应整洁、干净,无杂物。填写清场记录,QA人员对清场后的区域进行检查,合格后发“清场合格证”。

10.操作注意事项:

(1)称量时原辅料包装应完好,检查外观性状符合规定,确保原辅料质量。

(2)称量时物料的名称、批号、物料编码、数量对照生产指令进行检查必须一致,方可称量,复核人必须复称,每次称量后电子磅秤均需归零,确保投料正确性。

(3)对整件物料也必须称量,不可按标示量直接记录。

(4)称量物料应放入洁净干燥容器内保存,容器上必须放置物料卡片。

表1-10-26　称量操作记录

产品名称				批号	
批量		规格	g	岗位负责人	
生产前检查	操作要求				执行情况
	1.是否有生产指令单。				1.□是　　□否
	2.清场合格证是否在有效期内,标识牌是否填写清楚。				2.□是　　□否
	3.计量器具效验合格证是否在有效期内。				3.□是　　□否
	4.按批指令核对物料名称、规格、批号、数量、外观质量。				4.□是　　□否
	5.房间压差是否符合要求。				5.□是　　□否

续表 1-10-26

物料名称	物料编码	物料批号	分料称量(kg)							合计
			1次	2次	3次	4次	5次	6次	7次	

（称量操作）

投料总量: kg	配料依据:生产操作记录
设备名称:	设备编号:
操作时间: 时 分~ 时 分	
操作人:	复核人:

偏差处理情况:

备注:

七、混合、制粒、干燥操作过程

1. 岗位操作工按员工进出生产区标准操作规程进入生产区,检查上一批次的清场合格证(将上一批清场合格证副本附于本批批生产记录上),检查设备有无完好、已清洁标志,检查水、电是否正常,无误后方可进入准备工作。

2. 母粉配制:

(1)每次将1 000万片量的八角茴香油8 kg、桉油6 kg、混合均匀,再将三氯叔丁醇6 kg、薄荷油素40 kg,依次加入搅拌充分溶解后备用。

(2)将1 000万片量氢氧化铝50 kg、糊精50 kg、滑石粉100 kg分3次加入槽形混合机中混合均匀,每次干混时间5 min,然后每次加入上述溶解完全的混合油量的1/3再混合5 min。

(3)将混合均匀的上述物料,通过摇摆式制粒机过32#筛2次,闷12 h后使用。

3. 制浆:每批200万片用15%糊精浆60 kg。准确称取糊精9 kg,加入清洁的不锈钢冲浆桶中,加纯化水51 kg搅匀后备用。

4. 制软材:每200万片分5次计算投料,将糖粉、糊精、苯甲酸钠、薄荷喉母粉按顺序称量加入已清洁的槽形混合机中,搅拌干混时间 10 min,每锅加入 15% 糊精浆约 12 kg,搅拌湿混时间 3 min,软材搅拌均匀后出料。

5. 制粒:检查 16 目尼龙筛是否完好清洁,符合要求方能将筛网装入已清洁合格的摇摆式制粒机,将制好的软材加入摇摆式制粒机进行制粒。根据颗粒情况调整筛网松紧度,使颗粒符合要求,制粒过程中随时检查 16 目尼龙筛网是否完好。

6. 颗粒干燥:将制备好的湿颗粒用清洁合格的沸腾制粒机进行烘干,采取人工或真空吸料方式加料。烘干进风温度控制 60~70℃,出风温度控制 39~40℃。烘干时间控制 45 min。干燥后,关闭蒸汽,颗粒水分控制 2%~3%。

7. 及时做好记录。

8. 清场:生产结束后,岗位操作工按片剂、胶囊剂、颗粒剂整粒、总混岗位清场标准操作规程清场,清场后的操作间应整洁、干净,无杂物。填写清场记录,QA 人员对清场后的区域进行检查,合格后发"清场合格证"。

9. 操作注意事项:

(1)糊精浆浓度 15%,搅拌均匀后备用。

(2)物料加入槽形混合机后,搅拌干混不得低于 10 min,在物料搅拌过程中将黏合剂均匀加入槽形混合机,不能加入过快,搅拌湿混不得低于 3 min,以免物料混合不均。

(3)制粒前后检查筛网目数、材质,筛网不得有破损及边沿处不得裸露,筛网使用前用 75% 乙醇进行擦拭消毒。

(4)控制好沸腾干燥机进风温度,出风温度,烘干时间,水分应控制 2%~3% 之间,确保烘干颗粒、后道工序整粒混合及压片质量。

表 1-10-27　制粒岗位工艺指令单式样

下达日期	年　　月　　日	限定完成日期	年　　月　　日
产品名称	薄荷喉片	规　　格	复方
生产批号		本批数量	万片
发放人:		接收指令人:	

续表 1-10-27

★操作前检查与准备:

1. 按前批清场工作记录检查。

(1)前批遗留物已清除符合要求。

(2)设备完好已清洁。

(3)衡器已清洁,在有效期内符合要求。

2. 个人卫生着装符合要求。

3. 按工具、容器及设备各自消毒程序进行消毒;消毒剂名称乙醇浓度为75% 应符合要求。

4. 按颗粒制造记录中处方逐项称量、核对、实物一致。

★制粒操作:按设备各自操作程序制湿颗粒:

母粉的配制:

1. 每次将 1 000 万片量的八角茴香油 8 kg、桉油 6 kg、混合均匀,再将三氯叔丁醇 6 kg、薄荷油素 40 kg,依次加入搅拌充分溶解后备用。

2. 将 1 000 万片量氢氧化铝 50 kg、糊精 50 kg、滑石粉 100 kg 分三次加入槽形混合机中混合均匀,每次干混时间 5 min,然后每次加入上述溶解完全的混合油量的 1/3 再混合 5 min。

3. 将混合均匀的上述物料,通过摇摆式制粒机过 32# 筛 2 次,闷 12 h 后使用。

15% 淀粉浆的配制:每批 200 万片用 15% 糊精浆 60 kg。准确称取糊精 9 kg,加入清洁的不锈钢冲浆桶中,加纯化水51 kg 搅匀后备用。

批量分锅:

1. 按工艺要求每锅干粉混合时间为10 min 应符合要求。湿混时间为3 min 应符合要求。

2. 按工艺要求黏合剂浓度为15% 每锅加入量12 kg 应符合要求。

3. 按工艺要求选配筛网其规格为16 目尼龙网应符合要求进行制粒。

★干燥操作:按设备设施操作程序进行颗粒干燥:

1. 湿颗粒干燥温度为60 ~ 70℃应符合要求。

2. 湿颗粒干燥过程中应摊盘均匀、中间不翻盘。

3. 干颗粒水分为2% ~ 3%应符合要求。

★制好的颗粒应均匀、无异物、无大的结团、手感沉重、颗粒完整、无细粉、应符合要求。

★整粒总混操作:按设备各自操作程序进行整粒混合。

1. 将出烘房的颗粒均匀倒入桶内并按衡器使用保养程序进行称重(见整粒、总混记录)。

2. 按工艺要求选配筛网其规格为16 目镀锌网、加装磁石应符合要求。

3. 将已称重的颗粒均匀倒入混合机内并按工艺要求加入润滑剂和其他外加剂。

4. 润滑剂名称硬脂酸镁每200 万片加入量为6.6 kg 应符合要求。

5. 按工艺要求,总混的时间为 15 min 应符合要求。

6. 已混合的颗粒装入已清洁的容器内内称重后贴(挂)标志,送中间站同时填写请验单,应符合要求。

7. 总混后的颗粒外观无异物,颗粒率65% ~ 75%应符合要求。

★清场

按清场管理规定的要求清场必须合格(见清场合格证)清场工作记录。

★记录

1. 按记录填写规定及时填写颗粒批记录、颗粒记录、清场工作记录、清洁消毒记录等,要求记录文件齐全。

2. 物料平衡计算:按物料平衡管理规定计算颗粒制造收率为98 %以上应符合要求。

3. 偏差情况:若偏差超出偏差范围必须填写偏差报告。

表 1-10-28　混合制粒岗位生产记录

生产名称		批号	
规格		批量	

生产前检查	操作要求						执行情况
	1.生产相关文件是否齐全。						1. □是　　□否
	2.清场合格证是否在有效期内,标识牌是否填写清楚。						2. □是　　□否
	3.计量器具效验合格证是否在有效期内。						3. □是　　□否
	4.按批指令核对物料名称、规格、批号、数量。						4. □是　　□否
	5.设备是否完好,定置管理是否合乎要求。						5. □是　　□否
	6.生产用水是否符合要求。						6. □是　　□否
	7.房间压差是否符合要求。						7. □是　　□否

生产操作	操作记录							
	物料名称	物料编码	物料批号	单位	应投入量	实际投量	分次	备注
				kg				
				kg				
				kg				
				kg				
	总重量			kg				
	开处方人:　　　　　　　复核人:							
	物料领取人:　　　　　　　复核人"							
	粘合剂配制	纯化水量(kg)		糊精用量(kg)		浓度(%)	配制人: 复核人:	
	第一次	装槽数量:　　　kg		干混时间:　　时　　分~　　时　　分				
		加浆量　　　　kg		湿混时间:　　时　　分~　　时　　分				
	第二次	装槽数量:　　　kg		干混时间:　　时　　分~　　时　　分				
		加浆量　　　　kg		湿混时间:　　时　　分~　　时　　分				
	第三次	装槽数量:　　　kg		干混时间:　　时　　分~　　时　　分				
		加浆量　　　　kg		湿混时间:　　时　　分~　　时　　分				
	设备名称:　　　　　　　　设备编号							
	操作人:　　　　　　　　复核人:							
偏差处理情况:								

八、整粒、总混操作过程

1.岗位操作工按员工进出生产区标准操作规程进入生产区,检查上一批次的清场合格证(将上一批清场合格证副本附于本批批生产记录上),检查设备有无完好、已清洁标志,检查水、电是否正常,无误后方可进入准备工作。

2.岗位操作工根据批生产指令单,核对从烘箱内取出的物料。

3.准备:岗位操作工准备 YK-160 型摇摆式颗粒机的安装(选择 16 目镀锌铁丝筛网)、内衬有洁净塑料袋的周转桶、洁净塑料袋、不锈钢盆、不锈钢铲子及物料卡。

4.整粒操作:检查所用的 16 目镀锌铁丝筛网清洁、完好方可使用。颗粒率要求 65% ~75%。

5.总混操作:核对薄荷喉颗粒、硬脂酸镁的品名、规格、批号、数量无误后,将薄荷喉颗粒、硬脂酸镁依次加入槽型混合机内,混合时间 15 min。

6.总混后出料:岗位操作工将总混均匀的物料放入内衬有洁净塑料袋的周转桶里,袋口扎紧,放入物料流通卡片盖上桶盖,送入颗粒中转站进行称重,填写物料标示卡(品名、批号、规格、数量、重量,操作人及操作日期)并挂于周转桶上,存放于待检区。操作结束后,通知中间站填写请验单,岗位操作工填写生产记录。经质检科化验室检测合格下发薄荷喉颗粒中间产品检验报告单后,岗位操作工将物料移到合格品区,挂上合格证。

7.及时做好记录。

8.清场:生产结束后,岗位操作工按片剂、胶囊剂、颗粒剂整粒、总混岗位清场标准操作规程清场,清场后的操作间应整洁、干净,无杂物。填写清场记录,QA 人员对清场后的区域进行检查,合格后发"清场合格证"。

9.操作注意事项:

(1)整粒前检查使用筛网的规格、完整性,摇摆式制粒机须清洁干燥,使用前用 75%乙醇进行消毒。

(2)物料总混前检查槽型混合机须洁净干燥,混合时应严格按照混合时间控制,确保颗粒均匀一致,符合规定。

(3)总混后应将颗粒装入洁净干燥的不锈钢桶内加盖保存,容器外放置物料卡,标明品名、规格、批号、数量、操作人、复核人、日期等,转交中间站。

(4)颗粒取样:颗粒进入中间站,由中间站负责人填写请验单交至中控室,中控室 QA 接到请验单后按要求取样,取样时应先对中间产品进行现场检查并核对物料卡(包括中间产品名称、规格、批号、操作人、日期等),无误后才可取样,取样要有代表性(全批取样、分部位取样),取样后应将桶内物料扎紧,桶盖盖好,车间 QC 按照检验操作规程检验。

(5)颗粒率测定:按中间产品颗粒率测定法检验操作规程,检验中间产品的颗粒率。用托盘天平称取一定量混合均匀颗粒 W,把颗粒放入规定目数的镀锌铁丝筛网中,按粒度测定法进行过筛。称量留在筛网上的量 M,经计算得出颗粒率。计算方法:颗粒率% = $(M/W) \times 100\%$。

(6)颗粒水分测定:按中间产品颗粒水分测定法检验操作规程采用水分快速测定仪测定中间产品颗粒水分,保证测定结果准确。

表 1-10-29 整粒总混岗位生产记录

产品名称			批号	
批 量		规格	岗位负责人:	

	操作要求	执行情况	
生产前检查	1. 生产相关文件是否齐全。	□是	□否
	2. 清场合格证是否在有效期内,标识牌是否填写清楚。	□是	□否
	3. 计量器具效验合格证是否在有效期内。	□是	□否
	4. 按批指令单核对物料名称、规格、批号、数量。	□是	□否
	5. 设备是否完好,定置管理是否合乎要求。	□是	□否
	6. 房间压差是否符合要求。	□是	□否

		外加物料名称	物料编码	物料批号	数量(kg)	整粒筛网目数	
生产操作	整粒					颗粒量	kg
						尾料量	kg
		设备名称: 设备编号: 当班设备运行情况:					
		设备运行时间: 时 分~ 时 分					
	总混	外加物料名称	物料编码	物料批号	数量 kg	总混开始时间	时 分
						总混结束时间	时 分
						收颗粒总量	kg
						取样量	kg
		设备名称: 设备编号: 当班设备运行情况:					
		操作人: 复核人:					

每桶重量 kg	桶号	1	2	3	4	5	6	7
	毛重							
	皮重							
	净重							

传递	传递数量:	传递人:	复核人:	接收人:

续表 1-10-29

物料平衡和收率	平衡限度:98.00% ~ 102%	公式:(混后数量+取样量+废料量)/投料数量×100%
	收率限度:98.00% ~ 102%	公式:混后数量/投料数量×100%
	平衡计算: _____×100% =	收率计算: _____×100% =
	计算人:	复核人:
	偏差处理情况:	

表 1-10-30　物料请验单

物料名称			批号		
物料来源			数量		kg
请检日期			件数		
请验部门			请验人		
物料类别	原辅材料□	中间产品□		成品□	其他□
检验项目	检验结果	检验项目	检验结果	检验项目	检验结果
熔点□		水分□		含量□	
干失□		TCL□		相关杂质□	
残留□		pH 值□		外观□	
其他					
产考标准	企业标准□			国家标准□	
备注					

第一联 化验室留存

注:按照要求,在"□"内打"√"

续表 1-10-30

物料名称			批号		
物料来源			数量		kg
请检日期			件数		
请见部门			请检人		
物料类别	原辅材料□	中间产品□		成品□	其他□
检验项目	检验结果	检验项目	检验结果	检验项目	检验结果
熔点□		水分□		含量□	
干失□		TCL□		相关杂质□	
残留□		pH 值□		外观□	
其他					
产考标准	企业标准□			国家标准□	
备注					

第二联 申请部门留存

注:按照要求,在"□"内打"√"

表 1-10-31　口服固体制剂半成品检验报告单

样品名称:薄荷喉颗粒		规格:复方		批号:
物料编码:		送检工序:		送检目的:
批数量: kg 桶 万粒		除量: g/粒		化验粒重: g/粒
取样日期: 年 月 日		完成日期: 年 月 日		
取样量	kg		检品编号	
检验项目	标准要求		检测结果	单项判定
性 状	白色或类白色颗粒			
颗粒率	65% ~ 75%			
水 分	2.0% ~ 3.0%			

执行标准:薄荷喉半成品质量标准。

结论:

处理意见:

```
                    中间产品合格证
        中间产品名称：＿＿＿＿＿＿＿
        中间产品批号：＿＿＿＿＿＿＿
        中间产品规格：＿＿＿＿＿＿＿
        数      量：＿＿＿＿＿＿＿
        生 产 日 期：＿＿＿＿＿＿＿
        检  验  号：＿＿＿＿＿＿＿
        质  检  员：＿＿＿＿＿＿＿
        发 证 日 期：    年   月   日
```

九、压片操作过程

1.岗位操作工按员工进出生产区标准操作规程进入生产区,检查上一批次的清场合格证(将上一批清场合格证副本附于本批批生产记录上),检查设备有无完好、已清洁标志,检查水、电是否正常,无误后方可进入准备工作。

2.冲模选择:直径 10 mm 浅凹冲头。

3.应压片重:根据实测颗粒含量进行计算。

4.压片速度:18~20 r/min。

5.压片压力:(30±5)kN。

6.片子厚度:4.2 mm≤均值(4.3 mm)≤4.4 mm。

7.车间工艺员或技术主任根据处方量,同时根据实际产量,参考以往批次应压片重确定本批次应压片重,并将应压片重以指令单形式通知压片工序。

8.准备工作模具的领取:岗位操作工根据压片岗位工艺指令单到模具车间领取已清洁合格的直径 10 mm 浅凹冲头、中模、刮粉器。复查冲模光洁度,有无凹槽、卷皮、缺角、爆冲和磨损等,刻字冲头使用前必须核对品名、规格,冲头应字迹清晰、表面光洁,倒角一致。安装好冲模并清洁消毒压片机大盘。空机运转正常后方可领取物料。按生产计划进度,向中间站领取颗粒,同时核对应压片岗位工艺指令单,对照颗粒品名、规格、批号、皮重净重、中间产品合格证,相符无误,方可上料。

9.操作人员在加料器中加入颗粒,根据车间下发应压片岗位工艺指令单,调节压片机充填量、压力、时速等。左右轨道各取 10 片,送至中控室 QA 进行称量、检验,片重差异(±3%)、脆碎度(≤1%)和崩解时限(不应在 11 min 内全部崩解或溶化),合格后开机生产。

10.正常开机同时开吸尘器、筛片机,并根据片子表面粉尘的吸附情况,调节筛片机的振动频率,根据压片机内的粉尘情况,振动集尘袋,保证吸尘器的吸尘效果。操作工应坚守岗位,每隔 15 min 称检查一次片重,称量 50 片不得超过±1 片。随时检查片重外观情况(片差稳定,波动小,可 30 min 称一次,片重不稳定,波动较大,称量时间不得超过 15 min,根据情况调节片重),要求片面色泽均匀,两个出片轨道所压片子厚度一致,不得有裂片、松片、麻面、黏冲、缺角等现象。称量后,随时填写压片生产记录。

11. 三角板的测量计算方法:100 片检查即(上底+下底)×总行数÷2+9=100 片。13 行+9 片=100 片,50 片检查原理同上,即 9 行+5 片=50 片。

12. 岗位操作工坚守岗位,如有特殊情况暂时离开,必须委托他人代管;平时巡回检查机器,监听机器运转情况。

13. 上班前要用消毒水进行手的清洁,直接接触药品要戴乳胶手套。

14. 待本批生产结束后,将压好的成品片送至中转站,进行称重,填写物料卡(品名、批号、规格、数量、重量、操作人及操作日期)并挂于周转桶上,填写货位卡并挂待检卡,操作结束后,岗位操作工通知中间站填写请验单,并及时填写生产记录。经车间化验室检测合格后下发中间产品检验报告书后,岗位操作工将待检卡取下,挂上合格证。

15. 清场:生产结束后,岗位操作工按压片岗位清场标准操作规程清场,清场后的操作间应整洁、干净,无杂物。填写清场记录,QA 人员对清场后的区域进行检查,合格后发"清场合格证"。

16. 注意事项

(1)按品种工艺规程规定选择冲头、冲模,冲模安装前应断电,拆下料斗、加料器,依次安装中模、上冲、下冲。

(2)冲模安装完毕,转动手轮,使旋台旋转 2 周,观察上下冲杆进入中模孔及在轨道上运行情况,应无碰撞和卡阻现象。

(3)安装固定好刮粉器和加料器,调整其高度到合适位置。

(4)调整液压系统,反复升降压力,将管道中的残留空气排出,然后根据需要设定压力值。

(5)压片前应根据车间下发的片重通知单,调节压片机充填量、压力、转速等,待片重差异(±3%)、脆碎度(≤1%)和崩解时限(不应在 11 min 内全部崩解或溶化)等,检测合格后方可开机生产。

(6)压片过程中操作人员按规定检测片重,并随时检查片子的外观情况。

表1-10-32　压片岗位工艺指令单式样

产品名称	薄荷喉片		批 号	
规 格	复方		批数量	万片
压片机号	YP-01、02		模具规格	浅直径10mm
应压片重	g/片		指令发放人	
确定片重日期	年 月 日		指令接受人	

★操作前检查与准备

1.按前批清场工作记录检查。

(1)前批遗留物已清除符合要求。

(2)设备已完好清洁。

(3)衡器已清洁,在有效期内符合要求。

(4)加放或更换房间、设备、物料、容器状态标示。

(5)领取物料,指令单,记录。

2.个人卫生符合要求。

3.按工具、容器及设备各自消毒程序进行消毒;消毒剂名称乙醇 浓度为75% 应符合要求。

4.按工艺要求选配模具其规格为浅直径10 mm 应符合要求。

5.按流通卡片逐项核对卡物一致。

★操作:按压片机操作程序进行压片

1.按压片指令单应压片重校对天平的砝码和游码。

2.中间控制(见记录和报告单)。

3.压片要求:

(1)压片速度:18~20 r/min。

(2)压片压力:(30±5)kN。

(3)片子厚度:4.20mm≤均值(4.30mm)≤4.40mm。

4.质量控制:

(1)称量频次:平均片重,每隔15 min检查一次,称量50片不得超过±1片。

(2)检查标准:

1)崩解时限:不应在11 min内全部崩解或溶化。

2)硬度适中。

3)脆碎度≤1%。

4)片子外观要求:片子色泽光亮,片厚一致,片面光洁,色泽均匀;不允许有斑点、麻面、黏冲、裂片、松片。

5.压片后的片子装入已消毒的容器内并按衡器使用保养程序称重(见压片岗位生产记录)并贴(挂)标志,送中间站,填写请验单,应符合要求。

★清场

1.按清场管理规定的要求清场必须合格(见清场合格证),清场工作记录正本。

2.按工具、容器、设备各自清洁规程进行清洁,清洁剂为纯化水应符合要求。

3.按清洁工具清洁、消毒程序进行清洁消毒,清洁剂为 纯化水消毒剂乙醇75%应符合要求。

★记录

1.按生产记录管理规定及时填写压片岗位生产记录、压片岗位在线监测记录、清场工作记录等,要求记录文件齐全。

2.物料平衡计算:按物料平衡管理规定计算压片收率为98 % 以上应符合要求。

3.偏差情况:若偏差超出偏差范围必须填写偏差报告。

续表 1-10-32

产品名称		规格		批号		生产日期：	年 月 日
批量		万片		应压片重：		岗位负责人	

领用颗粒	桶号	1	2	5	6
	毛重	kg	kg	kg	kg
物料编码	皮重	kg	kg	kg	kg
	净重	kg	kg	kg	kg

领料人：   复核人：

	操作要求	执行情况
生产前检查	1. 清场是否符合要求,合格证是否在有效期内,标识牌是否填写清楚。 2. SOP、记录是否齐全。 3. 托盘天平校验合格证是否在有效期内,零点校验是否符合规定。 4. 按批指令单,核对颗粒的品名、规格、数量、批号等。 5. 按批指令单,核对冲头的品名、规格等。 6. 设备是否完好,定置管理是否合乎要求。 7. 房间压差是否符合要求。	1. □是　　□否 2. □是　　□否 3. □是　　□否 4. □是　　□否 5. □是　　□否 6. □是　　□否 7. □是　　□否

生产操作

平均片重曲线图　注(上下每格代表 1 片;左右每格代表 15 min)

每次称量：　　片

限度:每　　片≤±　　片　　　　压片机转速：　　r/min

设备名称：　　压片机　　设备编号：

片差 左轨道

时间：

续表 1-10-32

片差 右轨道															

轨道压力： 左　　　 kN　　　　　　　　右　　　　　　　 kN

开始时间：　　 时　 分　　结束时间　　 时　 分

设备运行情况：

操作人：　　　　　 复核人：

表 1-10-33　压片岗位生产记录

产品名称						批号	
批量		万片		规格	g/片	岗位负责人：	
每桶片子数量	桶号	1	2	3	4	5	6
	毛重	kg	kg	kg	kg	kg	kg
物料编码	皮重	kg	kg	kg	kg	kg	kg
	净重	kg	kg	kg	kg	kg	kg

片子总重：　　 kg　 颗粒余量：　　 kg　 取样量：　　 kg　 废损量：　　 kg

移交人：　　　　　 接收人：　　　　　 复核人：

物料平衡	平衡限度:98.00% ~100% 公式:(压片总量+取样量+废损量+颗粒余量)/领颗粒量×100%
	收率限度:98.00% ~102%　 公式:压片总量/领颗粒量×100%
	平衡计算：　　　　　　　　　　　　收率计算： $$\underline{\qquad\qquad}\times 100\% =\qquad\qquad\underline{\qquad\qquad}\times 100\% =$$
	计算人：　　　　　　　　　　 复核人：

续表 1-10-33

项目 时间	状态标志 填写情况	SOP 执行情况	定置管理 执行情况	工艺卫生 执行情况	产品质量 检查情况	检查人
质检情况	□填写 □未填写	□执行 □未执行	□符合 □未符合	□合格 □不合格	□合格 □不合格	
	□填写 □未填写	□执行 □未执行	□符合 □未符合	□合格 □不合格	□合格 □不合格	
	QA 检查情况记录					
	□填写 □未填写	□执行 □未执行	□符合 □未符合	□合格 □不合格	□合格 □不合格	
	□填写 □未填写	□执行 □未执行	□符合 □未符合	□合格 2 □不合格	□合格 2 □不合格	
	符合规定画√,不符合规定画×					

偏差处理情况:

备注:

表 1-10-34 压片岗位在线检测记录

产品名称:		规格:	g/片		批号:		压片机号:
物料编码:		应压片重:	g/片		性状:		本班桶数:
检查依据 中国药典( )版( )部			日期 年 月 日			操作人:	
现 场 检 查							
仪器:			型号:			批号:	

检查项目	片差	外观	片差	外观	片差	外观	片差	外观
检查结果								
检查者								
结论								

重 量 差 异						
仪器:		型号:		批号:		
抽查次数	第一次 时间:	时	分	第二次 时间:	时	分
检查者						

续表 1-10-34

项目 片号		重量差异(g/片)	重量差异(g/片)	重量差异(g/片)	重量差异(g/片)
重量差异限度: 片重 < 0.3 g/片 的 限 度 为: ± 5.0%; 片重 ≧ 0.3 g/片 的 限 度 为: ± 3.0%; 精密称定 20 片, 超出重量差异限 度的不得多于 2 片并不得有一片 超出限度 1 倍。	1				
	2				
	3				
	4				
	5				
	6				
	7				
	8				
	9				
	10				
总片重					
X 平均片重					
最　　高					
最　　低					
控制范围(按±　　%)					
结　　论					

脆碎度:

仪　器:_____脆碎度检查仪_____　　　　_____电子天平_____

样品称重:测前_____g　　　测后_____g

规定值:减失重量 ≦ 1%　　　测定值_____×100% =　　　%

结论:　　　　规定

崩解度:

仪　器:_____ 智能崩解仪_____　温度:37℃±1℃

溶液_____　　温度:37℃±1℃

规定值:_____min 内崩解　　　　测定值:_____min 崩解

结论:　　　规定　　　　　　　　　　　　　　　　　检查者:_____

结论:_____　　检查者:_____　　复核者:_____

表 1-10-35　口服固体制剂半成品检验报告单

样品名称:薄荷喉片		规格:复方		批号:	
物料编码:		送检工序:		送检目的:	
批数量:　kg　桶　万粒		取样量:　　　　kg		检品编号:	
取样日期:　　　年　　月　　日		完成日期:　　　年　　月　　日			
检验项目	标准要求			检测结果	单项判定
外观性状	光洁、完整、色泽均匀				
干燥失重	2.0% ~3.0%				
片重差异	±3 %				
崩解时限	不应在 11 min 内全部崩解或溶化				
脆碎度	减失重量≤1%				
执行标准:薄荷喉片半成品质量标准。					
结论:					
处理意见:					

十、内包

1. 岗位操作工按员工进出生产区标准操作规程进入生产区(注:进入洁净区之前先打开除尘器),检查内包材料脱包间和外包材料间有无清洁,无误后方可进行准备工作,领料员根据批包装指令和领料单到仓库领取并核对包装材料的品名、批号、重量、数量,领料时必须有包装材料检验报告书,然后把内包材送入内包材脱包间进行脱包,外包材送入外包间。

2. 岗位操作工除净内包材的外包装污垢,查验内包材有无破损、吸潮、变质等情况,均符合质量标准后,再经传递窗(在传递窗内紫外灯照射 15 min)或缓冲间传入内包材料间,按品名分别码放、排列整齐,填写货位卡。

3. 岗位操作工把外包材按品名、规格分别码放外包间专用存放处,排列整齐填写货位卡。

4. 岗位操作工按员工进出生产区标准操作规程进入内包间,检查上一批次的清场合格证(将上一批清场合格证副本附于本批批生产记录上),检查设备有无完好、已清洁标志,检查水、电、气是否正常,无误后方可进入准备工作。

5. 岗位操作工根据批包装指令和生产工艺指令单到内包材间领取内包材(高密度聚乙烯瓶),核对口服固体药用高密度聚乙烯瓶的规格、批号与包装指令单一致后方可领取,按物料进入洁净区操作规程进入内包装岗位,并核对待包装产品名称、规格、编号、批号应与批包装指令单一致后方可领取。到中转站领取薄荷喉片,领取时应有薄荷喉片中间产品合格证,注意检查片子的外观情况等。

6. 包装前应按批包装指令单的包装规格更换塑瓶包装机模具、备件,设定包装速度:60 瓶/min,封口电流:1. 6 A。生产过程中操作人员应随时检查包装情况,并随时进行调整,装好的瓶通过轨道传入封口贴标。

7. 岗位操作工对本批内包过程中产生的剩余内包材料分别退回仓库。岗位操作工填写生产记录。

8. 内包岗位的温度应控制在 18～26℃,相对湿度控制在 45%～65%。

9. 清场:生产结束后,岗位操作工按片剂、胶囊剂、颗粒剂内包岗位清场标准操作规程清场,清场后的操作间应整洁、干净,无杂物。填写清场记录,QA 人员对清场后的区域进行检查,合格后发"清场合格证"。

表 1-10-36 批包装指令单

生产部门	固体口服制剂车间包装组		包装规格		
品　名			生产批量	万片	
规　格			包装日期		
批　号			完成时限		
生产依据					
物料名称	物料编号	物料批号	规　格	单位	实际数量	指令数量
薄荷喉片说明书				张		
薄荷喉片标签				张		
高密度聚乙烯瓶			500 mL	瓶		
封箱胶带				卷		
包装箱			20 瓶/箱	套		
装箱单				张		

备注:批　　号:
生产日期:
有效期至:

编制人:　　　　　　　　　　　审核人:

表 1-10-37　领料单

产品名称						规　格		
计划产量				产品批号				
物料名称	生产厂家	物料编号	批号	检验单号	规格	单位	请发数	实发数
备注：								
编制人：　　　年　月　日				审批人：　　　年　月　日				

表 1-10-38　口服固体药用高密度聚乙烯瓶检验报告单

品名		口服固体药用高密度聚乙烯瓶		
报告书编号		批号	生产单位	
取样日期		规格	500 mL	送检单位
报告日期		数量	检验目的	
检验项目		检验标准		测定结果
外观		应符合规定		符合规定
易氧化物		样品与空白消耗滴定液之差不得过 1.5 mL		符合规定
重金属		≤1 ppm		符合规定
不挥发物		水不挥发物残渣与其空白残渣之差应≤12.0 mg		符合规定
		65% 乙醇不挥发物残渣与其空白残渣之差≤50.0 mg		
		正己烷不挥发物残渣与其空白残渣之差≤75.0 mg		
炽灼残渣		≤3.0%		符合规定
微生物限度		细菌总数≤1 000 cfu/瓶		符合规定
		霉菌总数≤100 cfu/瓶		
		大肠埃希菌不得检出		
结论		符合企业标准		
备注：				
检验人：　　　　　　　复核人：　　　　　　　负责人：				

表 1-10-39 薄荷喉片说明书检验报告单

品 名			薄荷喉片说明书			
报告书编号		批号		生产单位		
取样日期		规格		送检单位	包材库	性状
报告日期		数量		检验目的	全检	

检验项目	标准	测定结果
外 观	说明书两端裁切对称,不跑版、不错版,墨色饱满均匀、字迹清晰,注册商标清晰完整	符合规定
尺 寸	应符合规定	符合规定
文 字	文字、标点符号正确无误	符合规定
材 质	60 g 双胶纸	符合规定
结 论	符合企业标准	

备注:

检验人: 复核人: 负责人:

表 1-10-40 包岗位工艺指令单

产品名称	薄荷喉片	批 号		规格	复方
下达日期	年 月 日	包装规格	1 000 片×20 瓶/箱		
批理论量	万片	发放人		接受人	

★操作前检查与准备

1. 按前批清场工作记录检查。

(1) 前批遗留物已清除符合要求。

(2) 设备完好已清洁。

(3) 衡器已清洁,在有效期内符合要求。

2. 个人卫生符合要求

3. 按工具、容器及设备各自消毒程序进行消毒;消毒剂名称乙醇浓度为75% 应符合要求。

4. 按领发料单、进出站记录逐项核对实物一致。

★内包操作:按设备操作程序进行操作

1. 规格要求

(1) 内包装瓶名称高密度聚乙烯瓶瓶,规格500 mL 应符合要求。

(2) 填充物名称及规格薄荷喉片应符合要求。

(3) 每瓶要求装量1 000 片应符合要求。

(4) 中间控制:质量控制:100 ~ 500 片装,抽检10 个包装单位,误差不得超过 1 个包装单位,范围不超过±3 片。大于 500 片装,抽检 5 个包装单位,误差不得超过 1 个包装单位,范围不超过±5 片。

2. 内包装品贴(挂)标志送或领至包装间。

3. 内包装品要求:装量、密封应符合要求。

★按工艺要求准备外包装材料、按领发料单逐项核对实物一致。

★外包操作:按外包装操作程序进行操作

1. 外包装要求

批准文号:国药准字 H41022440

有效期规定:3 年

(1) 每瓶贴标签一张应符合要求。

(2) 每瓶(盒)附说明书一张应符合要求。

(3) 每箱装量20 瓶装量标志应符合要求。

(4) 标签、封口标粘贴牢固、整齐应符合要求。

(5) 装箱单、中(小)盒、瓶签、箱皮(生产日期、产品批号、有效期至)一致符合要求。

2. 外包装过程应进行控制检查:

严密度:抽检 20 个包装单位,封口严密、洁净,封口不严不得超过 1 个包装单位 。

标 签:抽检 20 个包装单位:标签端正、适中、洁净、字迹端正、清楚,标签的倾斜度大于 2 瓶。

装 箱:数量正确,箱上字迹清楚、整齐、封箱牢固,无差错。

3. 外包装结束后送待检库,填写请验单送检贴(挂)标志应符合要求。

★清场

1. 按清场管理规定的要求清场必须合格(见清场合格证)清场工作记录。

2. 按工具、容器、设备各自清洁规程进行清洁,清洁剂为纯化水 应符合要求。

3. 按清洁工具清洁、消毒程序进行清洁消毒,清洁剂为纯化水,消毒剂为75% 乙醇 符合要求。

★记录

1. 按记录填写规定及时填写内包装批记录、内包装记录、清场工作记录、清洁消毒记录等,要求记录文件齐全。

2. 偏差情况:若偏差超出偏差范围必须填写偏差报告。

表 1-10-41 塑瓶内包生产记录

产品名称	薄荷喉片	代 码		规 格	
批 号		理 论 量		生产指令单号	

生产前检查	操作要求			执行情况
	1. 生产相关文件是否齐全。			1. 是□ 否□
	2. 清场合格证是否在有效期内。			2. 是□ 否□
	3. 按包装指令领取待包装品,核对品名、规格、批号、数量。			3. 是□ 否□
	4. 按包装指令领取内包装材料,核对品名、规格、批号、数量。			4. 是□ 否□
	5. 设备是否完好。			5. 是□ 否□

生产操作	时间	装量准确	封口严密	时间	装量准确	封口严密
		是□ 否□	是□ 否□		是□ 否□	是□ 否□
		是□ 否□	是□ 否□		是□ 否□	是□ 否□
		是□ 否□	是□ 否□		是□ 否□	是□ 否□
		是□ 否□	是□ 否□		是□ 否□	是□ 否□
		是□ 否□	是□ 否□		是□ 否□	是□ 否□
		是□ 否□	是□ 否□		是□ 否□	是□ 否□
		是□ 否□	是□ 否□		是□ 否□	是□ 否□
		是□ 否□	是□ 否□		是□ 否□	是□ 否□
		是□ 否□	是□ 否□		是□ 否□	是□ 否□

	物料	领取量	剩余量	损耗量
	素(包)片			
	塑料瓶(mL)			
	塑料瓶产地			

包装规格	片/瓶	包装数量	

设备名称 设备编号 模具型号

操作人: 复核人:

物料平衡	公式:包装数量×每瓶重量+余料量+损耗量/领料量×100%
	实用瓶量+残损瓶数+退回瓶数/领取瓶数×100%
	计算: 计算人: 复核人:
	≤限度≤ 实际为 %
	符合限度□ 不符合限度□

传递	移交人	交 接 量	瓶	日 期
	接收人		监控人	

备注:

十一、外包装

1. 岗位操作工按员工进出生产区标准操作规程进入生产区,检查上一批次的清场合格证(将上一批清场合格证副本附于本批批生产记录上),检查设备有无完好、已清洁标志,检查水、电是否正常,无误后方可进入准备工作。

2. 岗位操作工按批包装指令和生产工艺指令单核对内包间传送过来中间产品的品名、批号、规格、重量、数量。

3. 准备外包装材料:根据批包装指令和生产工艺指令单从外包间的外包装材料专用存放处领取,并核对薄荷喉片标签、说明书、装箱单(合格证)、包装箱的规格、物料编码、批号与批包装指令单是否一致,一致后方可生产。

4. 贴签:调整不干胶贴标机上产品批号、生产日期、有效期与待包装产品、批包装指令单是否一致,并经岗位负责人和 QA 复核无误后方可开机贴标,将首张打印标签贴在批包装记录上。

5. 电子监管码的采集:1 000 片/瓶的包装逐瓶进行扫码,每箱采集结束后,在外包装箱上贴监管码并扫描。

6. 装箱:按包装指令规定的包装规格进行装箱,每箱中装 20 瓶,装满后,经 QA 人员抽检合格后,发放填写装箱单(合格证:品名、批号、规格、检查人、检查日期及包装人),放入一张装箱单,用胶带封箱。将首张填写的装箱单(合格证)贴在批包装记录上。再用打包机打包,成品包装应坚挺,美观整洁。包装过程中操作人员随时检查标签、装箱单(合格证)、外包装箱打印的内容及打印质量。

7. 若有相邻两个批号合箱时,按合箱管理规程进行操作,在纸箱外印上该两个批号和合箱标示,并放入两张装箱单且各装箱单上注明各自批号数量,并做合箱记录。

8. 包装后成品应整齐的码放在成品存放处,挂上待检卡,通知车间管理人员填写请验单,岗位操作工填写生产记录。经质检科检测合格下发薄荷喉片成品检验报告书后,并将本批成品入库,仓库开入库单,入库单由车间保管。

9. 本批包装后剩余的包装盒、说明书等印刷性包装材料和本批包装后损坏的包装盒、说明书等印刷性包装材料,应按照标示性材料退库与销毁的管理规程进行处理,标签、说明书的使用应严格执行标签、说明书使用管理规程,并做好记录。

10. 清场:岗位操作工按片剂、胶囊剂、颗粒剂外包岗位清场标准操作规程清场,清场后的操作间应整洁、干净、无杂物。填写清场记录,QA 人员对清场后的区域进行检查,合格后发"清场合格证"。

11. 所需包装材料:

表 1-10-42　所需包装材料

类型	包材名称	规格
内包材料	口服固体药用高密度聚乙烯瓶	500 mL
外包材料	薄荷喉片标签	1 000 片/瓶
	薄荷喉片说明书	—
	装箱单	—
	薄荷喉片大箱	20 瓶/箱

表 1-10-43　外包岗位生产记录

产品名称		代　码		规　格	
批　号		理论量		生产指令单号	

生产前检查	操作要求				执行情况	
	1. 是否有生产指令。				1. 是□　否□	
	2. 清场合格证是否在效期内。				2. 是□　否□	
	3. 设备是否完好。				3. 是□　否□	
	4. 核对包材名称、规格、数量是否正确，外观质量是否完好。				4. 是□　否□	

生产操作	包材领用记录					
	包材名称	领取量	使用量	残损量	剩余量	附记录量	取样量
	包装规格：　　待包装品数量：　　残损量：　　成品量					
	设备名称：　　　　　　设备编号：					
	操作人：　　　　　　　复核人：					

续表 1-10-43

物料平衡	限度:100% 公式:(使用量+残损量+剩余量)/领取量×100% 计算: 1. 标签:　　　　×100% =　　%　　2. 说明书:　　　　×100% =　　% 3. 小盒:　　　　×100% =　　%　　4. 合格证:　　　　×100% =　　% 计算人:　　　　复核人:
备注	

表 1-10-44　说明书、包装销毁记录

产品名称		规格		产品批号		
品　名	单　位	数量	销毁原因	销毁日期	销毁人	QA
销　毁　方　式			销　毁　地　点			

备注:

QA:

表 1-10-45　产品放行单、装箱单

编号:YY-SOP-＊＊-＊＊-＊＊-＊＊-＊＊-＊

产品放行单

成品库:

经审核＿＿＿＿＿＿＿＿＿＿车间生产的＿＿＿＿＿＿＿＿＿＿＿＿＿＿

生产日期＿＿＿＿＿＿＿＿＿＿＿批号＿＿＿＿＿＿＿＿＿＿＿＿＿＿

规格＿＿＿＿＿＿＿＿＿＿＿数量＿＿＿＿＿＿＿＿＿＿＿＿＿＿

批生产记录和批检验记录审核均符合规定,产品质量合格,准予放行。

审核人:

批准人:

年　　月　　日

表 1-10-46　装箱单

产品检验合格证

(装箱单)

YY-SMP-＊＊-＊＊-＊＊-＊＊-＊＊-＊

产品名称:＿＿＿＿＿＿＿＿＿＿＿＿＿＿＿＿＿＿＿＿＿＿

包装规格:＿＿＿＿＿＿＿＿＿＿＿＿＿＿＿＿＿＿＿＿＿＿

生产批号:＿＿＿＿＿＿＿＿＿＿＿＿＿＿＿＿＿＿＿＿＿＿

标准依据:＿＿＿＿＿＿＿＿＿＿＿＿＿＿＿＿＿＿＿＿＿＿

检验结果:＿＿＿＿＿＿＿＿＿＿＿＿＿＿＿＿＿＿＿＿＿＿

质 检 员:＿＿＿＿＿＿＿＿＿＿＿＿＿＿＿＿＿＿＿＿＿＿

装 箱 人:＿＿＿＿＿＿＿＿＿＿＿＿＿＿＿＿＿＿＿＿＿＿

装箱日期:＿＿＿＿＿＿＿＿＿＿＿＿＿＿＿＿＿＿＿＿＿＿

发现本品数量、质量与本单不符,请将此证连同产品寄回本公司以便核查。

公司地址:

公司电话:　　　　　　　　　邮编:

十二、物料平衡、收率的计算方法及偏差处理

1. 颗粒收率及物料平衡计算:

$$收率: \frac{混合后数量(kg)}{投料量(kg)} \times 100\%$$

收率范围:98.00% ~ 103.00%

$$物料平衡：\frac{混合后数量（kg）+尾料量+取消量+废料量}{报料量（kg）}×100\%$$

物料平衡限度：98.00%~102.00%

2.片子收率及物料平衡计算：

$$收率：\frac{素片量（kg）}{颗粒数量（kg）}×100\%$$

收率范围：98.00%~102.00%

$$物料平衡：\frac{表片量（kg）+尾料量+取样量+废料量}{颗粒数量（kg）}×100\%$$

物料平衡限度：98.00%~102.00%

3.产品收率及物料平衡计算：

$$收率计算：\frac{入库数（折合万片数）+取样数}{素片量（折合张数）}×100\%$$

收率范围：96.00%~102.00%

$$物料平衡计算：\frac{入库数（折合万片数）+取样数+废损数}{表片量（折合万片数）}×100\%$$

物料平衡限度：98.00%~102.00%

4.包材物料平衡计算：

$$物料平衡计算：\frac{使用数+残损数+剩余量}{领取量}×100\%$$

5.要求：生产过程中制粒、压片、包衣和包装各工序批生产结束都要进行收率计算，收率=实际值/理论值×100%，理论值为所用的领用量在生产中无任何损失或差错的情况下得出的理论量，实际值为生产过程中交至下道工序或入库的合格品量，计算后保留小数点后两位。

6.偏差处理：各工序产量物料平衡必须在控制范围内，如超出范围必须进行偏差分析，查明原因，在得出合理解释、确认无潜在质量风险后，可进行下道工序。

十三、质量控制点

表1-10-47 质量控制点

工序	主要控制点及控制项目	控制方法及标准	检查人及频次
称量备料	原辅料的品名、数量、规格、外观性状及包装情况	原辅料的名称、批号、编号应与生产指令对照一致，包装完整，称量前检查性状及外观应符合标准	班组自检 每次备料前
	称量器具的校验及生产前校准情况	检查称量器具校验合格证，校验应在有效期内，生产前用标准砝码进行校准	班组自检 每次备料前

续表 1-10-47

工序	主要控制点及控制项目	控制方法及标准	检查人及频次
制粒	糊精浆配制	糊精浆浓度为 15%,外观透明	班组自检
	摇摆式制粒机完好性及清洁情况	摇摆式制粒机应完好,清洁合格	班组自检 使用前
	尼龙筛的完好性及清洁情况,筛网目数	应为 16 目,目测尼龙筛网的完好性,检查筛网目	班组自检 随时观察
干燥	沸腾干燥机完好性及清洁情况	沸腾干燥机应完好,清洁合格	班组自检 使用前
	沸腾干燥机滤袋的完整性	沸腾干燥滤袋应完好,无烂孔、脱线	班组自检 使用前后
	烘干进风出风控制温度,烘干时间,颗粒水分	进风温度:60~70℃,出风温度:39~40℃,烘干时间:30~35 min,颗粒水分:2%~3%	操作人自控 班组长、QA 巡回检查
整粒总混	不锈钢筛网完好性、清洁情况、筛网目数	目测筛网应完好,检查筛网目数应为 16 目	班组自检 使用前后
	整粒机、混合机完好性及清洁情况	整粒机、混合机应完好,清洁合格	操作人自检 使用前
	总混时间,混合程度	混合时间 15 min,要求均匀一致	操作人自控 班组长、QA 巡回监督
中转站	颗粒的外观、水分、颗粒率、含量	按标准检查应符合规定 颗粒外观:均匀一致,颗粒率 65%~75% 颗粒水分:2.0%~3.0%	QC 逐批检查

续表 1-10-47

工序	主要控制点及控制项目	控制方法及标准	检查人及频次
压片	片子的外观	片厚一致,片面光洁,色泽均匀。不允许有斑点、麻面、黏冲、裂片、松片	操作人随时自检 班组长、QA 每台机器每个班次 2 次巡回检查
	平均片重	称量 50 片不得超过±1 片	操作人自检 15 min 检查一次
	重量差异	±3.0%	车间 QA 每台机器每班两次抽检
	脆碎度	<1%	
	崩解度	不应在 11 min 内全部崩解或溶化	
内包装瓶	包装材料的品名、物料编码、规格及内包装材料包装情况	包装前检查包装材料的品名、规格与包装指令是否相符,塑料瓶包装箱不得有破损,包装破损不再使用	操作人自检 QA 复检
	瓶子洁净度控制	清洁,容器内无污染物	操作人员生产前及包装过程自检 QA 巡回检查
	装量控制	包装线数片后未封口前,包装时随机抽取数片检查每瓶装量,每瓶 1 000 片,每瓶装量误差不得超过±1 片	操作人包装过程自检 QA 巡回检查
	灌装后片子质量控制	包装线数片后未封口前,包装时随机抽取检查,片厚一致、片面光洁、色泽均匀。不允许有斑点(有色片可稍有深色花斑)、麻面、黏冲、裂片、松片,瓶内无异物	操作人包装过程自检 QA 巡回检查
	瓶包热合严密性	抽检 20 个包装单位瓶口热合铝塑薄膜,结实牢固,严密度应为 100%	操作人包装过程自检 班组长巡回检查 QA 复检

续表 1-10-47

工序	主要控制点及控制项目	控制方法及标准	检查人及频次
外包装箱	外箱三期打印内容及质量	打印的批号、生产日期、有效期至应与待包装产品标签上的一致 有效期是在生产日期的基础上加上有效期年数提前 1 个月	操作人打印时自检 包装时操作人自检 QA 复检
	装箱单（合格证）填写的内容及质量	产品名称、包装规格、生产批号与包装指令一致	填写人自检 包装时操作人自检 QA 复检
	电子监管码附码采集	标签直接附码,附码清晰,采码准确	操作人自检 QA 复检
	装箱	包装过程随时抽样检查打印的批号、生产日期、有效期等产品信息正确,清晰整齐,无缺角、掉字现象,随时检查装箱的药品,说明书数量不得有误,装箱单（合格证）填写正确,封胶带粘贴整齐,封箱牢固,不得覆盖箱体内容	操作人自检 QA 复检

十四、工艺卫生和环境卫生

1. 空气净化要求　D 级:采用初、中效、高效空气净化过滤,顶部送风,墙侧回风。同进时每天上班提前 1.5 h 开启臭氧灭菌器对洁净区空气进行灭菌 1 h,灭菌完 30 min 后人员才可进入洁净区,洁净区温度应控制在 18～26℃,湿度应控制中 45%～65%。

2. 空气洁净度等级

1-10-48　空气洁净度等级

洁净级别	尘粒最大允许数/M³		微生物最大允许数		
	静态		浮游菌	沉降菌（f 90 mm）	表面微生物
	≥0.5 μm	≥5 μm	cfu/m³	cfu/4 h	接触碟（f 55 mm） cfu/碟
D 级	3 520 000	29 000	200	100	50

3. 个人卫生

(1) 上岗前应该按照更衣的要求在更衣室进行更衣,并不得化妆及佩戴各种首饰,按要求进行洗手和手消毒。

(2) 随时注意个人清洁卫生,做到勤剪指甲、勤理发剃须、勤换衣、勤洗澡,离开工作区域(包括吃饭、去厕所)必须脱去工作服、帽、鞋等。

(3) 生产人员每年体检一次,建立健康档案。

(4) 患有传染病、隐性传染病、精神病者不得从事药品生产工作。

(5) 洁净度 D 级区域:除符合一般区个人卫生规定外,洁净生产区内的每个员工均应该随时注意个人的清洁卫生,至少每 2 d 洗澡一次,每周洗头 2 次,使不掉头屑,勤理发剃须,勤剪指甲,勤换内衣,进入用洗手液进行洗手、烘干、用消毒器消毒。

表 1-10-49　工作服标准

类别	一般生产区	D 级
工作服	白色工作服,每 3 d 更换一次或沾有药粉、油污时立即更换	白色、防静电工作服,连体,袖口和脚口可以收拢,每天更换一次
工作鞋	普通工作鞋,每 3 d 清洁一次或沾有药粉、油污时立即更换	白色工作鞋,外来参观人员穿鞋和生产人员相同,每 3 d 更换一次
工作帽	覆盖所有头发,每 3 d 更换一次	覆盖所有头发,每天更换一次
口罩	–	口罩应遮住口鼻,每天更换一次
手套	–	乳胶手套,每天清洁

4. 生产区消毒:洁净区空气用臭氧灭菌器灭菌,另对洁净区及一般生产区地漏和清洁工具可选用75% 乙醇、0.1% 新洁尔灭、5% 来苏尔溶液进行消毒,每 10 d 更换一种消毒液。

5. 工艺卫生:

(1) 根据本品质量要求和生产工艺流程,生产厂房应明确划分洁净区和一般生产区,非生产人员未经批准不允许入内,操作工不得无故串岗和频繁出入。

(2) 生产区不得存放与生产无关的物品,生产中产生的废弃物应当班清理,由脱包间传出洁净区,放入指定的废弃物储存桶内,以防产生交叉污染。

(3) 根据生产区域不同,建立相应的卫生管理制度和更换品种时岗位的清场 SOP,产尘操作间应有除尘设施且操作间与邻操作间和洁净区走廊成负压,并检查督促落实、保证生产场所干净卫生,防止交叉污染。

(4) 人员、物料进入生产区应根据要求进行清洁消毒处理。

(5) 物料进车间一定要事先经检验合格,并除净外包装的污染,经传递窗紫外灭菌15 min后进入洁净区,防止污染带进车间。另外各工序中间产品交接时,一定按规定装桶包装,扎紧袋口,放上物料卡,存放于干燥卫生的中转站,防止差错和异物落入。

(6) 接触药物的设备表面,使用前用75% 乙醇溶液擦拭消毒,有轴封的转动部位应密封无泄露,避免污染药品。

(7)各生产岗位地面、墙面、设备、管道、工器具、洁具等按各自的清洁规程操作,以保证药品在良好的卫生状态下生产。

(8)车间为封闭式车间,其空调系统应经过验证并达到要求,空调系统应按规定进行清洁消毒。

(9)生产开始前应检查是否具备"清场合格证",生产环境、设备、管道、工器具等是否符合要求。

(10)生产结束后应立即按相关规程进行清场处理,符合要求取得"清场合格证"。

(11)洁净区和一般生产区的地漏按地漏清洁标准操作规程进行清洁。

(12)坚持每班生产结束后清洁卫生,无杂物,地面、玻璃门窗、墙壁无灰尘,设备整洁,物料码放整齐。

(13)应按规定对工艺用水、空气洁净度、设备管道等定期进行检测和清洁消毒处理,使其符合要求。

(14)物流程序:

原辅料→中间体(半成品)→成品→入库。

注:整个流程是单向顺流、无往复运动。

(15)物流净化程序:原辅料、内包装材料→前处理(脱包除粉尘和污垢)→传递窗→洁净区。

(16)人流净化程序:人→生产区大厅→将随身携带物品放入指定柜内上层,脱鞋放在柜下层→沿塑料地板走至总更→更鞋、更衣→(穿拖鞋和白大褂)→一更(脱白大褂及拖鞋)→缓冲间(穿白球鞋、洗手、烘干)→二更(脱下白球鞋,穿上连体洁净的工作服,再穿上白球鞋)→手消毒→洁净区

附录　标准操作规程

附录一　粉碎、过筛岗位标准操作规程

一、生产前检查

1. 按上批清场工作记录逐项检查。

2. 上批遗留物已清除符合要求,不存在任何与操作无关的原料、包装材料、残留物或记录等。

3. 设备完好已清洁。

4. 衡器已清洁,在有效期内符合要求。

5. 对使用的房间、设备、工器具进行生产前的清场合格再确认,并在使用前对工器具、容器及设备按各自消毒程序进行消毒。

6. 检查计量器具校验合格证是否在有效期内。

二、设备的安装与检查

1. 粉碎机的安装与检查

(1)开机前检查油杯,补充足量的润滑脂。

(2)检查机器所有紧固螺栓是否全部拧紧。

(3)检查皮带张紧是否适度,机身内装有皮带松紧调节螺母。

(4)电器部分做常规检查。

(5)检查主机腔内有无铁屑等杂物,如有必须彻底清除。

(6)前门手柄必须拧紧并检查防松机构,防止发生人身安全事故。

(7)用手拨动多楔皮带使粉碎机主体的主轴旋转,检查其中零件,部件是否有卡阻或有异常的响声,否则要拆机检查消除上述现象。

(8)应认真检查粉碎机各部件是否松动、干净、干燥。否则,应重新整修。

(9)按工艺要求选用需要数目的筛子,并检查是否有破损,把清洁、无堵塞的筛子安装妥善,关闭粉碎机并上紧螺栓。

(10)用不绣钢丝把接料口布袋系紧。空车试机:开机时,点动按钮观察监听粉碎机空转是否正常,无异常声音,方可进行粉碎。

2. 振荡筛的安装与检查

(1)检查筛子、容器、工具是否清洁干净,筛网是否符合处理物料的规定,有无破损。

(2)把筛网安装在振荡筛的卡盘上,把上盖盖好,紧固夹具,用接粉布袋套入出料口固定,并遮盖严密,方能开机。

三、领取、验收物料

到物料暂存间领取物料,认真核对品名、数量、规格、批号。

四、开启设备上的除尘设备

保持操作间的相对负压。

五、粉碎操作

1. 打开吸尘装置,先用少量的物料试机,将粉碎机及集粉袋表面吸附饱和,再加物料粉碎,减少物料的浪费。

2. 在粉碎物料时,下料前必须对物料检查,不允许有如铁屑、铁钉类的硬物混入,以免损坏机器。

3.加料时要注意控制进料量的大小。粉碎物料时要保持均匀下料,不得下料太快,造成电机荷载太大,烧毁电机;或是物料太多,粉碎过程产生的热量造成物料熔融。

4.调节料斗闸门时,过大过小均影响粉碎效果,进料过多会使转速下降而影响粉碎效果,甚至会出现闷车,损坏筛网。因此当发现速度下降时,应减少进料或停止进料,待转速正常后再投料。

5.中途停车或最后停车时,要把机内的物料下完,在空转1~2 min后,再停机,以防物料堵塞设备造成重启时困难或烧坏电机。

六、筛粉操作

1.开启开关使振荡筛和吸尘器工作,然后加料使其处理,加料量要适当,不可超过筛的高度的2/3处。

2.处理完物料后,可停车,打开紧固卡具,取出不合格物料。

3.所处理的物料必须密封保存。

七、质量控制

粉碎后的物料要求外观色泽均匀一致,无异物,细度符合处方要求。

八、物料交接

筛粉好的物料在每一个盛放容器内都要放入流通卡片,然后交至称量岗位。

九、清场

1.本批号产品没有结束或同品种同规格新批号的物料接着进行生产时,将门窗、墙壁、地面、设备打扫至无粉尘即可。

2.本产品结束,设备、容器、工具均应按照设备清洁规程进行彻底的设备清洗,检查合格。房间设施按清场管理进行,取得清场合格证,悬挂状态标志。

3.粉碎机的清洁。

(1)可拆卸部分的清洁:卸下筛框、过滤网、集粉袋。

(2)用毛刷清理齿盘、筛框、过滤网、工器具的残余粉尘。

(3)运至清洗间放在不锈钢池中加饮用水浸泡,然后用毛刷边冲洗边擦拭,直到洁净为止,然后用纯化水清洗2遍,边用水冲,边刷洗,最后用丝光毛巾擦干,再用丝光毛巾蘸取75%的乙醇擦拭消毒后备用。

(4)集粉袋的清洗:将接料袋放在不锈钢池中加放饮用水浸泡,用手反复搓揉,换纯化水反复翻袋3~5次搓揉漂洗,直至洗涤水洁净为止,拧干,在烘箱中烘干消毒,备用。

(5)不可拆卸部分的在线清洗:用不锈钢桶放置在下料口,然后用塑料软管接到引用水管路,开启阀门,用饮用水冲洗设备内表面,边冲洗边用丝光毛巾擦拭,直至冲洗干净为止,换用纯化水淋洗干净,用丝光毛巾擦拭,最后用丝光毛巾蘸取75%的乙醇擦拭与药品接触部件,晾干后装妥使用。

4.振荡筛的清洁。

(1)可拆卸部分的清洁:卸下筛网、加料斗。

(2)用毛刷清理筛网、加料斗等处粉尘。

(3)运至清洗间放在不锈钢池中加饮用水浸泡,然后用毛刷边冲洗边擦拭,直到洁净为止,然后用纯化水清洗2遍,边用水冲,边刷洗,最后用丝光毛巾擦干,再用丝光毛巾蘸取75%的乙醇擦拭消毒后备用。

(4)不可拆卸部分的在线清洗:用不锈钢桶放置在下料口,然后用塑料软管接到引用水管路,开启阀门,用饮用水冲洗设备内表面,边冲洗边用丝光毛巾擦拭,直至冲洗干净为止,换用纯化水淋洗干净,用丝光毛巾擦拭,最后用丝光毛巾蘸取75%的乙醇擦拭与药品接触部件,晾干后装妥使用。

十、填写相关记录。

附录二　混合岗位标准操作规程

一、生产前准备与检查

1.从器具存放间领取生产所需的工器具,检查清洁、完好情况。

2.检查生产指令及相关记录等须齐全,无与本批无关的指令及记录;无与本批无关的物料;操作间环境符合生产要求。

3.检查各计量器具、制粒设备、干燥设备及使用的容器具,要求清洁完好。

4.操作间的温度控制在18~26℃,相对湿度控制在45%~65%,与相邻洁净区呈相对负压。

5.根据生产指令,从分料间领取所需物料,检查其品名、批号、数量、外观质量、盛装容器状况,均符合要求后,履行交接手续,并将物料转入混合制粒岗位,放上物料标示卡。

二、配浆

依据工艺规程的要求,准确称取配浆所用的溶剂并复核黏合剂辅料,在不锈钢桶中进行配浆。下面是10%淀粉浆的配制方法:按1:1的比例称取纯化水和淀粉,搅拌使均匀,在搅拌下冲入淀粉8倍量沸腾的纯化水,配成10%的淀粉浆。

三、试运转

1.使用前检验机器各部,先将搅拌浆混合槽盖及其各处清洗干净。

2.用手按点动按钮,检查有无阻碍等异常,搅拌浆转向是否正确,电器是否灵敏等。当确认无误时,再进行空车试验各部传动灵活无异常噪音,无振动现象,搅拌浆无刮壁现象,各轴承温度<60℃,电器性能良好,零件齐全。经检查运转正常,符合使用要求后开始生产。

四、生产操作

1.制软材:根据生产指令单和主配方准确配料。接通槽形混合机电源,空车试运转2~3 min。

2.确认运转正常、无噪音后,打开槽形混合机槽盖,调节倒料角度,将药粉和辅料的细粉按比例倒入混合槽内,启动搅拌浆搅拌10~15 min,将药粉及辅料混合均匀。

3.然后在搅拌过程中将配制好的黏合剂(润湿剂)慢慢加入混合槽内,合上槽盖再搅拌3~5 min,使药粉与黏合剂(润湿剂)充分混匀,制成"握之成团,触之即散的软材"。然后停止搅拌。

4.搅拌结束后,操作人员将洁净的料车置于槽形混合机的前侧,按点动按钮,调节倒料角度和搅拌浆,将所制软材拔至料车内,必要时用手(戴有乳胶手套)或药铲将槽壁和搅拌浆上黏附的软材刮落,拔在料车上,软材除净后使槽形混合机恢复原位。

5.将软材移至制湿颗粒岗位,按要求清洁和清场,并填写生产记录。

五、设备的维护与保养

1.润滑搅拌轴的旋压式油杯,应每班旋压不少于6次,以保持滑动轴承充分润滑,但每次旋压不宜过多。

2.机器两端蜗轮箱加注28机械油,加入量以到浸蜗轮或蜗杆为准,每3个月更换一次新油。

3.滚动轴承应注钙基润滑脂,加至滚动轴承内腔的1/3为宜。

4.三角带日久松弛,应加以调节,以免皮带打滑磨损,但也应防止过紧发热。

5.电器线路应避免受潮。

六、混合机清洁规程

1.目的　建立CH-200型槽形混合机清洁规程。

2.范围　CH-200型槽形混合机。

3.责任　操作工、QA监控员。

4.内容

(1)清洁频次:每批生产结束后;更换品种时;清洁周期超过3 d。

（2）使用的清洁剂及消毒剂：清洁剂，5%洗涤灵溶液。消毒剂，75%乙醇溶液或0.1%新洁尔灭溶液。

（3）清洁方法：①混合槽用饮用水冲洗干净，不易除的污渍用刷子蘸5%的洗涤灵溶液刷洗，再用纯化水清洗干净，最后用75%乙醇溶液擦拭。②控制面板用洁净的干抹布擦拭，然后再擦拭设备外壳。不易除的污渍用刷子蘸5%的洗涤灵溶液刷洗，再用纯化水清洗干净，最后用0.1%新洁尔灭溶液。

（4）清洁工具的清洁方法。刷子及绸布：用5%洗涤灵溶液清洗之后，用饮用水、纯化水清洗干净，再用75%乙醇溶液浸泡2 min，然后拧干后，自然干燥。干抹布：饮用水洗净后，用0.1%新洁尔灭溶液浸泡2 min，再用纯化水清洗2遍，拧干后，自然干燥。

（5）清洁工具的存放：刷子、绸布及干抹布存放在清洁室。

附录三　摇摆制粒岗位标准操作规程

一、更衣（略）。

二、生产前检查

1. 检查是否有工序状态标志，工具是否齐全。

2. 检查软材品名、批号、数量及质量情况。

3. 检查设备是否清洁完好，有无清场合格证。

三、安装

1. 操作人员按工艺要求，领取规定目数的筛网，将领取好的筛网放置工作台。

2. 六棱轴的安装：取六棱刮刀，双手置于刮刀下侧（有利于刮刀翻转），身子向下蹲起，双眼目测前方，看机器内的正方形孔是否与六棱刮刀的正方形孔相对（如不对正需根据机器内的正方体来调整六棱刮刀），再平行向里推，使之固定。

3. 外压盖的安装：从洁净工作台面上取外压盖，使带有凹槽的一面向下，对准安装孔平行推入。

4. 尼龙筛网及筛网固定器的安装：安装筛网固定轴时，须注意筛网固定轴的两齿轮相对。先将尼龙筛网放置六棱刮刀下侧，取左筛网固定轴，放置机器圆孔内，将尼龙筛网的一侧嵌入摇摆式制粒机筛网夹缝槽内，同固定轴一同进入，使之固定，并将棘爪放下，右侧的安装同左侧，转动手轮将筛网包在旋转滚轴外圆上，并用棘爪固定，筛网安装要求松紧适度。

四、操作

1. 接通制粒机电源，空车运转3~5周，检查制粒机运转是否正常，确认正常后将洁净的料盘放在制粒机出料口下部，准备制粒。

2. 将所制得的软材连续不断地加入制粒机的料斗内，保持软材量在料斗内不得超过1/2，由于六棱轴往复运动的挤压作用，使软材通过筛网制成湿颗粒，落入料盘中（在制粒过程中要不断观察颗粒的变化）。将湿颗粒平摊于料盘内，厚度为3~5 cm。

3. 将盛有湿颗粒料盘依次放在热风循环烘箱的推车上，送烘干岗位及时干燥。

4. 生产结束后，按要求进行清洁和清场，并填写生产记录。

5. 操作注意事项

（1）操作前应认真检查机器各部位的紧固件是否松动。

（2）试车时应注意机器是否有异常的杂音，以便及时停车检查、排除。

（3）制粒时，根据物料的性质选用10~20目范围内的筛网，物料必须黏松适当，容易制粒。

（4）安装筛网时，必须使筛网紧贴六棱轴和两端端盖，软材易被挤压成型并不易漏料。

（5）机器必须进行3~5周的空负荷运转，待运转正常后再投料生产，投料时加料不宜太多，约保持容积1/2为宜。

（6）设备运转时，手和硬物不要靠近六棱轴，以防出现危险。

8. 设备的维护与保养

(1) 减速箱内润滑油和滚动轴内腔润滑脂需定期更换。

(2) 颗粒制造部位的各零件,应经常擦洗干净。

(3) 为确保减速箱内蜗轮辐传动润滑条件,运动中箱体温升应≤5℃。

(4) 蜗杆轴端的防油密封圈应定期检查更换。

(5) 机器必须可靠接地,其接地电阻应≤5 Ω。

(6) 不得随意拆除电器。

五、摇摆式颗粒机清洁 SOP

1. 适用范围:本标准适用于摇摆式颗粒机的清洁操作。

2. 职责。生产操作人员:严格按该 SOP 进行摇摆式颗粒机的清洁操作。QA 现场监控员:按该 SOP 监督检查摇摆式颗粒机的清洁情况。

3. 内容

(1) 清洁实施的频次:①换品种或批号生产时。②清场结束后超过 3 d,开始生产前。③生产过程中发生意外情况,可能造成药品污染时。

(2) 清洁地点:①设备主体就地清洁。②附属器具于器具清洗间清洗。

(3) 清洁用具:抹布、铜丝刷、毛巾、水桶。

(4) 清洁剂及消毒剂:餐具洗涤剂、75%乙醇、0.2%的新洁尔灭溶液(或 2%的煤酚皂溶液)。

(5) 清洁方法:

1) 拆下筛网、外压盖筛网固定器、圈筛轴、六棱轴,用铜丝刷刷除附着其上的残料(筛网作废弃物处理)。

2) 摇摆式颗粒机的清洁:①用饮用水润湿抹布,擦拭机体接触药品的部位,必要时可蘸餐具洗涤剂进行擦拭,再用洁净抹布浸纯化水擦拭至无可见污迹。②用饮用水润湿毛巾擦拭颗粒机外表面及筛网固定器,必要时先用毛巾蘸洗涤剂擦拭去污。

3) 外压盖及六棱轴的清洁:①(在洗涤槽内)先用铜丝刷蘸少许餐具洗涤剂刷洗外压盖、六棱轴至无残留药物。②再用纯化水冲洗干净;六棱轴放入烘箱内(80~90℃)烘干,外压盖用抹布擦干。

4) 清洁工具的清洗、干燥及存放:①丝刷用餐具洗涤剂溶液泡洗 2~3 min,用饮用水冲洗至无残留物,再用纯化水冲洗 2 遍,存放于器具存放间指定位置。②水桶在洁具清洗间(用毛巾)加适量洗衣粉进行擦洗,再用饮用水冲洗至洗出液无泡沫,再用毛巾擦干,放于洁具存放间指定位置。③毛巾在洁具清洗间用洗衣粉搓洗至洗出液无色,用饮用水冲洗至洗出液无泡沫,拧干后挂放于洁具存放间指定位置;抹布于器具清洗间先用饮用水加适量餐具洗涤剂搓洗至洗出液无色、无泡沫,再用纯化水冲洗一遍,然后拧干放入烘箱内(80~90℃)烘干后放于器具存放间抹布存放桶内。

5) 消毒方法:①清洁后和使用前,用 75%乙醇擦拭主机内表面、外压盖、六棱轴等直接接触药物的部位。②用 0.2%新洁尔灭溶液(或 2%煤酚皂溶液)擦拭机身外壳等非直接接触药物的部位。

6) 清洁效果评价:设备应见本色,颗粒机内、外表面、外压盖、六棱轴等应无粉尘,无可见污迹;用白绸布进行擦拭后,白绸布应无可见污迹。

附录四 整粒总混岗位标准操作规程

一、生产前检查

1. 按上批清场工作记录逐项检查。

2. 上批遗留物已清除符合要求,不存在任何与操作无关的原料、包装材料、残留物或记录等。

3. 设备完好已清洁(所有与物料接触的设备部件已清洁和干燥)。

4. 衡器已清洁,在有效期内符合要求。

二、摇摆式制粒机使用前检查

1．检查机器各部位是否干净、干燥,否则重新清洁。

2．安装外压盖、六棱轴等部件。

3．操作前检查机器各部位紧固件是否松动,减速器内机油的存储量是否在油面线上。

4．点动电钮试机,无异常现象方可开机。

5．安装工艺要求的筛网,用筛网固定器固定,调节其松紧度。

6．操作前必须对料斗、六棱柱用75%乙醇或消毒剂润湿一次,用一次性布料擦拭与物料直接接触的所有表面。

7．机器必须进行3~5 min的空负荷运转,待运转正常后,再加入物料生产。

三、混合机使用前检查

1．接通混合机的电源,按下摆动开关,同时按下转动开关,进行空机运转,按下摇摆开关,使料桶出料口处于最低位置。

2．打开上盖紧固圈,检查内壁清洁情况,以及所用上料机的各部件等,符合要求进行上料操作。

四、整粒操作

1．将干燥好的颗粒加入料斗中,开启制粒机,进行整粒。

2．注意检查筛网是否损坏,如有损坏及时更换。

3．整粒完成后清理制粒机上的余料。

五、真空加料及混合操作

1．接上真空上料卡箍,用负压管、吸料管将自动上料机和混合机连接起来。

2．启动真空泵,检查吸料管入口处应为负压风,若吸料管往外排风,应调节电源线相序,直至真空泵转向正确。

3．将吸料管插入料桶,随即开始送料,观察送料情况,如出现送料困难,将吸料嘴口2/3部分插入被送物料,1/3部分暴露在空气中即可解决问题。

4．送料结束,停止真空泵,将粉尘回收桶下的接料桶中的物料加入混合机中。

5．加入整粒后的颗粒及外加润滑剂和崩解剂,物料加入后,物料的装量不得超过有效容积的80%。

6．卸掉进料管,紧固上盖紧固圈,把所有的容器、工具、人员移至安全线以外,以防意外发生,按照工艺要求设定混合时间,启动摆动开关,同时按下转动开关,进行混合,按下摆动开关,混合到自动停机。

7．出料时应将料桶的出料口处于最低位置,将蝶阀与物料桶的接触处罩上防尘布袋,打开蝶阀,按下出料按钮,调节阀门开量不易过大,避免出现粉尘飞扬严重、溢料等。

六、物料交接

将混合好的物料,盖上桶盖,容器内外均应有标签,及时送至中间站,与中间站工作人员一起称重复核后,填写流通卡片。

七、清场

1．本批号产品没有结束或同品种同规格新批号的物料接着进行生产时,将门窗、墙壁、地面、设备打扫至无粉尘即可。

2．本产品结束,设备、容器、工具均应按照设备清洁规程进行彻底的设备清洗,检查合格。房间设施按清场管理进行,取得清场合格证,悬挂状态标志。

3．摇摆式制粒机的清洁

(1)可拆卸部分的清洁:卸下六棱柱、外压盖、固定器。

(2)用毛刷清理六棱柱及料斗内的残余物料。

(3)运至清洗间放在不锈钢池中加饮用水浸泡,然后用毛刷边冲洗边擦拭,直到洁净为止,然后用纯化水清洗2遍,边用水冲,边刷洗,最后用丝光毛巾擦干,再用丝光毛巾蘸取75%乙醇擦拭消毒后备用。

（4）不可拆卸部分的在线清洗：用不锈钢桶放置在下料口，然后用塑料软管接到引用水管路，开启阀门，用饮用水冲洗设备内表面，边冲洗边用丝光毛巾擦拭，直至冲洗干净为止，换用纯化水淋洗干净，用丝光毛巾擦拭，最后用丝光毛巾蘸取75%乙醇擦拭与药品接触部件，晾干后装妥使用。

4. 混合机的清洁

（1）打开上盖机卸料阀，确保冲洗前容器内无其他残留，若有用长把毛刷清理残余粉尘。

（2）用橡皮管接纯化水冲洗物料桶的外壁，不洁部位用丝光毛巾擦拭。

（3）关闭卸料阀，在物料桶中注入1/4容积的饮用水，加盖上盖紧固，开机运转10 min，将水放掉。重复操作一遍。

（4）再注入1/4容积的纯化水，关闭阀门各盖，开机运转10 min，将水放掉。

八、填写相关记录。

附录五　上、下冲安装操作规程

一、中模的安装

用六棱扳手将大盘上中模的紧固螺钉（顶丝）逐个拧松，但是不要卸下来，以中模装入时不与紧固螺钉的前端碰上为宜。中模放置于中模孔上方，将打棒穿过上冲模孔，向下锤击中模，使其落入中模孔中。中模进入模孔后，检查中模是否与大盘在同一平面上，若在同一平面上即为合格，将紧固螺钉拧紧即可。

二、上冲的安装

将上轨轨道缺口处嵌舌板掀起，将上冲杆插入上模孔内，将上冲头卡在示指和中指中间，上下活动，检验头部进入中模情况，上下活动灵活，无阻卡现象为合格。用左手的示指和中指卡在冲头位置，将上冲杆顶到高出上轨道，右手转动手轮使上冲杆颈部接触上轨道。依照此法逐个安装上冲，上冲安装完毕，放下嵌舌板。

三、上冲的拆卸

将嵌舌板掀起，左手握拳，将拇指伸出，顶在上冲颈部，右手盘动首轮至嵌舌板掀起处，用示指与拇指将上冲取出。

四、下冲的安装

松开下冲装卸轨（过桥板）螺丝，取下下冲装卸轨，左手拿起下冲，冲头朝上，从下冲装卸轨处用拇指、示指和中指捏住下冲杆颈部，将下冲头送至中模孔内，检查冲头头部进入中模情况，上下活动灵活，无阻卡现象为合格。安装完最后一副下冲用中指向上顶，将下冲装卸轨装上，并用螺钉紧固。

五、下冲的拆卸

松开下冲装卸轨（过桥板）螺丝，取下下冲装卸轨（注：在取下下冲装卸轨的同时，用左手在下冲装卸轨下方，手心向上，弯曲，预防下冲掉落导致冲头变形），右手顺时针盘动首轮，使下冲头依次落入左手中。

附录六　ZP-35B 旋转式压片机加料器安装、拆卸标准操作规程

一、安装前检查

1. 检查设备是否有完好状态标志、设备已清洁状态标志和清场合格证。

2. 检查工具是否齐全：加料器、挡粉板、挡片板、加料器支撑板、工具（24#扳手一副，梅花螺丝刀一把）。

二、加料器的预安装

1. 打开两面视窗（便于加料器的调整）。

2.从工作台面取加料器、挡粉板、挡片板、加料器支撑板、工具(24#扳手一副,梅花螺丝刀一把)、放于机器台面上。

3.将左右两端调节螺钉拧下,有螺孔一端朝下,两螺钉对碰,使螺孔中残留的粉末磕出。

4.磕粉完毕装将两螺钉装于原位,放上加料器支撑板,两手平摸加料器支撑板与大盘的高低,并根据大盘的位置对加料器支撑板进行粗调,调节支撑板下面的三个调节螺钉,使加料器支撑板与大盘在同一平面上。

5.将加料器放于加料器支撑板上,轻轻抬起加料器,检查滚花螺钉是否落入螺钉里,拧动滚花螺钉,拧至2~3丝(大致2~3圈)。

6.调节加料器支撑板下端左右两边的调节螺钉,使大盘与加料器底部两侧的间隙为0.05~0.1 mm(调节时,先调节两侧的调节螺钉,再调整中间的调节螺钉)。用两手的示指沿着对角线方向对加料器检查,检查加料器是否与大盘平衡,检查时应均匀受力,以加料器无晃动为准。若左侧晃动,调节左侧螺钉;若右侧晃动,调节右侧的调节螺钉,直到调至无晃动。

7.加料器调平衡后,将锁紧螺母下的螺丝先用手依次拧紧,再用24#扳手紧固。紧固后再用两手的示指对角按动加料器,检查是否晃动,如有晃动现象,需再次进行加料器的调整,直到加料器完全平衡后将其紧固即可。

三、加料器的全安装

1.两手同时逆时针转动加料器两端的滚花螺钉,将其卸下,取下加料器,装挡粉板、挡片板。安装挡板时不能将垫片装在挡板的内侧,且紧固螺钉不能拧紧。

2.双手的拇指和示指分别固定挡粉板和挡片板,将加料器置于支撑板与大盘上。装加料器两端的滚花螺母,用手拧紧。

紧挡粉板:右手拿梅花螺丝刀,左手垂直、用力按下挡粉板,紧固挡板螺丝。

紧挡片板:右手拿梅花螺丝刀,左手稍微按着挡片板,紧固挡板螺丝。

四、加料器的拆卸

1.松动加料器上的滚花螺钉,卸下加料器放在工作台面上。

2.用24#扳手松动三颗螺钉,取下加料器支撑板。把支撑板、工具放在工作台面上。

3.在工作台面上松动挡粉板螺丝、挡片板螺丝,分别取下挡粉板和挡片板,置于桌上。

4.关闭视窗,整理台面。

附录七　ZP-35B旋转式压片机片重调节标准操作规程

一、片重调节前检查

1.检查设备是否有完好状态标志、设备已清洁状态标志和清场合格证。

2.检查设备安装是否完整:容器具是否齐全,吸尘器是否连接,加料器是否安装到位,加料斗的高低、蝴蝶阀门是否调节一致,紧急停是否已复位。

3.检查称量用具是否齐全:镊子一把、药匙一把、三角板一个、乳胶手套一副或75%乙醇消毒壶。

4.检查衡器是否在校验期内,将衡器调零,并根据下达片重调节衡器。

二、片重调节前准备

1.待一切检查完毕,在出料口处放置不合格品桶。

2.液压的调整:接通电源,打开机器电源,待显示屏出现画面后,调节液压,(7 mm以下的片子10~20 kN,7~10 mm的片子20~30 kN,11 mm以上的片子35 kN以上,不超过40 kN)空车试机,观察设备是否能正常运行,并查看设备是否有异常声音,上下冲头是否有吊冲现象(转速逐渐增加)。

3.空车试机完毕,转速旋转为"0",关闭机器控制按钮,无异常现象,更换正在运行状态标志。

4.取领料容器,根据领料单领取所需物料,检查物料是否有物料合格证,物料内是否有异物,并观察颗粒大小情况,适当调节手轮的旋转幅度。

5.物料的添加:两边料斗内物料要添加一致。

三、开机调试

1.打开机器控制按钮,调节机器转速(不易过快),观察两侧加料斗的物料是否能顺畅的进入加料器内。

2.手轮介绍(略)。

3.根据大盘上物料的厚度首先调节填充量轮,当前后轨道达到一定的厚度时,前后轨道开始同时加压,使片子成型。接片时,左手在后轨道出片处呈半握状态,右手堵着前轨道的出片处,将两轨道片子分开,比较前后轨道的片厚及压力的大小,片子硬度适中。

4.取定量片子,用百分之一天平或托盘天平上初称后,用三角板进行计数,根据片子情况调节片重、压力,使其片重与压力符合规定为止。

四、清场

1.将机器控制电源关闭。

2.将天平置零,清洁工作台面。

附录八　片剂压片岗位生产操作规程

一、更衣(略)。

二、生产前检查

1.检查机器上是否有上批清场合格证,并在有效期内(有效期为3 d提前1 h)。

2.检查机器上是否有已清洗、设备完好状态标志。

3.衡器是否有校验合格证,打开衡器并归零,并查看温度、相对湿度是否符合药典规定(温度18℃~26℃,湿度45%~65%)。

4.检查工具、容器具是否已清洗并齐全(领料桶、合格桶、不合格桶、尾料桶、废料桶、筛筐)。

5.检查机器上方及内部是否有上批遗留物,并检查机器总电源是否处于关闭状态。

6.检查工作台面上的工器具是否齐全(包括:加料器2个、加料器支撑板2个、挡粉板2个、挡片板2个、项颈圈2个、加料斗2个、小视窗2个、车门钥匙2把、螺丝刀1把、一副24#开口扳手、托盘天平一台、电子秤Max 30 kg一台、数片三角板、药匙、镊子、计算器、油枪各1)。

7.检查手轮压力是否为最小,填充量是否最大,转速是否为零。

8.逐个检查上、下冲头,表面光洁,无卷边,缺角,长短在要求的误差范围之内,发现问题应及时报告。

9.调托盘天平(根据生产指令单下达的片重调节托盘天平)。

10.填写工序状态标示。

三、装机

1.上、下冲的安装

(1)手消毒,用消毒毛巾消毒上、下冲各5副,用梅花螺丝刀将加料器两边挡板卸掉,用消毒毛巾擦拭加料器、加料器支撑板、加料斗内部、小视窗及桶内壁。

(2)安装时先安装上冲,应注意安装方法,在安装冲时,并感觉冲头的上下活动是否灵活。

1)上冲的安装:将上轨道缺口处嵌舌板掀起,将上冲杆插入上模孔内,将上冲头卡在示指和中指中间,上下活动,检验头部进入中模情况,上下活动灵活,无阻卡现象为合格。用左手的示指和中指卡在冲头位置,将上冲顶到高出上轨道,右手转动手轮使上冲杆颈部接触上轨道。依照此法逐个安装上冲,上冲安装完毕,放下嵌舌板。

2)下冲的安装:松开下冲装卸轨(过桥板)螺丝,取下下冲装卸轨,左手拿起下冲,冲头朝上,从下冲装卸轨处用拇指、示指和中指捏住下冲杆颈部,将下冲头送至中模孔内,检查冲头头部进入中模情况,上下活动灵活,无阻卡现象为合格。安装完最后一副下冲用中指向上顶,将下冲装卸轨装上,并用螺钉紧固。

3)手消毒,用消毒毛巾进行大盘消毒,顺时针盘动手轮,使大盘旋转一周,观察上下冲杆进入中模孔,即在导轨的运行情况。无碰撞和卡阻现象为合格。要注意下冲杆为最高位置时(即出片处)应高于工作面 0.1~0.3 mm,卸下手轮,关闭右侧车门。

2. 加料器安装(手消毒)

(1)打开两面视窗(便于加料器的调整)。

(2)从工作台面取加料器、挡粉板、挡片板、加料器支撑板、工具(24# 扳手一副,梅花螺丝刀一把)、放于机器台面上。

(3)将左右两端调节螺钉拧下,有螺孔一端朝下,两螺钉对碰,使螺孔中残留的粉末磕出。

(4)磕粉完毕将两螺钉装于原位,放上加料器支撑板,两手平摸加料器支撑板与大盘的高低,并根据大盘的位置对加料器支撑板进行粗调,调节支撑板下面的三个调节螺钉,使加料器支撑板与大盘在同一平面上。

(5)将加料器放于加料器支撑板上,轻轻抬起加料器,检查滚花螺钉是否落入螺钉里,拧动滚花螺钉,拧至 2~3 丝(大致 2~3 圈)。

(6)调节加料器支撑板下端左右两边的调节螺钉,使大盘与加料器底部两侧的间隙约为 0.05~0.1 mm(调节时,先调节两侧的调节螺钉,再调整中间的调节螺钉)。用两手的示指沿着对角线方向对加料器检查,检查加料器是否与大盘平衡,检查时应均匀受力,以加料器无晃动为准。若左侧晃动,调节左侧螺钉;若右侧晃动,调节右侧的调节螺钉,直到调至无晃动。

(7)加料器调平衡后,将锁紧螺母下的螺丝先用手依次拧紧,再用 24# 扳手紧固。紧固后再用两手的示指对角按动加料器,检查是否晃动,如有晃动现象,需再次进行加料器的调整,直到加料器完全平衡后将其紧固即可。

(8)两手同时逆时针转动加料器两端的滚花螺钉,将其卸下,取下加料器,装挡粉板、挡片板。安装挡板时不能将垫片装在挡板的内侧,且紧固螺钉不能拧紧。

(9)双手的拇指和示指分别固定挡粉板和挡片板,将加料器置于支撑板与大盘上。装加料器两端的滚花螺母,用手拧紧。

紧挡粉板:右手拿梅花螺丝刀,左手垂直、用力按下挡粉板,紧固挡板螺丝。

紧挡片板:右手拿梅花螺丝刀,左手稍微按着挡片板,紧固挡板螺丝。

3. 加料斗安装

(1)放项颈圈,放在机器顶部的左上方。

(2)拿起加料斗调节流量阀,调至数字3。

(3)同时将加料斗放入机器顶部的绿色支撑架上,打开视窗。

(4)上步步高调节加料斗的高低(顺时针下降、逆时针上升)。

(5)用示指感觉加料斗与大盘的距离,是否为一个手指厚的高度。

(6)将加料斗拿出,放在机器顶部的右上方。左手放项颈圈,再将加料斗放进项颈圈内部。

(7)打开视窗,用示指复查加料斗的高低是否与之前一致。

(8)安装小视窗,并关闭视窗。

4. 领料(手消毒或戴手套)

(1)取领料桶、乳胶手套及中间产品交接单去中间站领取物料,在中间站戴上乳胶手套。

(2)称量所领物料的重量,检查与物料标示卡上是否一致。

(3)填写中间产品交接单。

(4)检查物料中是否有杂物,符合操作要求后,回到压片车间填写批号。

(5)安装吸粉器(电源插头、吸粉管)。

(6)将凳子放在出片轨道下方,把不合格桶放在凳子上。

四、空车试机

1.打开总电源,打开机器左侧电源。

2.待液压稳定后,按升压按钮或降压按钮,反复升降液压,将机器管道中的残余空气排出,根据设定压力值进行调整(7 mm 以下的片子 10～20 kN,7～10 mm 的片子 20～30 kN,11 mm 以上的片子 35 kN 以上,一般不超过 40 kN)操作人员可根据物料的情况做具体调整,使生产出的片子符合质量要求。

3.按启动按钮(绿色),调节转速调节器,检查机器是否有吊冲现象或异常声音,无异常后,将转速调至最小,按停止按钮(红色)。

4.打开吸粉器检查是否有异常,更换状态标志牌,将已清洗换为正在运行。

5.手消毒(戴橡胶手套)进行加料,并注意两边物料的均匀性(加料时,避免粉尘飞扬,两个加料斗的物料基本一致,并让桶内剩有余料)。

6.打开吸粉器,按启动按钮(绿色)。

五、调量(注:机器操作人员,如不接触物料,不戴手套)

1.控制面板:一、三控制前轨道,二、四控制后轨道,一、四是压力轮,二、三是调量手轮。

2.先控制好前后轨道的量(根据经验,片子成型,碰到挡板即碎)。

3.片剂充填量的调节由安装在机器前面的中间两只调节手轮控制,中左手轮控制后压轮片重,中右手轮控制前压轮片重,顺时针旋转时量减,反之增加。

4.片剂厚度的调节由安装在机器前面两端的两只调节手轮控制,左手轮控制前压轮片厚,右手轮控制后压轮片厚,顺时针旋转时片厚减小,反之增加,检查片剂的厚度和硬度,在做适量的微调,直至合格。

5.观察片子的量,量多或量少,及时调节手轮。前后轨道的量控制好后,同时加压。观察片子所对应的数字,看片。

6.多掐片子,感觉片子的压力,比对片子的厚度。

7.前后轨道的量,压力都适合后,接片(左手放在后轨道下方,右手捂住前轨道,防止前后轨道的片子混淆,影响称重,片子一般接 50～60 片)。接好后,停机(红色)。

8.将前后轨道的片子拿到工作台面上,放于提前已准备好的白纸上,用药匙称量前后轨道的片子。

9.天平平衡时,右手拿数片三角板,左手拿托盘,将托盘里的片子倒入数片板中,并把托盘里残留的粉末磕在纸上,放回原处。右手摇晃数片板,观察片子的数量(标准数量为:九行零五个,为 50 片,允许误差范围±1),查看重了多少片或轻了多少片。

10.根据称量结果与下达片重之间的偏差进行调节(经验掌握,一片约为半圈,但也要看颗粒的大小),使其片重与压力符合规定并填写记录。

11.片子合格后,可以出成品。

12.将"不合格桶"换成"合格桶"并放上"筛筐"。

13.将剩余物料加入加料斗中,同时观察两个加料斗内的物料是否一致。

六、出成品

1.打开机器电源。

2.接前后轨道各 10～20 个片子,抽样检查。

3.两个轨道的片子分别放在标有"前""后"的白纸上,用镊子夹取托盘上的砝码,并放回砝码盒中,若抽取 10 个片子,用镊子拨动天平的游码至 2。若抽取 20 个片子,用镊子拨动天平的游码至 4。

4.片子放到不合格桶内,并填写压片岗位生产记录。

5.打开视窗,将小视窗卸下放在工作台面上,取油杯,对上轨道进行润滑,一次不要加多,再装小视窗,关闭视窗。

6.百片检查:拿一张白纸,接片,使片子将白纸大概铺满即可,对照自然光线,目距 30 cm,右手托住白纸上的片子,左手旋转白纸一圈,观看 30 s。

(1)检查标准为:片厚一致,片面光洁,色泽均匀,字迹清晰,杂色点(大于 100 目)不超过 3%,缺角不超过 1%,不允许有黑点、斑点(有色片可稍有深色花斑)、麻面、黏冲、裂片、松片、厚薄不一。

(2)称量频次:每隔 15 min 检查一次,查看片重情况。检查成品片上是否有黑点、裂片、麻面等现象。

7.出成品,使成品片铺满整个筛筐时或加料斗内的物料快要下完的时候,关闭机器电源。

8.将合格桶内的成品倒入成品袋中。

9.将成品袋和合格桶拿到衡器处称量。先将成品袋放入合格桶内,称量总重,再称量成品的重量。合格桶放回原处,筛筐放到合格桶上,填写记录(物料流通卡片-合格),下尾料。

七、清场

(一)下尾料

1.关机,将"正在运行"换成"待清洗"状态标志。

2.将筛框、不合格桶放回原处,先把成品片上的粉子筛掉,再把成品倒入合格桶内。

3.把尾料桶放到出片轨道下方,按启动按钮(绿色)。

4.将前、后轨道压力轮逆时针减到最小,把量轮加到合适。调节转速调节器,加快大盘的速度,并来回走动,晃动加料斗(防止加料斗内物料堆积),上步步高查看加料斗内的物料是否下完。

5.尾料下完后,先将转速调节器调至最小,按停止按钮(红色),关闭吸粉器,将液压降至 5 以下,关闭机器电源,关闭总电源。

6.卸吸粉器的插头和吸粉管,并把吸粉器的电线盘好。

7.将尾料桶、凳子放回原处。

8.将不合格桶拿到衡器处称量。先称总重,再将不合格桶内的物料放入废料桶内,再称桶重。桶放回原处,并填写记录(物料流通卡片上——不合格)。

9.将尾料桶拿到衡器处称量,先称总重,将尾料倒入废料桶内,再称桶重,桶放回原处,填写记录(压片岗位生产记录)。

(二)清场

1.先用外部毛巾擦工作台面,并把工具摆放整齐。

2.卸两个加料斗,右手拿加料斗,左手堵着加料斗的下料处(防止粉尘掉落)。先用内部毛巾由上到下擦拭加料斗内部,再用外部毛巾擦拭加料斗外部,清洁后放在工作台面上并摆放整齐。

3.取下项颈圈,并用外部毛巾清洁。

4.拿外部毛巾,折叠整齐,上步步高有序地清洁机器顶部。

5.打开视窗,将两个小视窗卸下,用外部毛巾清洁,清洁后放在工作台面上并摆放整齐。

6.用内部毛巾清洁容器内部,并将天平的托盘、数片三角板、镊子、药匙清洁干净,摆放整齐。

7.逆时针拧下滚花螺钉,倒放在机器台面上,取下加料器,并把残留在加料器上的颗粒,磕在机器内部,再将滚花螺钉、加料器带回工作台面上,用内部毛巾清洁,清洁后放在工作台面上并摆放整齐。

8.拿 24# 扳手逆时针松动螺丝,拿下底板,并把残留在底板上的颗粒,磕在机器内部,再将扳手放回原处。拿内部毛巾清洁底板,清洁后放在工作台面上并摆放整齐。

9.关闭视窗。

10.擦大盘。先用钥匙打开车门,装上手轮,左手拿内部毛巾,放在大盘上(使毛巾包住整个左手)。左手放于出片处一直向前,右手顺时针方向转动手轮(不可逆时针转动手轮),大盘转动一周即可。

11.大盘擦拭完毕,将毛巾放回原处,卸下手轮,放在机器内部,卸下绿色挡板,卸上、下冲头各 5 副,装上绿色挡板,装上车门。

12.拿外部毛巾清洁容具外部,温、湿度表,容器表面四周,并关闭衡器电源,擦凳子、步步高以及吸粉器。

13.将吸尘器推到机器旁边,连接好电源,打开四周视窗。

14.打开吸尘器电源,双手拿吸尘器的吸尘管,先吸小视窗内部(由里到外),再吸上冲的冲头、大盘及机器台面(从上到下)。

15.使用完毕,关闭吸尘器机器电源。

16.拿内部毛巾清洁机器内部,以及小视窗内侧,依次清洁一扇视窗内部,并关闭一扇视窗。

17.吸尘器使用完毕后,将吸尘器推到原处,拔掉电源开关,拿外部毛巾清洁吸尘器的吸尘管、电线及表面四周。

18.拿外部毛巾清洁机器外部以及视窗外侧,将步步高归位。并告知搭档。

19.填写生产记录和清场合格证。

20.扫地。绕机器一周进行清洁地面。

21.将待清洁换为已清洁状态标志。并签字,将清场合格证,放在控制面板上。

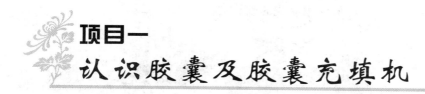

模块二
胶囊填充

项目一
认识胶囊及胶囊充填机

活动一　认识胶囊

胶囊剂系指药物或加有辅料充填于空心胶囊或密封于软质囊材中的固体制剂,主要用于口服,也可用于其他部位,如直肠、阴道植入等。构成上述空心硬质胶囊壳(图2-1-1)或弹性软质胶囊壳的材料(简称囊材),一般是明胶、甘油、水以及其他的药用材料,现在也有用甲基纤维素、海藻酸钙、聚乙烯醇及其他高分子原料制成,以改变胶囊的溶解性。

1.特点

(1)外观光洁,美观,且可掩盖药物的不良气味,便于服用,可提高患者的顺应性;剂量准确,携带与使用方便。

(2)与片剂、丸剂相比,在胃肠道中崩解较快,故显效也较快,药物生物利用度高;药物被装于胶囊中,与光线、空气和湿气隔离,可提高药物的稳定性。

(3)可弥补其他固体剂型的不足,如含油量高或液态的药物难以制成片剂时宜制成胶囊剂如鱼肝油胶囊剂等。

(4)可制成延缓药物释放和定位释放药物的制剂。

　　但药物的水溶液、稀乙醇液及刺激性较强;酸性(pH 值小于 2.5)或碱性(pH 值大于 7.5)液体;O/W 型乳剂;具有风化性、吸湿性、易溶的刺激性药物均不宜制成胶囊剂。

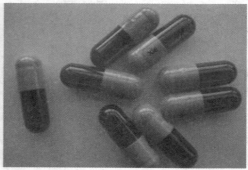

图 2-1-1　空心硬质胶囊壳

2.分类

　　(1)硬胶囊:系指采用适宜的制剂技术,将药物或加适宜辅料制成粉末、颗粒、小片、小丸、半固体或液体等,充填于空心胶囊中制成的胶囊剂,如图 2-1-2。

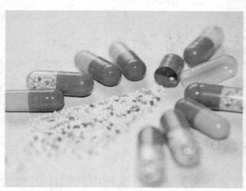

图 2-1-2　硬胶囊

　　(2)软胶囊:即胶丸,系指将一定量的液体药物直接包封,或将固体药物溶解或分散在适宜的赋形剂中制备成溶液、混悬液、乳状液或半固体,密封于球形或椭圆形软质囊材中的胶囊剂,如图 2-1-3。

　　(3)缓释胶囊:系指在规定释放介质中缓慢地非恒速释放药物的胶囊剂。

　　(4)控释胶囊:是指在规定的释放介质中缓慢地恒速释放药物的胶囊剂。

　　(5)肠溶胶囊:系指用适宜的肠溶材料制得的硬胶囊或软胶囊,或用经肠溶材料包衣的颗粒或小丸充填胶囊而制成的胶囊剂。肠溶胶囊不溶于胃液,但能在肠液中崩解而释放活性成分。

图2-1-3 软胶囊

3. 质量要求

（1）胶囊剂应整洁，不得有黏结、变形、渗漏或囊壳破裂现象，并应无异臭。

（2）胶囊剂的装量差异、崩解时限、溶出度、释放度、含量均匀度、微生物限度等均应符合要求。必要时，内容物包衣的胶囊剂应检查残留溶剂。

4. 空胶囊的规格

空胶囊是由圆筒形的囊体和囊帽两部分套合而成。

根据药物剂量的大小，可选用不同容量的空胶囊。空胶囊的型号一般按其容量共分为八种型号，常用的为00～4号（表2-1-1）。

表2-1-1 空胶囊的规格及参数

项 目	00#	0#	1#	2#	3#	4#
帽长度/mm	11.6±0.4	10.8±0.4	9.8±0.4	9.0±0.3	8.1±0.3	7.1±0.3
体长度/mm	19.6±0.4	18.4±0.4	16.4±0.4	15.4±0.3	13.4±0.3	12.1±0.3
帽口部外/mm	8.48±0.03	7.58±0.03	6.82±0.03	6.35±0.03	5.86±0.03	5.33±0.03
体口部外/mm	8.15±0.03	7.34±0.03	6.61±0.03	6.07±0.03	5.59±0.03	5.06±0.03
锁合后总/mm	23.3±0.3	21.2±0.3	19.0±0.3	17.5±0.3	15.5±0.3	13.9±0.3
平均重量/kg	122±10	97±8	77±6	62±5	49±4	39±3
容积/mL	0.95	0.68	0.50	0.37	0.30	0.21
药粉密	填充量/mg	填充量/mg	填充量/mg	填充量/mg	填充量/mg	填充量/mg
0.66 g/mL	570	408	300	222	180	126
0.8 g/mL	760	544	400	296	240	168
1.0 g/mL	950	680	500	370	300	210
1.2 g/mL	1140	816	600	444	360	252

5.硬胶囊剂的制备(图2-1-4)。

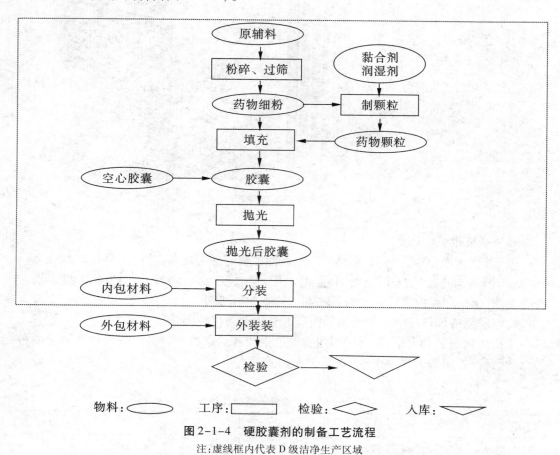

图2-1-4 硬胶囊剂的制备工艺流程
注:虚线框内代表 D 级洁净生产区域

活动二 认识硬胶囊充填机

一、胶囊充填机的工作过程

各种胶囊充填机的工作过程基本相同,其工作流程如图 2-1-5 所示。

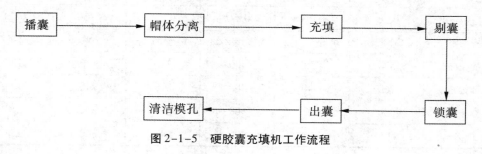

图2-1-5 硬胶囊充填机工作流程

全自动胶囊充填机运转时,在胶囊料斗内的胶囊会通过供囊斗逐个竖直进入播囊装置,在播囊装置和真空吸力的作用下将胶囊顺入模孔中,进入模孔的同时在真空吸力的作用下将帽、体分离;随着大盘的运转充填杆把压实的药柱推入到下模块的胶囊体中;然后将帽体未能分离的残次胶囊剔除;接下来在推杆的作用下,胶囊体上升进入胶囊帽内锁合;然后将成品胶囊推出收集;最后吸尘器清理模孔后再次进入下一个循环。

二、　胶囊充填机的机构组成

胶囊充填机需要以下六个装置:①播囊装置;②囊体与囊帽分离装置;③充填药物的装置;④自动剔废装置;⑤囊体与囊帽结合(锁合)装置;⑥成品排出装置。

三、　播囊装置

播囊过程分为:胶囊排队和胶囊调向两个分解过程,胶囊调向可分解为垂直→水平垂直→模块。

胶囊的运动轨迹:供囊斗→胶囊排队→胶囊调向(垂直→水平→垂直)→上下模块。

1. 空胶囊供给装置(胶囊排队)　如图2-1-6,图2-1-7,空胶囊供给装置是把空胶囊从供囊斗连续不断地输送到调整与限制方向机构的装置,又称孔槽落料器。

(1)预锁的空胶囊(囊帽和囊体),在孔槽落料器中移动,完成供给落料动作。

(2)孔槽落料器其上端的槽口为一脊状口,并朝向供囊斗做上下滑动,使空胶囊单一依次进入播囊孔并在重力的作用下导入播囊槽。

(3)孔槽落料器播囊孔是空胶囊通。

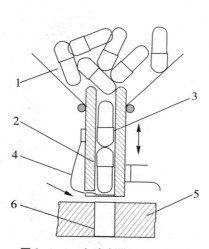

图 2-1-6　空胶囊供给装置原理
1.供囊斗　2.落料器　3.播囊孔(管)
4.阻尼弹簧　5.整向器　6.播囊槽

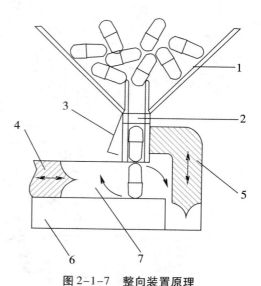

图 2-1-7　整向装置原理
1.供囊斗　2.落料器　3.阻尼弹簧　4.水平推叉　5垂直推叉　6.整向器　7.播囊槽

由于空胶囊的下落不是强制进行的,一旦滑道中稍有阻力,空胶囊就被阻挡,不能继续前进,所以要保持落料器的上下动作和胶囊的质量。落料器上下滑动一次,落料器下端的阻尼弹簧就完成一次释放与阻尼动作(注意:阻尼弹簧的打开时间),也相应完成一次空胶囊的输送与截止动作,以保证空胶囊以间歇方式供给。

2. 整向装置(胶囊调向)

(1)整向装置又称整向器或顺向器,是调整并限制空胶囊进入上下模块方向的装置,用于保证空胶囊在模块中处于囊帽在上、囊体在下的方向,以利下一步囊帽和囊体的分离。

(2)由于孔槽落料器输送到播囊槽的空胶囊是非定向、随机排列的,可能囊帽在上、囊体在下,也可能囊体在上、囊帽在下。但是,充填工艺要求空胶囊进入模块的方向必须是定向排列,一般为囊帽在上而囊体在下。所以,必须有一个整理胶囊方向的整向装置。

(3)整向装置的原理是利用囊帽与囊体的直径不同,在整向装置中所受摩擦力不同,水平推叉顶住胶囊的中部时,囊体向前运动的速度快,而囊帽的速度慢,从而实现使空胶囊方向调整一致的目的。为了保证整向的有效性,一般采用二次调整的方法。如图2-1-8所示。

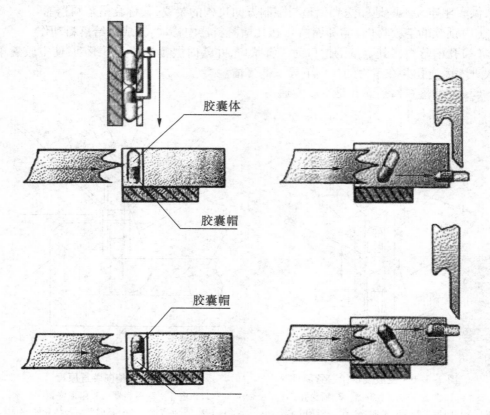

图2-1-8 胶囊调头过程

（4）具体地说，有孔槽落料器下端阻尼弹簧释放的一粒空胶囊垂直进入整向器的播囊槽中，由于播囊槽（顺向槽）的宽度较小，使空胶囊的囊帽所受的摩擦力大，囊体所受的摩擦力较小，在水平推叉推住空胶囊的中部时，囊帽向前的运动速度小，囊体运动的速度快，在实现空胶囊由垂直方向向水平方向的调整过程中，完成了第一次由不规则的垂直状态转换成囊帽在后、囊体在前的水平状态。此时空胶囊保持水平方向被卡在播囊槽内，然后与落料器固联在一体的垂直推叉在下移的过程中，将第一次转位90°的空胶囊再次推转90°，从而实现囊帽在上、囊体在下的第二次转向与调整，并被推移到处于间歇状态的模块转台上，进入转盘模具中。这一过程中，垂直推叉推动胶囊中部使整个空胶囊垂直下移，由于囊帽仍夹在水平顺向槽中，向下移动阻力较大，而囊体由于摩擦力远小于囊帽的摩擦力，在向下运动的过程中空胶囊就以囊帽中部为圆心，做旋转动作，完成囊帽在上、囊体在下的第二次转向，从而实现规则排列。

（5）利用上述的不同直径产生的摩擦力差和推叉产生的推力，实现在顺向槽的垂直到水平，再由水平到垂直的二次整向，完成规则排列要求。

四、囊体与囊帽分离装置

空胶囊囊帽和囊体的分离是靠真空负压的作用完成分离的。预锁的空胶囊在垂直推叉的推动下，以囊帽在上、囊体在下的方向进入间歇回转的上、下模块，及胶囊夹具中。然后由真空吸口产生的真空负压把囊体吸向下模中，而囊帽则因上模孔下部内径小于囊帽外径而被留在上模孔中，从而实现了囊帽与囊体的分离。分离后留在上模的囊帽和下模的囊体随其模块的运动进一步实现分离（图2-1-9）。

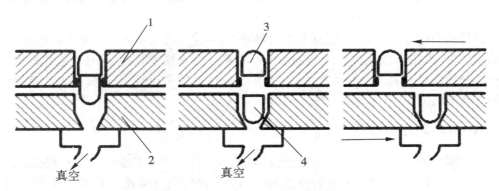

图2-1-9　帽体分离装置原理

1.上模　2.下模　3.囊帽　4.囊体

五、充填装置

垂直分离后的囊帽、囊体，随着载有模具的转台间歇运转，模块沿径向再度分离。载囊帽的上模块向上让位，囊体的下模块向外运动，在下模块依次间歇回转到充填工位，由充填装置充填药物，充填装置由填充药粉的供给装置和计量填充装置两部分组成。

1.充填药粉的供给装置　充填药粉的供给由独立电动机带动的输粉螺旋杆将供料

斗中的药粉或颗粒定量供给于计量填充装置的计量盛粉腔内,借助转盘的转动和搅拌环,将粉粒体供给充填装置的计量孔,实现药粉供给动作。

2. 冲杆式间歇计量填充装置　工作过程是靠自动断续供药,使药粉到计量盘的计量孔中,计量腔的送粉动作是由上下活动的冲杆和间歇回转的计量盘完成,计量盘每转一定角度,便在计量孔内落下一些疏松的药粉,然后由冲杆下压将药粉压实,经五次压实,冲杆下的药粉便逐渐被压成药粉柱。计量盘旋转一周回转到最后一次间歇动作的工位时,由冲杆将药粉柱压入已分离的囊体内,完成计量送粉过程(图2-1-10)。

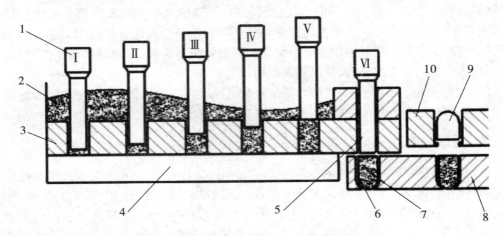

图2-1-10　冲杆式间歇计量填充装置原理
1.冲杆　2.药粉　3.计量盘　4.密封环　5.计量孔　6.囊体　7.药粉柱　8.下模　9.囊帽　10.上模

冲杆式间歇计量填充方式,具有剂量准确、重量差异小、充填过程中不易破坏囊体,充填量较多,成品率高,充填量可通过改变计量盘厚度来调节等特点,是目前各种机型中送粉计量最理想的装置。不足之处在于充填流动性差的药粉时,药粉易钻入计量盘和密封环之间的间隙中,造成摩擦力增大,引起机器运转不良。

六、自动剔废装置

其作用是把帽体未分离的残次胶囊剔除,以便于下一周期的播囊动作顺利完成。

其基本原理是:根据未分离的胶囊和帽体已分离胶囊的囊帽的有效长度不同,由顶针将前者顶出,再被吸尘器吸走。

七、囊帽与囊体锁合装置

如图2-1-11所示,充填后的囊体即进入与囊帽的锁合工位。载有充填后囊体的下模块与载有囊帽的上模块对中重合,驱动顶杆上移,顶住囊体上移,使囊体进入囊帽;位于上模块上缘的盖板压住囊帽,被推上移的囊体沿模孔与囊帽扣合并锁紧胶囊。

在此过程中,锁合装置的对中调整和顶杆行程装置的行程调整是准确完成动作的关键。

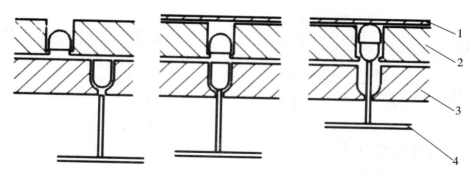

图2-1-11　帽、体锁合装置工作原理
1.盖板　2.上模　3.下模　4.顶杆

八、排出与导向装置

排出装置主要靠排囊工位的驱动机构带动顶杆上移,将滞留在上模中的胶囊成品顶出模孔。被顶出上模孔的成品胶囊在重力作用下落入收集槽并下滑到成品箱(图2-1-12)。

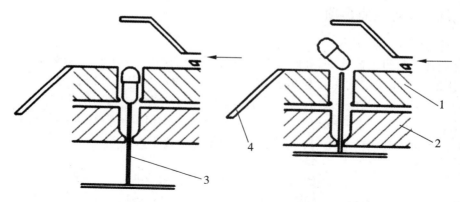

图2-1-12　排出与导向装置工作原理
1.上模　2.下模　3.顶杆　4.收集槽

到此为止,完成胶囊的充填制备过程。各种机型的工位数目和功能繁简各异,结构有所变化。每个工位的模孔数量不同,生产效率也不相同。调节胶囊充填机模块转台转速,也可实现不同的生产效率和生产质量。

为了保证充填和锁合的质量,有的充填机还装有清理和检测装置。

活动与探究

1. 书写拆装播囊装置、药物填充装置的 SOP。
2. 根据 SOP 练习播囊装置、药物填充装置的拆装操作。

活动三　播囊装置、药物填充装置的拆装操作 SOP 修改及练习

（1）根据练习情况修改拆装播囊装置、药物填充装置的 SOP。

（2）练习拆装播囊装置、药物填充装置（加料装置拆卸，计量盘定位，加料装置安装，填充杆调整）。

一、计量盘定位注意

（1）填充杆定位板的立柱降到最低位置并与三枚固定螺栓孔的任意一孔和左边立柱对齐。

（2）填充杆定位板安装到位后，一手持计量盘定位校棒垂直穿过填充杆定位板的填充杆定位孔，一手晃动盛粉圈、使计量盘定位校棒进入计量孔。

（3）沿对角线方向放入另外一支计量盘定位校棒。

（4）将三枚固定螺栓用"T"形扳手分多次顺时针拧紧。

（5）将两根计量盘定位校棒垂直取出，更换位置同样沿对角线方向通过填充杆定位板的填充杆定位孔插入计量空内，进行检查，校棒应活动自如、无阻卡现象。

二、练习操作注意事项

（1）练习时让大组长将学生分为若干组，每 2 人一组。

（2）老师对每组进行检查，让每组的 2 个学生分别给老师口述加料装置安装、拆卸 SOP，每组的 2 个学生准确无误地口述加料装置安装、拆卸 SOP 后，才能进行操作练习。

（3）练习时一人操作，同组的另一人给本组成员记录操作过程中的优缺点并计时，等本人操作完成以后，记录人员点评，然后进行轮换练习，本组成员练习结束后换另一组。

（4）练习组在练习过程中，其余组根据练习情况修改本人的 SOP。

表 2-1-2　拆装播囊装置药物填充装置考核

班级：　　　学号：　　　日期：　　　得分：

序号	考试内容	操作内容	分值	评分要求	分值	得分
1	操作前检查	机器开关、工器具、机器台面、操作间地面	10	1. 检查胶囊填充机空气开关、护指开关、电源开关是否关闭。	2.5	
				2. 检查所使用的工器具是否齐全。	2.5	
				3. 检查机器台面有无多余的工器具。	2.5	
				4. 检查操作间地面有无无关的器具。	2.5	

续表 2-1-2

序号	考试内容	操作内容	分值	评分要求	分值	得分
2	装机	物料充填、插囊装置部分的安装	50	1. 正确安装电机主轴手轮,立柱降到最低位置。	2.5	
				2. 其中一固定螺孔和立柱对齐。	2.5	
				3. 按要求安装密封环、计量盘(三个固定螺钉不要拧紧)。	5	
				4. 正确安装固定填充杆定位板。	5	
				5. 用校棒正确定位计量盘,用"T"形扳手紧固三个固定螺钉。	5	
				6. 再次用校棒检查计量盘的定位情况。	5	
				7. 正确安装内外挡粉圈、填充杆组件、紧固压盖螺母。	5	
				8. 盘动手轮检查填充装置有无异常声音,并使定位板升至最高位置。	5	
				9. 正确安装整向器。	5	
				10. 正确安装、定位水平推叉。	5	
				11. 正确安装并定位播囊管组件。	2.5	
				12. 插囊装置的安装顺序合理,动作规范。	2.5	
3	拆卸	物料充、填插囊装置部分的拆卸	15	1. 正确拆卸填充杆组件。	2.5	
				2. 正确拆卸内外挡粉圈。	2.5	
				3. 正确拆卸填从杆定位板。	2.5	
				4. 正确拆卸挡粉板、计量盘、密封环。	2.5	
				5. 正确拆卸插囊管组件。	2.5	
				6. 正确拆卸水平握叉、整向器。	2.5	
4	清场	整理、检查工器具	5	1. 工具摆放整齐。	2	
				2. 器具摆放整齐。		
				3. 螺钉、螺母、垫片摆放整齐。		
5	安全操作	评估操作过程中是否存在影响安全的行为和因素	5	1. 操作前检查确认电路开关处于关闭状态。	2.5	
				2. 操作过程中无工器具掉落现象。		
				3. 操作过程无有跑动现象。	2.5	
				4. 机器安装过程中无有剧烈碰撞声音。		

续表 2-1-2

序号	考试内容	操作内容	分值	评分要求	分值	得分
6	按时完成	评估是否按时完成操作任务	15	1. 未按时完成生产任务者 0 分。 2. 操作开始时间：　　　操作结束时间： 3. 操作用时：	18	

项目二
NJP-800 型全自动胶囊充填机的应用

活动一 认识 NJP-800 型全自动胶囊充填机

一、概述

NJP-800 型全自动胶囊充填机是国内先进的机型之一(图 2-2-1)。该机型在机械结构、电源控制系统、真空和吸尘系统等方面的创新设计,使之多项技术指标达到了国际同类产品的先进水平,解决了拆洗模具烦琐、再装模具精度难以调整的难题;配备不同规格的模具,可以充填 0~4 号五种型号的硬胶囊;生产效率高,每分钟达 800 粒。该机型具有计量准确、可调药量、有安全保护装置、密封性能好、可自动排出残次胶囊、国产空胶囊上机率高、成品率高等特点。

图 2-2-1 NJP-800 型全自动胶囊充填机外观

二、工作流程(图2-2-2)

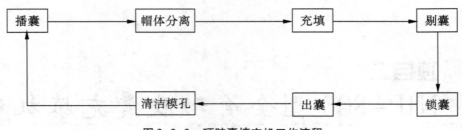

图2-2-2 硬胶囊填充机工作流程

三、设备的工作原理

转台的间隙转动,使胶囊在转台的模块中被输出到各工位。在第1工位上,真空分离系统把胶囊顺入到模块孔中的同时将体和帽分开。在第2工位上,下模块向外径向伸出,与同时上移的上模块错开,以备填充物料。第3、5工位是扩展备用工位,安装一定的装置可充填片剂或微丸等物料。在第4工位上,充填杆把压实的药柱推到胶囊体内。第6工位是把上模块中体和帽未分开的胶囊清除吸掉。在第7工位上,下模块缩回与上模块并合,在第8工位上,经过推杆作用使充填好的胶囊扣合锁紧。第9工位是将扣合好的成品胶囊推出收集。在第10工位,吸尘器清理模块模孔后进入下一个循环,如图2-2-3,图2-2-4。

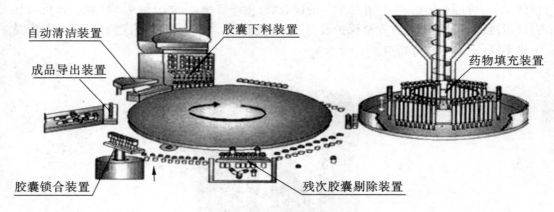

图2-2-3 全自动胶囊填充机工作原理

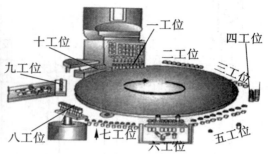

图 2-2-4　全自动胶囊填充机转台十工位工作原理

　　计量装置被一个6工位的间歇运动机构带动,计量盘上有6组计量孔,前5个工位药粉被逐一填入孔中达到装药量,第6工位药粉被充填杆推入模块中的胶囊体内,调整每组充填杆的高度可以改变装药量,如图2-2-5,图2-2-6,图2-2-7。

图 2-2-5　充填装置外观

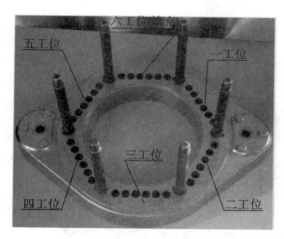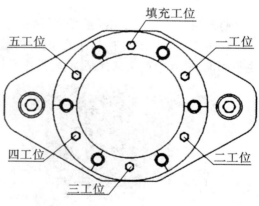

图 2-2-6　充填装置六工位分布

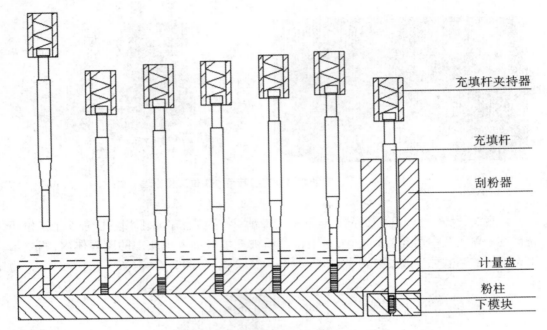

图 2-2-7　充填装置六工位填充步骤

（右侧标注，从上到下）
充填杆夹持器
充填杆
刮粉器
计量盘
粉柱
下模块

活动与探究

1. 简述全自动胶囊填充机十工位工作原理。
2. 简述全自动胶囊填充机加料装置六工位工作原理。

活动二　启动机器

打开控制开关、胶囊填充机照明灯亮、电气箱侧面的轴流风机开始工作，如图 2-2-8。

1. 主页画面　打开控制开关，电源指示灯亮（图 2-2-8）、触摸屏显示主页画面，轻触主页画面，进入中英文选择画面，轻按中文按钮，触摸屏进入密码画面（图 2-2-9）。

图 2-2-8　控制面板及照明灯

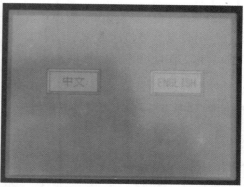

图2-2-9　主页面和中英文选择画面

2. 密码画面　输入四位密码3478,轻点ENT键,进入操作菜单画面,轻点返回键,返回主页画面(图2-2-10)。

思考:DEL键和CLR键的作用和区别。

3. 操作菜单　画面上六功能键,轻点任一功能键进入相应画面,轻点返回键,返回主页画面(图2-2-11)。

图2-2-10　密码画面　　　　　　　图2-2-11　操作菜单画面

4. 手动操作画面(图2-2-12)

操作要点:①点动、主机、加料、真空四个按键可独立工作,为调试设备、调整机器时用。②点动:按触点动按钮,按钮方向由下向上变更,主机开始工作,松开点动按钮,主机停止工作。③主机:按触主机按钮,按钮方向由下向上变更,主机开始工作,再次按触主机按钮,按钮方向由上向下变更,主机停止工作。④加料:按触加料按钮,按钮方向由下向上变更,加料电机开始工作,再次按触加料按钮,按钮方向由上向下变更,加料电机停止工作。⑤真空:按触真空按钮,按钮方向由下向上变更,吸尘器和真空泵开始工作,再次按触真空按钮,按钮方向由上向下变更,吸尘器和真空泵停止工作。

手动操作画面主要讨论以下几个问题:①本胶囊机共有几个电机,每个电机的作用分别是什么？点动、主机、加料、真空四个按键分别控制哪个电机。哪一个电机受变频器控制。②手动开机（空囊试车、胶囊填充）时，主机、加料、真空三个按键的操作正确顺序是什么？为什么？停机时主机、加料、真空三个按键的正确顺序是什么？为什么？③设备正常填充工作前应该如何加料？

5. 自动操作画面（图2-2-13）

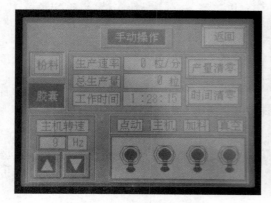 

图2-2-12　手动操作画面　　　　　图2-2-13　自动操作画面

1）画面内容包括：①主机、真空、加料、粉料、胶囊五个指示灯；②生产速率（机器每分钟生产粒数）、总产量、工作时间；③主机转速；④运行（停止）全自动工作按钮。

2）设置调速频率（主机转速）：由0～50 Hz变化。

3）运行（停止）按钮：接触运行按钮，机器进入自动工作状态，手动工作的所有工作键自动复位，接触停止按钮，机器停止工作。

6. 参数设定画面（2-2-13）

 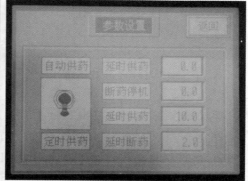

图2-2-13　参数设定画面

1）供料工作状态选择键：选择供料工作方式有自动供药、定时供药，机器默认状态为自动供药。

2）自动供药时间设置：①延时供药（加料停止延时时间），加料电机每启动一次连续工作时间,设定范围 10～20 s。②断药停机(无药料停机时间),超过设定时间加料电机没有停止,主机将停止运转,设定范围 30～40 s。

3)定时供药时间设置:①延时供药(加料停止时长),两次加料电机启动的中间间隔时间,设定范围 30～40 s。②延时断药(加料工作时长),加料电机每启动一次连续工作时间,设定范围 15～20 s。

具体情况视机器的运行频率而定(频率为 10 Hz 时,延时供药设置为 20 s,延时断药设置为 1 s)。

当使用定时供药时,由于机器默认状态为自动供药,每次开机后要进入参数设置画面,进行供药方式更改,否则机器出现溢料现象。

7.故障显示画面(图 2-2-14)　五个故障报警点,只要其中一个故障发生,该画面自动显示故障点并报警鸣叫,同时机器自动停机。故障消除后画面自动恢复原状。

图 2-2-14　故障显示画面

8.设备维护、公司简介画面,如图 2-2-15。

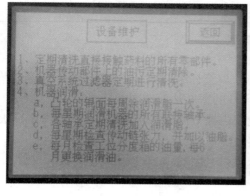

图 2-2-15　设备维护、公司简介画面

活动与探究

1. 每组书写空囊手动开机、自动开机的 SOP。
2. 各组 SOP 经老师检查后，在老师的监管下练习手动开机、自动开机。
注意：开机前切记检查计量盘定位情况和压盖螺母、锁紧螺母的情况。
3. 根据练习情况修改 SOP。

活动三　试车操作

（1）试车前先简单介绍一下填充杆组件的定位，以便于下一步胶囊装量的调节。填充杆组件的定位：

1）第六组填充杆组件定位：用手转动电机主轴手轮使充填杆定位板处于最低位置。俯视逆时针方向松开锁紧螺母，俯视逆时针方向旋转调节旋钮调节第六组填充杆组件，充填杆下端面与计量盘下端面在同一平面上，调好后拧紧锁紧螺母。

2）调准基点：松开充填杆组件的锁紧螺母，旋转调节旋钮使充填杆下端面与计量盘上端面在同一平面上，此时记住填充杆组件标尺刻度值，将此刻度视为零点，在此基础上进行调整。

3）填充杆组件定位：1~5 工位充填杆没入计量盘的深度，建议按下表数值调整（当计量盘厚度为 18 mm 时，没入最大深度不超过 13 mm，不宜过深（表 2-2），调好后每组都要拧紧锁紧螺母。

表 2-2-1　充填杆调节深度

工位号	1	2	3	4	5
没入深度/mm	9	5	3	2	0.5

以上数值可根据实际情况有所变化。

（2）胶囊的装量一般由计量盘的厚度确定，填充杆组件高度调的合适，可以得到精确的装药量，改变填充杆组件的高度可以改变药柱的密度从而改变装药量。

改变填充杆组件的高度只可以在适当范围内调节胶囊的装量（$m = \rho v g$，$v = sh$），大幅度的调节胶囊装量还要考虑更换计量盘来实现。

（3）学生装量调节练习（一）：

处方 1：米粉（60 目）加 4% 的硬脂酸镁。

处方 2：馒头粉（二号粉）加 2% 的硬脂酸镁。

处方 3：馒头粉（二号粉）75% + 米粉（80 目）25% 加 2% 的硬脂酸镁。

要求：

学生调节装量练习（一）

处方	1#胶囊（单位 g）				0#胶囊（单位 g）			
	粒重	含胶囊颗粒重	粒重上限	粒重下限	粒重	含胶囊颗粒重	粒重上限	粒重下限
1	0.42	0.50	0.525	0.475	0.58	0.68	0.714	0.646
2	0.42	0.50	0.525	0.475	0.58	0.68	0.714	0.646
3	0.42	0.50	0.525	0.475	0.58	0.68	0.714	0.646

注:重量差异±5%

（4）学生装量调节练习（二）

学生调节装量练习（二）

处方	1#胶囊（单位 g）				0#胶囊（单位 g）			
	粒重	含胶囊颗粒重	粒重上限	粒重下限	粒重	含胶囊颗粒重	粒重上限	粒重下限
1	0.42	0.50	0.525	0.475	0.58	0.68	0.714	0.646
2	0.42	0.50	0.525	0.475	0.58	0.68	0.714	0.646
3	0.42	0.50	0.525	0.475	0.58	0.68	0.714	0.646

注:重量差异±2%

（5）学生装量调节练习（三）

学生调节装量练习（三）

处方	1#胶囊（单位 g）				0#胶囊（单位 g）			
	粒重	含胶囊颗粒重	粒重上限	粒重下限	粒重	含胶囊颗粒重	粒重上限	粒重下限
1	0.42	0.50	0.525	0.475	0.58	0.68	0.714	0.646
2	0.42	0.50	0.525	0.475	0.58	0.68	0.714	0.646
3	0.42	0.50	0.525	0.475	0.58	0.68	0.714	0.646

注:重量差异±2%

操作步骤及注意事项:①人身安全、设备安全。②调装量时,填充杆定位板上升到最高位置。③当计量盘厚度为 18 mm 时,填充杆进入填充孔的深度不能超过 13 mm。④接近开关调节旋钮不能随意调节。⑤装卸接近开关时要注意导线。⑥每次训练结束,机器要进行清洁。

活动与探究

1. 每组书写胶囊填充的 SOP。
2. 各组 SOP 经老师检查后,在老师的监管下练习胶囊填充操作。
3. 根据练习情况修改 SOP。

表2-2-2　胶囊填充及调量考核

序号	考核内容	操作内容	分值	评分要求	分值	得分
1	装机前检查	温度、相对湿度、静压差、操作间设备、仪器状态标志检查和记录	5	1. 温度、相对湿度、静压差检查记录。	1	
				2. 操作间设备、仪器状态标志检查。	2	
				3. 检查所使用的工器具是否齐全。	1	
				4. 检查辅助部分水源的供入。	1	
2	装机	播囊装置及充填部分的安装	25	1. 规范检查冲杆的大小、规格和磨损情况。	4	
				2. 按要求对各零部件进行消毒。	4	
				3. 播囊装置的安装顺序合理,动作规范。	4	
				4. 计量盘的定位、充填装置的安装动作合理、规范。	6	
				5. 填充杆按要求定位。	5	
				6. 空机运行 3~5 个周期,机器是否运行正常。	2	
3	填充胶囊	物料的领取,启动机器,调频,空机试车,加料。调节胶囊填充量,合格与不合格品应分装	30	1. 及时更换状态标志。	4	
				2. 按 GMP 规范领取物料。	4	
				3. 调节频率至合适大小。	2	
				4. 空机试车检查真空、剔废、锁合、导出是否正常。	4	
				5. 胶囊粒重加、减量方法正确。	5	
				6. 胶囊粒重加、减量幅度合理。	5	
				7. 按 GMP 规范分装合格和不合格品。	6	

续表 2-2-2

序号	考核内容	操作内容	分值	评分要求	分值	得分
4	清场	关机,更换"待清洁"状态标志:卸下记计量盘中的剩余物料:打扫地面:挂"已清洁"状态标志	15	1.正确填写清场合格证、适时悬挂待清洁和已清洁状态标志。	2	
				2.清除物料,动作规范。	2	
				3.拆卸机器顺序合理,动作规范。	2	
				4.清洁机器(毛巾的使用)顺序合理,动作规范。	6	
				5.及时正确填写记录及物料标示卡,并准确发放。	3	
5	按时完成	评估是否按时完成操作任务	10	未按时完成生产任务者0分。	10	
6	填充合格的胶囊	胶囊的数量足够,胶囊外观与填充量合格	15	1.按要求调整出粒重合格的胶囊。	10	
				2.胶囊外观应整洁光亮,锁口松紧合适,无叉口或凹顶变形等现象。	5	

活动四　模具更换

当改变胶囊规格时,必须更换上下模块、加料装置(充填杆、计量盘)、播囊装置(播囊管组件、垂直推叉、水平推叉、整向器)、顶针,并对机器做适当调整。

每次换完零件在开机前都必须用手盘动主电机手轮将机器运转 1～2 个循环。如果感到有异常阻力就不能再继续转动,需对更换部分进行更细致的检查,并排除故障。

(一)上下模块更换及定位

1.下模块定位方法(一)

(1)定位好计量盘,取下填充杆组件、填充杆定位板及挡粉板,以计量盘的计量孔为基准定位下模块。

(2)在第三工位,松开上下模块的紧固螺钉取下上、下模块。

(3)在第三工位,装下模块,此时两个紧固螺钉先不拧紧,将两只下模块校正铜套放入下模块左右边孔中,转动电机主轴手轮,使该下模块转到第四工位,校棒从相应的计量孔插入,校准下模块,用 6# 内六棱扳手交替将两个紧固螺钉拧紧。定位后两个校棒应能灵活转动、自由落体,如不能灵活转动,应对该模块重新定位。

(4)拔出校棒(校棒应能灵活转动),转动电机主轴手轮(转动手轮前切记要拔出两根校棒),使刚固定好的模块转到第五工位,取出校正铜套。

(5)用同样的方法对间隔一模块的下模块进行定位(间隔定位)。

2.下模块定位方法(二)

(1)取下计量盘,装上填充杆定位板并降到最低位置。

(2)在第四工位,装下模块,此时两个紧固螺钉先不拧紧,将两只下模块校棒通过填充杆定位板上的填充杆定位孔放入下模块左右边孔中,校准下模块,用6#内六棱扳手交替将两个紧固螺钉拧紧。定位后两个校棒应能灵活转动、自由落体,如不能灵活转动,应对该模块重新定位。

(3)拔出校棒(校棒应能灵活转动),用同样的方法对另一个下模块进行定位。

对于下模块固定板有定位销的下模块安装,将下模块卡在定位销上,用扳手将螺栓固定即可。

3.上模块定位方法

(1)在第八工位,装上模块,此时两个紧固螺钉先不拧紧,把两个上模块校棒分别插入到模块左右边孔中,使上下模块孔对中重合,然后交替将两个紧固螺钉拧紧,定好位后两个校棒应能灵活转动、自由落体,应听到有金属碰撞声音。如不能灵活转动,应对该模块重新定位。

(2)更换模块时用手转动电机主轴手轮,旋转转盘,注意旋转时必须取出校棒,模块具有互换性,如图2-2-16。

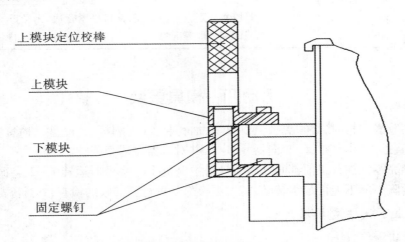

上模块定位校棒

上模块

下模块

固定螺钉

图2-2-16　上模块对中定位示意

(二)更换播囊装置

(1)拧下两个紧固螺钉取下胶囊料斗。

(2)用手盘动电机主轴手轮使播囊管组件定位板运行到最低位。

(3)拧下2个固定播囊管组件的螺钉,将播囊管组件慢慢取下。

(4)拧下固定顺向器的紧固螺钉,取下顺向器部件。

(5)用手盘动电机主轴手轮使水平推叉固定块运行到靠近转台位置。

(6)拧下水平叉上的1个紧固螺钉,取下水平叉。

(7)将更换的胶囊分送部件按相反顺序装上。

（8）播囊装置如图2-2-17,图2-2-18所示。

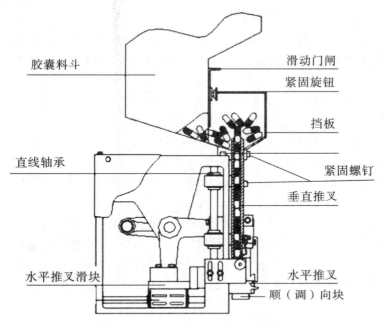

胶囊料斗

滑动门闸

紧固旋钮

挡板

直线轴承

紧固螺钉

垂直推叉

水平推叉滑块

水平推叉

顺（调）向块

图 2-2-17　空囊分送装置示意

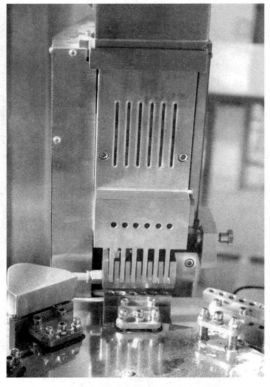

图 2-2-18　空囊分送装置外观

（三）富昌设备播囊装置的安装

（1）打开四面视窗，检查限位轴是否拔出。

（2）安装手摇离合机构：拿起摇手柄，让摇手柄上的键销对准锥齿轮轴上的键槽，推进去，提起定位拔销旋转180°使其卡入键槽里，逆时针盘动摇手柄，使纵向导向板升到最高位置。

（3）安装顺向器：将顺向器卡在定位销上，使内外螺孔对中重合，装上 11 mm×35 mm 固定螺钉，用5#内六棱扳手顺时针将其拧紧。

（4）安装水平推叉：检查水平导向块是否在最靠近转台的一端，将水平推叉卡在水平导向块的定位销上，来回移动使水平推叉推出胶囊的囊帽与播囊槽前端面平齐，装上11×25 mm 固定螺钉，用10#呆扳手顺时针将其拧紧，使水平推叉上表面与播囊槽的上表面相平。

（5）安装播囊管组件：将灰色播囊管挡板扣在播囊管背面，有 0#标记的一面在外，使定位销孔、固定螺孔四孔对中重合，将播囊管组件卡在纵向导向板的定位销上，内外螺孔对中重合，装上11 mm×25 mm 固定螺钉，用5#内六棱扳手将螺钉分多次均匀拧紧，使垂直推叉在播囊槽中左右间隙均匀；将供囊斗下开口套在播囊管组件脊状口上，装上11 mm×20 mm 固定螺钉，用5#内六棱扳手将螺钉拧紧。

（6）安装完毕后，逆时针盘动摇手柄使机器运行 3 个循环以上，检查是否有异常现象或声音。

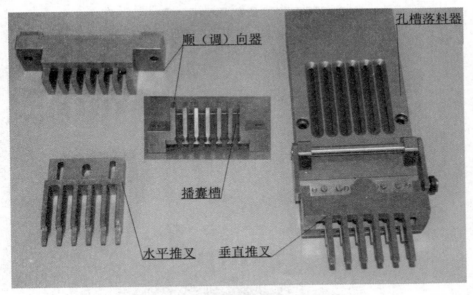

图 2-2-19 富昌设备空囊分送装置配件

（四）更换计量盘及充填杆

（1）提起药粉料斗并将其转向一侧。

（2）用吸尘器吸走盛环内的药粉，取下药粉传感器。

（3）转动主电机主轴手轮使填充杆定位板升到最高位置。

（4）拧下压板螺钉,将充填杆组件向上提起拿下。

（5）将夹持器体下面(带长槽)的压板紧固螺钉拧下,拿下压板并取出充填杆(注意1～5组有弹簧),把更换的充填杆装上后,压上压板拧紧紧固螺钉即可。

（6）取下外、内挡粉圈和填充杆组件定位板。

（7）拧下固定挡粉板的六个螺钉并取下挡粉板,松开盛粉圈的三个紧固螺钉,将盛粉圈和计量盘取下。

（8）拧下固定计量盘的三个螺钉将计量盘取下,换上更换的计量盘,拧紧固定计量盘的三个螺钉。

（9）将密封环、托座中药粉清除,装上更换的计量盘、盛粉圈和挡粉盖,三个螺栓拧入而不要拧紧。

（10）按计量盘定位操作拧紧三个固定螺钉。

（11）挡粉板安装好后,转动调节螺栓使刮粉器底部与计量盘上表面之间的间隙为0.05～0.10 mm,如图2-2-20。

（12）装上填充杆组件定位板、填充杆组件并定位。

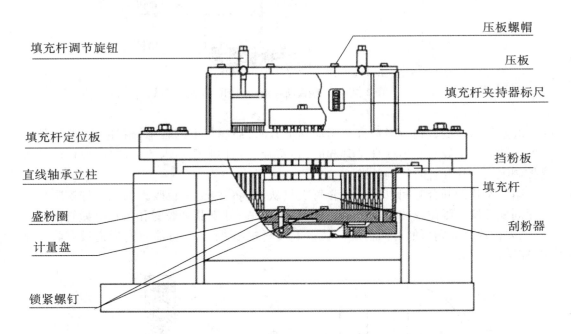

图2-2-20　药物填充装置示意

活动与探究

1. 以小组为单位讲解NJP-800型全自动胶囊充填机。

（1）由1#更换2#胶囊时需要更换哪些部件(从播囊、填料、模块三方面考虑)。

（2）计量盘、填充杆如何更换。

（3）上下模块如何更换，下模块如何定位，上模块如何定位。

2. 每组书写模具更换填充的 SOP。

3. 各组 SOP 经老师检查后，在老师的监管下练习更换（重点上下模块定位）操作。

4. 根据练习情况修改 SOP。

活动五　设备的调整

1. 胶囊料斗的调整　装在漏斗上的胶囊挡板,可控制供囊斗内胶囊出口处的高度,松开挡板旋扭螺母拉动挡板,就可改变其高度,如图 2-2-22。经验表明,出口的高度为胶囊出口总高度的 1/2 为较佳。

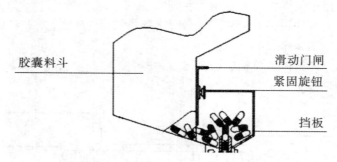

图 2-2-22　胶囊料斗滑动门闸的调整

2. 阻尼簧片的调整　当垂直叉运动到下方时,播囊管上的轴承撞在限位轴上,使阻尼簧片抬起放下胶囊。当垂直叉升起时,弹簧片又扣住胶囊。因此,调整限位块的位置是控制阻尼簧片开合时间的关键。

阻尼簧片的开合时间以保证胶囊每次只从播囊管内出一粒胶囊为准。拧松限位块的紧固螺栓调整限位块使播囊管每次释放一粒胶囊,并把其余胶囊扣留在播囊管图示位置中,限位块太高则可能有两粒或两粒以上胶囊排出,太低则可能有的通道没有胶囊排出,如图 2-2-23。

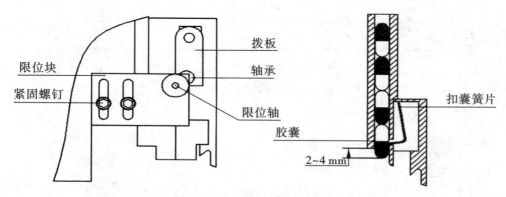

图 2-2-23　阻尼弹簧工作示意

3.真空分离器的调整　机器每运转一个工位,真空分离器就上下动作一次,只要其能与下模块严密接触就可以,一般不用调整。如果要调整,就要用手搬动电机主轴手轮,使真空分离器升到最高点,松开机器台面下拉杆两端的锁紧螺母,旋转拉杆调整真空吸板的高度,调好后锁紧螺母,检验一次,直到合适为止,如图2-2-24。

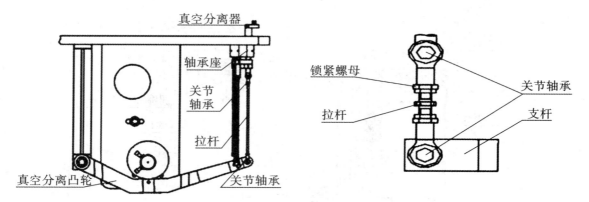

图2-2-24　真空分离器的调整示意

4.上下模块对中调整　当更换模块后,或在充填过程中发现有的胶囊总在某对模块中分不开或扣合不好的现象,必须进行模块对中调整,调整方法参看更换上下模块,如图2-2-25。

5.计量盘与铜盘间隙的调整　计量盘和铜盘间隙在 0.05～0.10 mm 之间,如果药粉颗粒大也可以将间隙适宜调大些,间隙太小会增加计量盘和铜盘之间阻力。机器运转时如发现漏粉过多或阻力大时,就要调节此间隙。

调整方法:取下计量盘并清理托座后,放入密封环。松开托座侧面的锁紧螺钉,转动调整螺栓改变密封环高度,调好后五个调整点在同一平面内(都应与铜盘接触)。然后放上计量盘,在计量盘和密封环的缝隙处塞入塞尺,再次转动调整螺栓改变密封环高度,使二者之间的缝隙合符要求,将固定螺钉紧固。

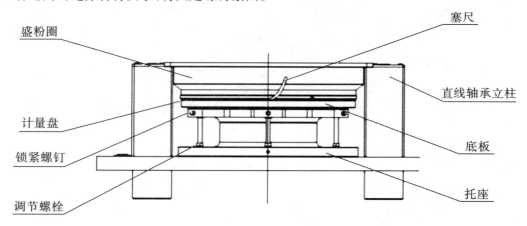

图2-2-25　底板与计量盘间隙的调整示意

调整时可以用塞尺测量,但最好用一个刀口尺测量。

6. 刮粉器间隙的调整 每次更换计量盘后都应调整这一间隙(因计量盘厚度改变),此间隙在 0.05～0.10 mm 之间为最好,如图 2-2-26。

调整方法:拧松锁紧螺母,旋转调节螺栓,刮粉器即可升降。间隙可用塞尺测量。

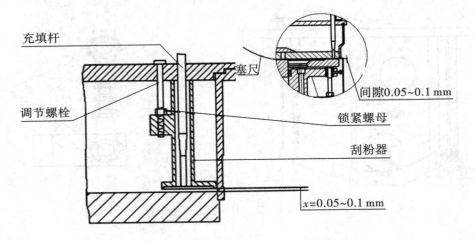

图 2-2-26 刮粉器与剂量盘间隙的调整示意

7. 充填杆夹持器高度调整 机器的装量一般由计量盘的厚度确定,夹持器(填充杆)高度调的合适,可以得到精确的装药量,改变夹持器(填充杆)的高度可以改变药柱的密度从而改变装药量,如图 2-2-27。

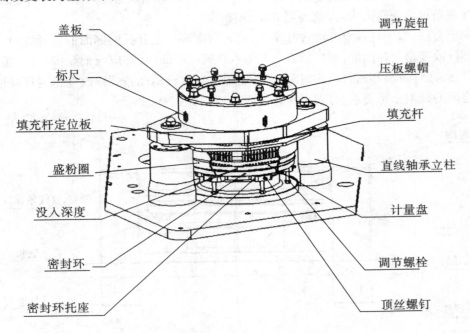

图 2-2-27 充填杆高度的调整示意

调整方法:用手转动电机主轴手轮使充填杆定位板处于最低位置。

松开充填杆夹持器的锁紧螺母,旋转调节旋钮使充填杆下表面与计量盘上表面在同一平面上,此时记住标尺刻度值为零点(约为2.5)。

1~5工位充填杆没入计量盘的深度,建议按下表数值调整(当计量盘厚度为18 mm时),不宜过深(表2-2-3)。

表 2-2-3 剂量盘厚度 18 mm 时,充填杆高度调整的参考值

工位号	1	2	3	4	5
没入深度(mm)	9	5	3	2	0.5

对于富昌的设备,夹持器上的刻度指向几,填充杆下端面和计量盘的上平面的距离就是几。也就是说,它的基准点是计量盘的厚度,各工位的调整方法为:在基准点的基础上依次减去9 mm、5 mm、3 mm、2 mm、0.5 mm。

以上数值可根据实际情况有所变化。

8.药粉高度传感器的调整 盛粉圈里药粉的高度由一个电容式传感器控制,可根据药粉的流动性,适当调整传感器的高度,距离量盘最大高度40 mm,只要松开锁紧螺母(卡子上的螺钉),竖直移动传感器高度就可,然后紧固锁紧螺母(卡子上的螺钉),如图2-2-28。

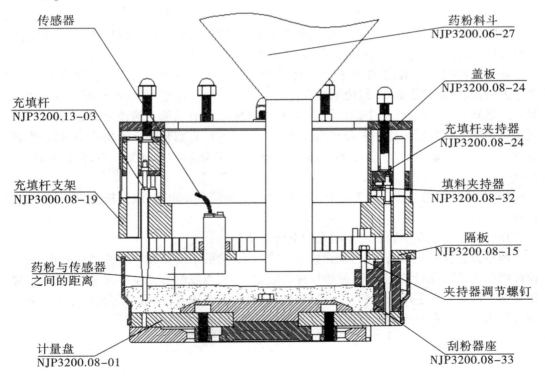

图 2-2-28 药粉高度传感器的调整示意

调整方法:松开锁紧螺母在竖直方向移动传感器。

传感器灵敏度的调整可转动其上部的调节螺钉来实现。传感器下端面与药粉上平面间的距离为 2 ~ 8 mm。

9. 残次胶囊剔除的调整 在第 6 工位上,有吸嘴和上下运动的推杆,对未被分开的或有其他问题的胶囊进行剔除。吸嘴和推杆的高度可以调整,当更换胶囊的规格时,就要进行适当的调整,如图2-2-29。

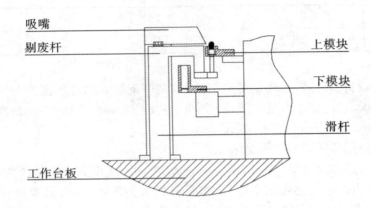

图 2-2-29 胶囊剔废结构示意

吸嘴的调整方法是:松开紧固顶丝上下调整吸嘴高度,然后拧紧顶丝即可,注意吸嘴不要过低,否则会吸掉上模块中已分开的胶囊帽。

调整推杆时要仔细,推杆上下运动时不能与上下模块相碰。调整方法分两步:一是水平方向调整,俯视剔废工位,使剔废顶针处于上模孔中心位置,将剔废推杆固定螺钉拧紧。二是竖直方向调整,在工作台面下,松开拉杆两端关节轴承上的锁紧螺母,转动拉杆就可以调整推杆高低。将一未分开的胶囊和已分离的胶囊帽装入上模块孔中,转动电机主轴手轮使推杆上下运动,观察推杆的位置和高度,合适后拧紧锁紧螺母即可,如图2-2-30。

10. 胶囊锁合的调整 胶囊锁合后的成品长度不符合要求时,或更换胶囊规格后,就要对锁合机构进行调整。

顶针的高度是保证胶囊完全闭合的重要条件。

调整方法:将一个扣合好的胶囊放入上模块中,然后手动使顶杆上升到最高点,松开拉杆两端的锁紧螺母,转动拉杆使推杆顶着胶囊上升,当胶囊升到刚好接触压板时,拧紧锁紧螺母即可。在手动升起顶杆时若顶杆未到最高点时胶囊已接触压合板,那么先调整拉杆把推杆降低些再继续调整即可(原理同图2-2-31)。

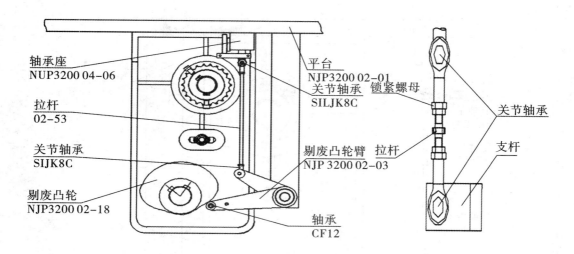

图 2-2-30 剔废推杆驱动机构的调整示意

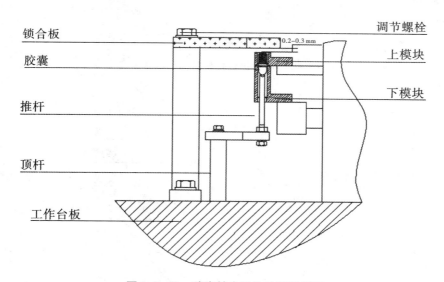

图 2-2-31 胶囊锁合机构的调整示意

　　在充填过程中,如果发现胶囊闭合不好(太松未闭合,太紧胶囊变形-顶凹)就要重新进行更仔细的调整,如图 2-2-32。

　　11.胶囊导出装置的调整　成品导出装置的调整包括成品导向板和顶针的调整。成品导向板可以改变角度和高低位置,只要松开两端的螺栓就可调整,根据实际情况以能顺利导出胶囊为准,调好后拧紧螺栓即可(图 2-2-33)。

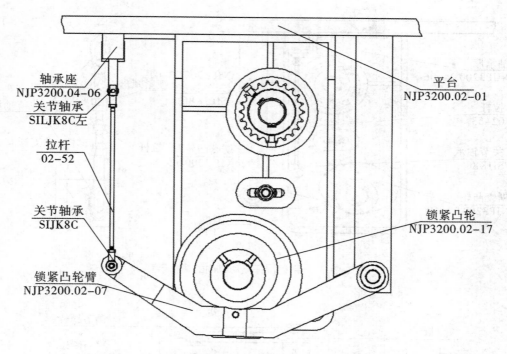

轴承座
NJP3200.04-06
关节轴承
SILJK8C左

拉杆
02-52

关节轴承
SIJK8C

锁紧凸轮臂
NJP3200.02-07

平台
NJP3200.02-01

锁紧凸轮
NJP3200.02-17

图 2-2-32 胶囊锁合推杆机构的调整示意

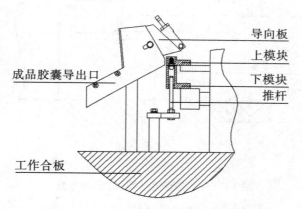

导向板
上模块
下模块
推杆

成品胶囊导出口

工作合板

图 2-2-33 成品胶囊导出装置的调整示意

　　成品顶针的调整与压合顶针的调整方法相同（图2-2-34）。顶针最高位置以顺利推出胶囊为准，最低位置必须低于下模块的下平面。

　　12. 安全离合器的调整　安全离合器是安装在主电机减速机输出端的装置，它是在机器过载时起保护作用的，负载正常时离合器不应打滑，但由于长时间使用也会出现打滑现象。当正常使用出现打滑现象时，可以将离合器的螺母拧紧些，以达到保证机器正常运转又能起保护作用的目的，如图2-2-35。

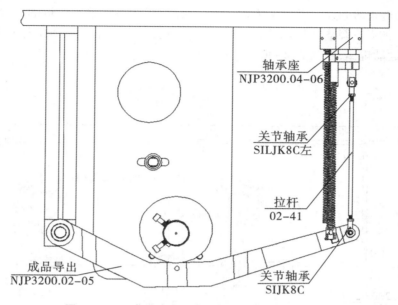

图 2-2-34 成品胶囊导出装置驱动机构的调整示意

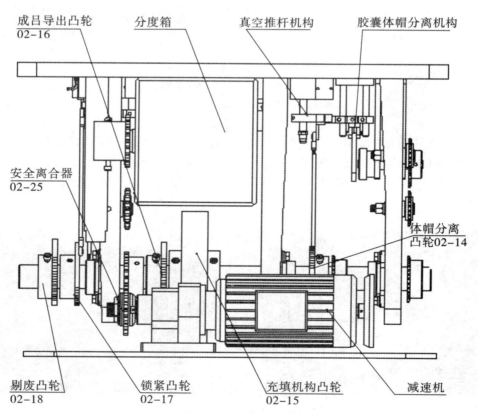

图 2-2-35 安全离合器在传动装置中的示意

13. **传动链条的调整**　当发现传动链条过松时,可适当调整主电机的位置使链条变紧,也可移动张紧轮调整,但是不能使链条脱离任何链轮,更不能将链条打开,以免打乱整个机构的运动规律,如图 2-2-36。

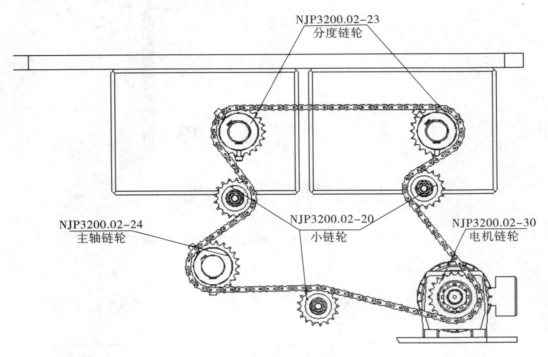

图 2-2-36　传动链示意

注:每月检查一次链条,有松动需上紧一次,并加润滑油

14. **真空压力的调整**　本机真空系统采用水环真空泵,要用清洁的水,水量不需很大,水量可用水箱上的截止阀调节。真空度也可用真空管路上的截止阀调节,真空度在真空表上读出,一般在 -0.025 ~ -0.04 MPa,以保证胶囊能拨开又不损坏为最好(图 2-2-37)。

图 2-2-37　真空压力的调整

活动与探究

1. 以小组为单位两两结合,一组提出设备调整题目,另一组回答如何调整设备。
2. 以小组为单位两两结合,一组设置设备调整项目,另一组在老师的监管下对设备进行调整。

活动六　设备常见的故障及其处理

(1)播囊管中胶囊下落不畅,如图2-2-38,图2-2-39。

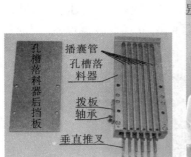

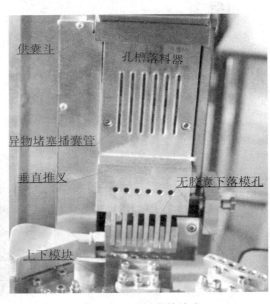

图2-2-38　孔槽落料器　　　　图2-2-39　播囊管堵塞

产生原因:①个别胶囊过大或变形;②有异物堵塞;③通道划伤。

检查处理办法:①将播囊管上升到最高位置;②目视滑道,如发现胶囊过大或变形,更换合格胶囊;③如发现异物,用钩针或镊子清除;④用水磨砂纸抛光通道。

(2)胶囊体帽分离不良,如图2-2-40。

图 2-2-40　体帽分离不良

产生原因:①胶囊尺寸不合格,预锁过紧;②上下模块错位;③模板孔中有异物;④真空度太小,管路堵塞或漏气;⑤真空吸板不贴模块。

检查处理方法:①目视检查胶囊;②用校棒调整模块位置;③观察模块孔中是否有异物,如有,用钩针、镊子、毛刷清理,如图 2-2-41;④检查真空表的气压,供气要求见真空压力的调整。同时检查真空管道,清理过滤器;⑤仔细调节真空吸板位置,同时检查真空管路及过滤器。

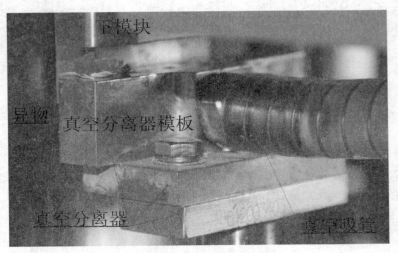

图 2-2-41　真空分离器异物堵塞

(3)成品胶囊底部有针孔。

产生原因:胶囊底部有气泡。

检查处理方法:目视及手感检查胶囊,更换合格胶囊。

(4)胶囊底部有顶坑,如图 2-2-42。

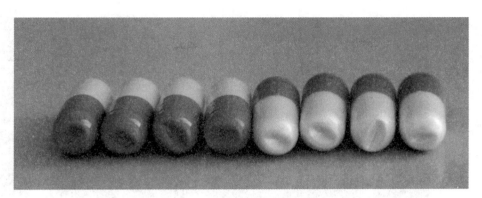

图 2-2-42　胶囊底部有顶坑

产生原因：①胶囊底部太薄,太潮,底部有气泡;②上下模板错位,锁合处锁囊顶针太高。

检查处理方法：①目视及手感检查胶囊,更换合格胶囊;②检查压合处,调整上下模块,调整锁合拉杆,具体调整方法见胶囊锁合的调整。

（5）运行中突然停机。

产生原因：①药粉、空囊用完;②药粉中混入异物阻塞出料口;③电控系统元器件损坏;④机械传动零件松动,损坏卡住,电机过载。

检查处理方法：首先检查故障页面:①添加料粉、空胶囊;②检查药粉中是否混入异物,如有,取出;③检查料斗电控系统,电机接触器是否良好;④检查机械传动部分是否有零件松动,造成运动干涉,电机过载,如属此类问题,应仔细检查修复,并对机器做相应的调整。

（6）不自动加料。

产生原因：①电路接触不良;②料位传感器或供料电器损坏;③料位传感器粘有异物;④料位传感器灵敏度调节太高;⑤加料键在定时供药位置上。

检查处理方法：①检查传感器是否粘有异物并清除;②参考电器原理图检查相应的电路,由电工排除故障;③检查传感器灵敏度,调整传感器灵敏度;④检查是否由上料开关保护引起,如属此类问题,将其复位。

（7）成品排出不畅,图2-2-43。

产生原因：①胶囊有静电;②异物堵塞;③成品导出口仰角过大;④固定成品导出口螺钉松动突起;⑤顶针位置不当。

检查处理方法：①检查成品导出口是否有胶囊黏留现象,如有,用清洁压缩空气吹出成品;②如属于成品导出口仰角过大、过小问题,则可通过导向板两端的螺栓改变其角度和高低位置;③清理成品导出口;④对成型导向板的角度和高低进行调整并紧固松动固定螺钉;⑤检查顶针位置,根据需要对拉杆进行调节。

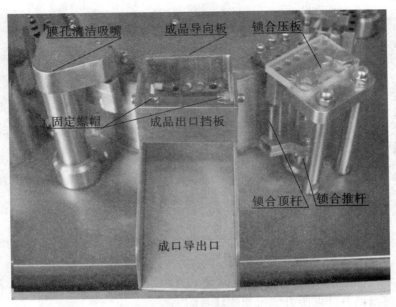

图 2-2-43　成品排出不畅

（8）胶囊不能合紧，如图 2-2-44。

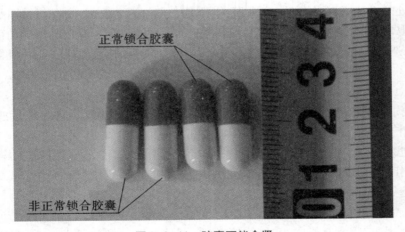

图 2-2-44　胶囊不能合紧

产生原因：①胶囊锁口太松；②压合顶杆调整不到位；③凸轮力臂弹簧太松；④药粉含大量木纤维充填后膨胀。

检查处理方法：①检查胶囊体帽松紧度，如果太松，则需更换合格胶囊；②检查压合顶杆是否到位，如不到位，请按前面相关内容调整；③检查凸轮力臂弹簧的张力，如张力过小，则更换凸轮力臂弹簧。

（9）多种故障现象及其纠正措施见表 2-2-4，表 2-2-5，表 2-2-6。

表 2-2-4　胶囊劈叉原因及纠正措施

序号	故障现象	纠正措施
1	模块孔内有毛刺	刮刀剔除
2	胶囊内装颗粒太硬太满	改变物料形状
3	上下模块不对中	调整上下模块
4	胶囊变形不圆	更换胶囊

表 2-2-5　胶囊内容物偏差大原因及纠正措施

序号	故障现象	纠正措施
1	药粉流动性不好	加辅料、滑石粉、微粉硅胶、硬脂酸镁
2	药粉黏充填杆	调整周期,加辅料
3	药粉不均匀,易分离分层	改变物料性状
4	上下模块不能对中重合	调整至两孔对中

表 2-2-6　漏粉严重原因及纠正措施

序号	故障现象	纠正措施
1	计量盘与密封环间隙太大	调整密封环
2	盛粉圈与铝盖挡粉板间隙太大	调整盛粉圈
3	上下模块不能对中重合	调整至两孔对中
4	药粉不能压合成形	改变物料性状

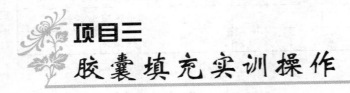

项目三
胶囊填充实训操作

活动一　胶囊填充实训

一、实训目标

(1)掌握胶囊填充岗位操作法。
(2)掌握胶囊填充工艺管理要点及质量控制要点。
(3)掌握 NJP-800 全自动胶囊填充机的标准操作规程。
(4)掌握 NJP-800 全自动胶囊填充机的清洁和保养标准操作规程。

二、实训适用岗位及设备介绍

（一）适用岗位

本工艺操作适用于胶囊填充工、胶囊填充质量检查工、工艺员。

1.胶囊填充工

（1）工种定义：胶囊填充工是指将药物粉末或颗粒，使用半自动或全自动胶囊填充机，充填于空心胶囊中，抛光成为合格胶囊剂的操作人员。

（2）适用范围：胶囊填充机操作、质量自检。

2.胶囊填充质量检查工

（1）工种定义：胶囊填充质量检查工是指从事胶囊填充全过程的各工序质量控制点的现场监督和对规定的质量指标进行检查、判定的人员。

（2）适用范围：胶囊填充全过程的质量监督（工艺管理、QA）。

（二）常用胶囊填充设备

胶囊填充主要设备是全自动胶囊填充机，辅助设备有真空泵、抛光机、吸尘器，主要配件有胶囊模具。

三、实训设备

NJP-800 全自动胶囊填充机。

四、实训内容

（一）岗位职责及岗位操作法

1. 胶囊填充岗位职责

（1）严格执行胶囊填充岗位操作方法和胶囊填充设备标准操作规程。

（2）负责胶囊填充所用设备的安全使用及日常保养，防止发生生产安全事故。

（3）严格执行生产指令，保证胶囊填充所有物料名称、数量、规格、质量准确无误、胶囊质量符合规定质量要求。

（4）自觉遵守工艺纪律，保证胶囊填充岗位不发生混药、错药或对药品造成污染。

（5）认真如实填写生产记录，做到字迹清晰、内容真实、数据完整，不得任意涂改和撕毁，做好交接记录，顺利进入下道工序。

（6）工作结束或更换品种时应及时做好清洁卫生并按有关 SOP 进行清场工作，认真填写相应记录。做到岗位生产状态标识、设备所处状态标识、清洁状态标识清晰明了。

2. 胶囊填充岗位操作法

（1）生产前准备：①检查操作间是否有清场合格标志，并在有效期内，检查工具、容器等是否清洁干燥，否则按清场标准程序进行清场并经 QA 检查合格后，填写清场合格证，方可进行下一步操作。②检查设备是否有"设备完好"标牌、"已清洁"标牌，并对设备状况进行检查，确认设备正常，方可使用。③调节电子天平，核对模具是否与生产指令相符，并仔细检查模具是否完好。④根据生产指令填写领料单，并向中间站领取所需囊号的空心胶囊和药物粉末或颗粒，并核对品名、批号、规格、数量、质量无误后，进行下一步操作。⑤按胶囊填充设备消毒标准操作规程对设备、模具及所需容器、工具进行消毒。⑥挂本次操作状态标志，进入操作程序。

（2）生产操作：①按胶囊填充设备标准操作规程依次装好各个部件，接上电源，调试机器，确认机器处于正常状态。②让机器空运转，确认无异常后，将空心胶囊加入囊斗中，药物粉末或颗粒加入料斗，试填充，调节装量，称重量，计算装量差异，检查外观、套合、锁口是否符合要求。确认符合要求并经 QA 人员确认合格。③试填充合格后，机器进入正常填充。填充过程经常检查胶囊的外观、锁口以及装量差异是否符合要求，随时进行调整。④及时对充填装置进行调整，以保证填充出来的胶囊装量合格。⑤填充完毕，关机，胶囊盛装于双层洁净物料袋，装入洁净周转桶，加盖封好后，交中间站。并称重贴签，及时准确填写生产记录，并进行物料平衡。填写请验单，送化验室检验。⑥运行过程中随时检查设备性能是否正常，一般故障自己排除；自己不能排除的，通知维修人员维修，正常后方可使用。

（3）清场：①回收剩余物料，标明状态，交中间站，剩余空心胶囊退库，并填写清场记录。②按胶囊填充设备清洁标准操作规程、场地清洁标准操作规程对设备、场地、用具、容器进行清洁消毒，经 QA 人员检查合格后，发清场合格证。

（4）如实填写生产操作记录：见表2-3-1～表2-3-6。

表 2-3-1 批生产指令单

产品名称				规格	
产品批号		生产日期	年 月 日	产品代码	
计划产量				指令单号	
物料名称	单位	处方量		投料量	
诺氟沙星	kg	100 g		25 kg	
淀 粉	kg	85 g		21.25 kg	
蔗 糖	kg	25 g		6.25 kg	
乙 醇	kg	适量		约20 L	
制 成		1 000 粒		25 万粒	
请按_____工艺规程组织生产					
备注：					
编制人： 年 月 日				审批人： 年 月 日	

表 2-3-2 领料单

年　　月　　日

物料名称	生产厂家	物料编号	批号	检验单号	单位	请发数	实发数
备注：							

表 2-3-3　胶囊填充岗位工艺指令单式样

文件编号:YY—SOP—＊＊—＊＊—＊＊—＊＊

NO:

年　　月　　日

产品名称		批　号	
规　　格	mg/粒	批　量	万粒
胶囊剂型号		模具规格	□0# □1# □2#
胶囊颜色	帽　　体	空心胶囊型号	□0# □1# □2#
填充重量	mg/粒	确定装量人	
发放人		指令接收人	

★操作前检查与准备 1.按前批清场工作记录检查。 (1)前批遗留物已清除,符合要求。 (2)设备完好已清洁。 (3)设备已清洁。 (4)衡器已清洁。 (5)衡器已校验,"校验合格证"并在有效期内,符合要求。 2.个人卫生符合要求。 3.按工具、容器及设备各自消毒程序进行消毒,消毒剂名称_____,消毒剂浓度为_____%,应符合要求。 4.按工艺要求选配模具,其规格为_____,应符合要求。 5.按流通卡片逐项核对,卡物应一致。 6.操作间温度、湿度、压差应符合要求。	□符合　□不符合 □完好　□不完好 □已清洁　□未清洁 □已清洁　□未清洁 □符合　□不符合 □符合　□不符合 □已消毒　□未消毒 □符合　□不符合 □一致　□不一致 □符合　□不符合
★操作:按胶囊机操作程序进行填充和控制 1.按胶囊填充指令单校对电子天平的量程。 2.中间控制(见记录和报告单)。 (1)按内控标准重量差异应为____%,每次称量20粒重量差异均在范围内,应符合要求。 (2)按内控标准胶囊的崩解时限为≤____min,应符合要求。 (3)按内控标准,胶囊的外观应符合要求。 3.填充好的胶囊抛光、灯检后,装入已消毒的容器内,并按衡器使用保养规程称重(见胶囊填充岗位生产记录)并贴(挂)标志,送中间站,填写请验单,应符合要求。	□符合　□不符合 □符合　□不符合 □符合　□不符合 □符合　□不符合 □符合　□不符合

续表 2-3-3

★清场 1.按清场管理规定的要求进行清场,必须合符(见清场合格证)清场工作记录正本。 2.按工、器具及设备各自消毒程序进行消毒,消毒剂名称_____,应符合要求。 3.按工具清洁、消毒程序进行清洁、消毒,消毒剂名称_____,消毒剂浓度为____% ,应符合要求。	□符合 □不符合 □符合 □不符合 □符合 □不符合
★记录 1.按生产记录管理规定及时填写胶囊岗位生产记录、胶囊岗位生产检测记录、清场工作记录等,要求记录文件齐全。 2.物料平衡计算,按物料平衡管理规定胶囊填充物料平衡应为97%以上,应符合要求。 3.偏差情况:若偏差超出偏差允许范围,必须填写偏差报告。	□齐全 □不齐全 □符合 □不符合 □不超偏差 □超偏差合

表 2-3-4　硬胶囊填充生产记录(一)

产品名称	诺氟沙星胶囊	规格		批号	
工序名称	胶囊填充	生产日期	年　月　日	批量	100 万粒
生产场所	胶囊填充间	主要设备			
序号	指令	工艺参数	操作参数		操作者签名
1	岗位上应具有"三证"	清场合格证 设备完好证 计量器具检定合格证	有 □　　无 □ 有 □　　无 □ 有 □　　无 □		
	取下清场合格证,附于本记录后		完成 □　未办 □		
2	检查设备的清洁卫生	胶囊填充机 抛光机 吸尘器 工具 周转容器 操作室 其他设备	已清洁 □ □ □ □ □ □ □	未清洁 □ □ □ □ □ □ □	
	领取空心胶囊	形状: 规格:	符合 □	不符 □	
	空机试车	—	正常 □　异常 □		

续表 2-3-4

序号	指令	工艺参数	操作参数	操作者签名
3	与中转站管理人员交接物料	核对　品名　规格　批号　质量　数量	符合　　不符 □　　□ □　　□ □　　□ □　　□ □　　□ □　　□	

物料领用	品名	规格	批号	检验单号	数量	操作人	复核人
	诺氟沙星						
	空心胶囊						
	其他						

序号	指令			
4	标准装量　　　　　　mg	装量范围　　mg ～　　mg		
	确定装量 试车,调整装量 使胶囊符合工艺参数要求	真空度		
		风　量		
5	抛光操作	－	－	

填充后胶囊	桶号	毛重（kg）	皮重（kg）	净重（kg）	折胶囊数（万粒）	日期	班次	设备编号	操作者签名
	1								

序号					
6	与中转站管理人员交接,接受人核对,并在递交单上签名　　　　　已签□　　未签□				

领入量（折万粒）	胶囊总重量（折万粒）	可利用余粉（折万粒）	不可用余粉（折万粒）	物料平衡（%）

计算人	复核人	QA	岗位负责人

序号	
7	异常情况与处理记录：

表 2-3-5　硬胶囊填充生产记录(二)

产品名称		诺氟沙星胶囊		规　格			批号		
胶囊填充机						设备编号			
序号	检查	时间							
1	胶囊填充巡回检查		粒数						
			总重						
			平均装量						
			外观						
			生产速度						
		操作者签名:				复核人:			
2	装量差异检查	时间(第一次)							
		1		6		11		16	
		2		7		12		17	
		3		8		13		18	
		4		9		14		19	
		5		10		15		20	
		总重量	平均装量	最高装量		最低装量		装量差异	崩解时限
		操作者签名:				复核人:			
		时间(第二次)							
		1		6		11		16	
		2		7		12		17	
		3		8		13		18	
		4		9		14		19	
		5		10		15		20	
		总重量	平均装量	最高装量		最低装量		装量差异	崩解时限
		操作者签名:				复核人签名:			
QA						岗位负责人			

生产卡片

药院附属制药厂 工序状态标示牌 （胶囊） YY-GT-09-11-05-03 工序名称_____ 状态_____ 品名_____ 规格_____ 批号_____ 日期_____	药院附属制药厂 物料标示卡 YY-GT-09-11-05-04 生产工序_____ 品名_____ 批号_____ 规格_____ 数量_____ 操作人_____ 生产日期_____	药院附属制药厂 物料流通卡片 YY-GT-09-11-05-05 品名_____ 批号_____ 毛重_____ 规格_____ 皮重_____ 净重_____ 检验者_____ 日期_____ 操作者_____ 日期_____

清场合格证（式样）

岗位：_____

结束生产品种：_____ 批　号：_____

药院附属制药厂

清场合格证（正本）

清场日期：_____ 清场人：_____

有效期至：_____ 质监员：_____

岗位：_____

结束生产品种：_____ 批　号：_____

药院附属制药厂

清场合格证（副本）

清场日期：_____ 清场人：_____

有效期至：_____ 质监员：_____

表 2-3-6 清场工作记录

生产品名		规格	生产批号		生产工序	

清场开始时间：　　年　月　日　时　分

	清场项目	清场结果	操作人	复核人
1	所有的原辅料、包装材料、中间品、成品、废弃物料是否已清理出生产现场。			
2	所有与下一批次生产无关的文件、表格、记录是否已清理出现场。			
3	房间内生产设备是否已清洁/消毒。			
4	生产用工具、器具、容器是否已清洁/消毒并按规定存放。			
5	地漏、水池、操作台、地面、墙面、门窗、顶棚是否已清洁/消毒。			
6	灯管、排风管道表面、开关箱外壳是否清理。			
其他				

清场结束时间：　　年　月　日　时　分

清场检查意见：

检查人：_____　　日期：年　月　日　时　分

（二）生产工艺管理要点

（1）胶囊填充操作室按 D 万级洁净度要求，室内相对室外呈正压，温度 18 ~ 26 ℃、相对湿度 45% ~ 65%。

（2）认真检查和核对物料，如外观性状、水分、含量、均匀度等应符合质量要求，空心胶囊和模具，应准确无误。

（3）填充过程随时检测胶囊重量，及时进行调整。

（4）胶囊套合应到位，锁口整齐，松紧合适，防止有劈叉或顶凹的现象。

（5）抛光应控制速度，及时更换摩擦布，保证胶囊洁净。

（三）质量控制关键点

1. 外观　套合到位，锁口整齐，松紧合适，无劈叉或顶凹现象，应随时观察，及时调整。

2. 装量差异　是胶囊填充质量控制最关键的环节，应引起高度重视，装量差异与多方面因素有关，应经常测定，及时调整，使装量差异符合内控标准要求。

3. 水分　与空间温湿度、物料及时密封有关，应做好相关工作，使水分符合内控标准要求。

4．含量　应符合内控标准要求。

5．均匀度　应符合内控标准要求。

（四）NJP-800型全自动胶囊填充机标准操作规程

1．操作前检查工作　①检查设备是否挂有"设备完好""已清洁"状态标志牌。②取下"已清洁"更换为"正在运行"标示牌，准备生产。

2．设备操作前检查工作　①检查电源连接是否正确。②检查润滑部位，加注润滑油（脂）。③检查机器各部件是否有松动或错位现象，若有加以校正并坚固。④将吸尘器软管插入填充机吸尘管内。⑤打开真空泵水源阀门。

3．点动运行操作步骤　①合上主电源开关，总电源指示灯亮。②旋动电源开关，接通主机电源。③启动真空泵开关，真空泵指示灯亮，泵工作。④启动吸尘器进行吸尘。⑤按点动键，运行方式为点动运行，试机正常后，进入正常运行。⑥按启动键，主电机指示灯亮，机器开始运行，调节变频调速器，频率显示为零。

4．自动装药操作步骤　①将空心胶囊装进胶囊料斗。②按加料键，供料电机工作，当料位达到一定高度时供料电机自动停止。③调节变频调速器，至所需的运行速度。④需要停机时，按一下停止按钮，再关掉真空泵和总电源。⑤紧急情况下按下急停开关停机。

5．更换或安装模具　胶囊规格改变时，必须更换计量盘、上下模块、顺向器、水平推叉、播囊管组件等物件，每次换完物件在开机前都必须用手扳动主电机手轮运转1～2个循环，如果感到异常阻力就不能再继续转动，需对更换部分进行检查，并排除故障。

6．上下模块的更换和安装　①松开上下模具的紧固螺钉取下上下模块。②下模块由两个圆柱销定位，装完下模块后再把螺钉拧紧。③装下模块时，先将调试杆分别插入到两个外侧载囊孔中使上下模块孔对准，再把螺钉上紧，定位好后两个模块调试杆应能灵活转动。④更换模块时用手扳动主电机手轮旋转盘，注意旋转时必须取出模块调试杆。

7．播囊装置的更换和安装　①拧下两个紧固螺钉取下胶囊料斗。②用手扳主电机手轮使水平推叉运行到最高位。③拧下两个固定播囊管组件的螺钉，将播囊管组件拨离两个定位销。④拧下固定顺向器的两个紧固螺钉，取下顺向器部件。⑤拧下水平推叉上的一个紧固螺钉，取下水平推叉。⑥将更换的播囊装置按相反顺序装上。

8．计量盘及充填杆的更换和安装　①提起药粉料斗并将其转向外侧。②转动主电机手轮使填充杆定位板最高位。③拧松螺栓把夹持器从填充杆定位板上取下。④松开夹持器上的锁紧螺钉把下压板拉开，装上充填杆。⑤取下填充杆定位板和挡粉板。⑥用专用扳手拧下固定计量盘的螺栓，装上计量盘和盛粉环。⑦装上挡粉板并拧紧，用转动调节螺栓的方法调好刮粉器底与计量盘之间的间隙。⑧装上定位板并固紧，适当转动计量盘，把校棒顺利插入每个孔中。⑨装上充填杆和夹持器。

9．结束操作　按NJP-800型全自动胶囊填充机清洁消毒规程进行清洗，同时悬挂"待清洁""已清洁"标识牌，并认真填写记录。

（五）胶囊机安全操作注意事项

（1）启动前检查确认各部件完整可靠，电路系统是否安全完好。

（2）检查各润滑点润滑情况，各部件运转是否自如顺畅。

（3）检查各螺钉是否拧紧，有松动应及时拧紧。

（4）检查上下模具是否运动灵活顺畅，配合良好。

（5）启动主机时确认变频调速频率处于零。

（6）在机器运转时，手不得接近任何一个运动的机器部位，防止因惯性带动造成人身伤害。

（7）安装或更换部件时，应关闭总电源，并一人操作，防止发生危险。

（8）机器运转时操作人员不得离开，经常检查设备运转情况，机器有异常现象应立即停机，并排除故障。

（9）严格执行胶囊填充机操作规程，发现问题及时处理。

（六）胶囊填充机清洁标准操作规程

（1）每批生产完毕或换品种，必须对胶囊填充机进行清洁。

（2）对直接接触药物的部件，应拆下来用清水洗尽，表面用75%乙醇消毒。

（3）对不能拆下来的部件，可用吸尘器吸除残留药粉，再用湿布抹干净，再用75%乙醇消毒。

（4）当需要更换配件模具，也要进行清理，可用湿布或脱脂棉蘸75%乙醇擦拭干净。

（5）机器的传动件要经常将油污擦净，以便清楚地观察运转情况。

（6）真空系统的过滤器要定期清理，如发现真空度不够，不能打开胶囊时，应仔细检查真空管路，并清理堵塞的污物。

（7）当机器较长时间停用时。应尽可能拆下各部件，进行彻底清洗，消毒。

（七）胶囊填充机维护保养标准操作规程

（1）按设备维修保养管理规定进行，以预防、保养为主，维修与检查并重；通过维修保养使设备经常保持清洁、安全有效的良好状态。

（2）检查紧固各部位连接的螺栓是否牢固。

（3）检查润滑部位，加注润滑油脂，轴承、滑动、凸轮滚轮涂润滑脂。

（4）检查运动部位清洁。

（5）检查真空过滤器清洁，管路是否清洁。

（6）检查传动链松紧度。

（7）做好运行情况以及故障情况等记录。

（8）发现问题及时与维修人员联系，进行维修。

（9）维修完毕应进行试车验收。

（10）试车机器运转应平稳、无异常振动、无杂音，并符合生产要求。

（八）质量控制

1. 外观　胶囊应整洁光亮，锁口松紧合适，无叉口或凹顶变形等现象。

2. 水分　水分应符合内控标准或药典要求。

3. 装量差异　取填充好的胶囊，进行称重，应符合内控标准或药典要求。

4. 崩解时限　取胶囊剂6粒，用崩解仪测定，应在30 min内全部崩解，否则应复试。

5.溶出度　溶出度应符合药典要求。

五、胶囊填充过程中可能发生的质量问题及解决办法

1.锁口过松　胶囊锁口过松是囊体和囊帽套合不到锁口点位置,导致在抛光或分装时体帽松动,容易产生漏粉。原因是套合力度不够。解决办法是调大套合力度。

2.劈叉或顶凹　劈叉是囊体和囊帽在套合时对不准,囊体未完全套进囊帽中,导致外观不整齐的现象。原因主要是空心胶囊的质量问题或胶囊模具不对中重合。解决办法是选用合格的空心胶囊,重新校正上下模板。

顶凹是在囊体或帽的顶部有凹陷的现象。原因主要是空心胶囊的圆顶厚度不够,或者套合的力度太大。解决办法是选用合格的空心胶囊或者调整套合的力度。

3.装量差异超限　装量差异超限是胶囊的装量超出内控标准或药典标准的范围。原因主要是料斗中的药粉量时多时少,药粉的均匀性、流动性不好,充填装置未调节好,机器转速太快或空心胶囊规格不标准。解决办法是保证料斗中的药粉量,前工序混合制粒要控制好药粉的均匀性、流动性,选用合格的空心胶囊并调整好充填装置和机器转速。

活动二　胶囊填充实训考核

胶囊填充岗位操作技能考核试卷

操作者编码:　　　　　　　　　　　　　　技能考核总分:

领取 1.5 kg 空白颗粒、1 号预锁胶囊 200 g,按 GMP 程序,操作胶囊填充岗位标准操作规范生产出合格胶囊至少 1 500 粒,应用模具为 1# 号模具,下达粒重 0.42 g(0.42+0.08 =0.50 g),按内控标准(±5%),每粒粒重合格标准范围为:0.475～0.525 g(　　　)粒的总重合格标准范围为(　　　)g。

最后填充成的胶囊总重量_____。

最后填充成的胶囊总重量约为_____粒(胶囊总重／平均粒重)。

合格胶囊为_____粒。

平均粒重为_____mg。

胶囊外观得分_____。

评分:

1.成品胶囊数量得分:_____。

2.20 粒合格品得分:_____。

3.胶囊外观得分:_____。

4.技能考核总分:_____。

表 2-3-7 胶囊填充岗位操作技能考核评分标准

班级： 学号： 日期： 得分：

序号	考核内容	操作内容	分值	评分要求	分值	得分
1	装机前检查	温度、相对湿度、静压差、操作间设备、仪器状态标志检查和记录	5	1. 温度、相对湿度、静压差检查记录。	1	
				2. 操作间设备、仪器状态标志检查。	2	
				3. 检查所使用的工器具是否齐全。	1	
				4. 检查辅助部分水源的供入。	1	
2	装机	播囊装置及充填部分的安装	10	1. 规范检查冲杆的大小、规格和磨损情况。	2	
				2. 按要求对各零部件进行消毒。	2	
				3. 播囊装置的安装顺序合理，动作规范。	2	
				4. 计量盘的定位、充填装置的安装动作合理、规范。	3	
				5. 空机运行 3 ~ 5 个周期，机器是否运行正常。	1	
3	填充胶囊	物料的领取，启动机器，调频，空机试车，加料。调节胶囊填充量，合格与不合格品应分装	10	1. 及时更换状态标志。	2	
				2. 按 GMP 规范领取物料。	2	
				3. 调节频率至合适大小。	1	
				4. 空机试车检查真空、剔废、锁合、导出是否正常。	2	
				5. 按 GMP 规范分装合格和不合格品。	3	
4	清场	关机，更换"待清洁"状态标志；卸下记计量盘中的剩余物料；打扫地面；挂"已清洁"状态标志	15	1. 正确填写清场合格证、适时悬挂"待清洁"和"已清洁"状态标志。	2	
				2. 清除物料，动作规范。	2	
				3. 拆卸机器顺序合理，动作规范。	2	
				4. 清洁机器(毛巾的使用)顺序合理，动作规范。	6	
				5. 及时正确填写记录及物料标示卡，并准确发放。	3	
5	生产记录	物料记录、温湿度记录、胶囊填充过程记录	5	1. 生产记录的真实性和准确性。	2	
				2. 生产记录的完整性。	1	
				3. 生产记录的及时性。	1	
				4. 按 GMP 规范修改生产记录写错处。	1	

续表 2-3-7

序号	考核内容	操作内容	分值	评分要求	分值	得分
6	安全生产	评估生产过程中是否存在影响安全的行为和因素	5	1. 启动前检查确认各部件完整可靠,电路安全完好。	1	
				2. 开机前是否及时关上四面的防护罩。	1	
				3. 更换部件或安装时,关闭总电源。	1	
				4. 机器运行时电机主轴手轮放于固定位置。	1	
				5. 严禁未关机的情况下处理机器故障。	1	
7	团队协作	评估队员之间沟通、配合和协调情况	5	1. 队员之间沟通流畅。	1	
				2. 队员之间配合默契。	2	
				3. 队员之间分工明确、协调科学。	2	
8	按时完成	评估是否按时完成操作任务	10	未按时完成生产任务者 0 分。	10	
9	填充合格的胶囊	胶囊的数量足够,胶囊外观与填充量合格	15	1. 要求合格的胶囊的数量为(粒)。	10	
				2. 胶囊外观应整洁光亮,锁口松紧合适,无叉口或凹顶变形等现象。	5	
10	胶囊重量合格	随即抽检 20 粒胶囊,逐个胶囊称量,评估每组的合格胶囊	20	1. 每合格一粒(±5%)。		
				2. 称量有效值为小数点后三位。		
				3. 平均胶囊重有效值保留小数点后四位。		

表 2-3-8 胶囊填充岗位操作技能考核 0.50 g、0.55 g 单粒胶囊粒评分

姓名		学号		日期	
编号	0.42(净重)+0.08(壳重)= 0.50 g		0.47(净重)+0.08(壳重)= 0.55 g		
1					不合格粒重
2					
3					
4					
5					
6					

续表 2-3-8

姓名		学号		日期	
7					
8					
9					
10					
11					
12					
13					
14					
15					
16					
17					
18					
19					
20					
20 粒总重				称量者	
20 粒平均粒重				复核者	

活动三　胶囊剂胶囊填充岗位生产操作规程(机型一)

一、适用机型

NJP-800 全自动胶囊填充机(浙江华达)。

二、生产前的检查

(1)检查操作间是否有上批清场合格证,并在有效期内。

(2)检查设备是否有"设备完好"状态标志,"已清洁"标志,并对设备状况进行检查,确认设备正常,方可使用。

(3)检查工具、容器等是否清洁干燥,查看房间温度、相对湿度及压差。

(4)调节电子天平,核对模具是否与生产指令相符,并仔细检查模具是否完好。

(5)对直接接触药物的零部件用 75% 乙醇进行消毒,包括:设备(铜质密封环、计量盘含盛粉圈和挡粉盖、挡粉板、内挡粉圈);模具(填充杆、上下模块);容器(领料桶、药筛、成品箱、废料箱);工具(呆扳手、内六棱扳手、"T"形扳手)。

(6)挂本次操作状态标志,进入装机。

三、装机

(一)播囊装置的安装

(1)打开四面视窗,检查限位轴是否拔出。

(2)安装电机主轴手轮:拿起电机主轴手轮,让手轮上的键槽对准电机主轴上的键销,推进去,逆时针转动电机主轴手轮,使纵向导向板升到最高位置。

(3)安装顺向器:将顺向器卡在定位销上,使内外螺孔对中重合,装上 6 mm×35 mm 固定螺钉,用 5# 内六棱扳手顺时针将其拧紧。

(4)安装真空气管:手拿真空管,将真空管插入到顺向器快接头处。

(5)安装水平推叉:检查水平导向块是否在最靠近转台的一端,将水平推叉卡在水平导向块上,使内外螺孔对中重合,装上 8 mm×20 mm 固定螺钉,用 6# 内六棱扳手顺时针将其拧紧,使水平推叉上表面与播囊槽的上表面相平。

(6)安装播囊管组件:逆时针转动电机主轴手轮,使纵向导向板转动到最低位置,上下滑动播囊管组件,使内外螺孔对中重合,装上 6 mm×25 mm 固定螺钉,用 5# 内六棱扳手将螺钉分多次均匀拧紧,使垂直推叉在播囊槽中左右间隙均匀。

(7)安装完毕后,逆时针盘动电机主轴手轮 3 周以上,检查是否有异常现象或声音。

(二)计量盘的安装

1. 计量盘的定位　检查填充杆定位板是否处于最低位置,若没有,逆时针转动电机主轴手轮,使填充杆定位板降到最低位置,并使计量盘三个固定螺孔的任一孔和立柱对齐。

(1)安装密封环:取铜质密封环,使密封环有定位孔的一面朝下,有刮粉器的一端靠近转台,远转台一端先放入机座内,用小钩针勾住铜质密封环内侧,使其慢慢落入机座内,用两手示指沿对角线方向压按密封环,看是否有晃动现象。

(2)安装计量盘:①大拇指在内,四指在外,两手持盛粉圈(含计量盘)两侧将计量盘放到密封环上方,并旋转计量盘使计量盘上的固定螺孔与机器上的三个固定螺孔对中重合。②取挡粉盖,将挡粉盖平面朝上,装入计量盘内侧,使挡粉盖上的螺孔与计量盘内侧的螺孔对中重合,依次装上平垫片、弹簧垫片及三枚 8 mm×40 mm 固定螺钉,用手将挡粉盖的固定螺钉固定。注:使计量盘有轻微的晃动,以便于计量盘的定位。

(3)安装挡粉板:①两手拿住挡粉板两端,使带有刮粉器的一面朝向转台,两边孔垂直套入左右升降立柱,使上下六个螺孔对中重合。②从工具盘内取出平垫片、弹簧垫片及六枚 5 mm×15 mm 螺钉依次放于两边固内定螺孔内,沿对角方向两手将挡粉板上的螺钉拧紧即可。

(4)安装填充杆定位板:用手紧握填充杆定位板两侧的紧固螺栓杆,将有凹槽的一边朝向转台,将填充杆定位板上的两端孔槽对准升降立柱,沿垂直方向放下,听到有金属碰撞声为佳,否则拔起重新安装,依次装上平垫片、弹簧垫片及两枚 10 mm×20 mm 号固定螺钉,用 17#扳手将其拧紧。

（5）定位计量盘:①取计量盘定位校棒,对角垂直向下放入相应的定位孔内,双手轻微转动盛粉圈（含计量盘）使校棒自由进入到计量孔最深处,双手轻轻提起校棒旋转自由落下,看校棒是否无阻碍自由进入计量孔最深处、用 14#T 形扳手分多次拧紧计量盘内的三个固定螺钉。②切记取出校棒（以免盘动手轮,损坏校棒）,放入指定的洁净托盘内。③转动电机主轴手轮 5 周以上,看是否有异常声音,无异常声音,使填充杆定位杆升到最高位置。

（6）安装内外挡粉圈:将内挡粉圈置于填充杆定位板的内凹槽上,用手触摸内挡粉圈内侧和填充杆定位板衔接处是否有间隙,若没间隙则证明安到位;将外挡粉圈置于填充杆定位板外凹槽上,将没有标尺孔的一面朝向转台。

（7）安装填充杆组件:①取一工位填充杆组件,俯视顺时针旋转填充杆组件上的黑色调量旋钮,使其上升到最高位置,置于一工位上方,并将有标示尺的一面朝外,垂直向下放入相应的填充杆定位板的定位孔内,使填充杆组件上压盖的内外凹槽与内外挡粉圈刚好卡紧（依次安装二至六组填充杆组件,方法同上）。②调节外挡粉圈标尺孔:用手将外挡粉圈轻微左右转动,使标尺孔能清楚地看清填充杆组件上标尺刻度即可。③依次装上平垫片、弹簧垫片、压盖螺帽,用 17#扳手顺时针将其拧紧,用 19#扳手将锁紧螺母拧紧。

2. 填充杆定位调整

（1）第六工位填充杆定位:用手逆时针转动电机主轴手轮使充填杆定位板处于最低位置,俯视逆时针方向旋转调量旋钮调节第六组填充杆组件,蹲下平视计量盘下平面和下模块间的缝隙,使充填杆下端面低于计量盘下表面 2 mm,调好后用 19#扳手将锁紧螺母拧紧。

（2）基准点调整:调节一工位填充杆组件上的黑色调量旋钮,使充填杆下端面与计量盘上端面在同一平面上,此时记住填充杆组件标尺刻度值,将此刻度视为为零点,在此基础上进行调整。

（3）1~5 组填充杆定位:在基准点的基础上 1~5 工位依次加上 9 mm、5 mm、3 mm、2 mm、0.5 mm,并用 19#扳手依次将填充杆锁紧螺母顺时针拧紧。

在拧紧锁紧螺母前,应用手固定填充杆锁紧螺母,再次检查标尺刻度是否正确,以防填充杆组件锁紧螺母的拧紧造成填充杆组件的上升。

（4）逆时针盘动电机主轴手轮,使机器运行 3~5 个周期,拔出手轮,确认机器无任何异常情况后,方可正常开机。

四、空机试机

（一）开机前的检查

（1）更换状态标志:已清洁→正在运行。

（2）检查水箱水位是否正常。

（3）检查水箱阀门是否打开（平行开,垂直关）。

（4）吸尘器开关是否打开。

（5）四面视窗是否关闭。

（二）开机操作

（1）将墙壁上的空气开关推上。

（2）打开操作面板红色护指开关：旋转90°由OFF→ON，机器内照明灯亮。

（3）打开黑色控制开关，电源指示灯亮，触摸屏显示初始页面。

（4）点击初始页面进入中英文选择页面，点击中文，进入密码页面。

（5）输入密码3478，点击"ENT"进入操作菜单页面。

（6）点击操作菜单上的"手动操作"键，机器是进入手动操作页面。

（7）点击频率调整键"▲""▼"，将频率降到10 Hz以下。

（8）点击"点动"按键不放开，让大盘转动三周以上，观察设备运行是否正常，松开点动按键，设备停止转动。

（9）点击"主机"按键，控制指示灯亮，让大盘转动三周以上，观察机器是否运行正常，再次点击"主机"按键，设备停止转动。

（10）点击"真空"和"主机"按键，让大盘转动三周以上，对机器进行抽真空情况进行检查，观察机器是否运行正常，再次点击"主机"和"真空"按键，设备停止转动。

（11）点击触摸屏右上角"返回"按键，返回操作菜单页面，点击操作菜单上的"自动操作"键，机器是进入自动操作页面。

（12）点击"运行"按键，设备进入全自动运行状态，让大盘转动三周以上，观察机器是否运行正常，点击"停止"按键，设备停止转动。

注：点击"停止"按键前，摇确保阻尼弹簧停留在限位轴上方。

（13）按右上角的"返回"按键，返回到操作菜单，使界面进入手动操作页面。

（14）在胶囊料斗内加入预锁胶囊，至感应器上方，推进限位轴，使胶囊壳能正常下落。

（15）点击触摸屏下方的"真空"和"主机"按键，设备正常运行，检查囊帽与囊体是否正常分离，再次点击"主机"和"真空"按键，设备停止转动。

（16）点击触摸屏右上角"返回"按键，返回操作菜单页面，点击操作菜单上的"自动操作"键，机器是进入自动操作页面。点击"运行"按键，设备进入全自动运行状态检查囊帽与囊体是否正常分离，点击"停止"按键，设备停止转动，返回菜单页面。

（17）逆时针松动黑色药物料斗固定旋钮，将设备上方的加药物料斗下出料口移入盛粉圈内，并顺时针旋转药物加料斗的黑色固定旋钮，并将其固定。

五、领取物料

取中间产品交接单（在原始记录内）、生产指令单，领取物料，领用时，需要对物料的品名、规格、重（数）量、批号、外观进行核对并检查。

六、生产操作

(一)试生产

1.物料检查　将物料标示卡取出放于原始记录处,戴手套,检查物料中是否有异物,无异物后方可加料。

2.加料　移动步步高紧靠设备,手提物料袋登上步步高,将药物料斗向上打开,将物料倒入锥形药物料斗内。点击触摸屏,选择进入"手动操作"页面,按钮都处于手动状态,点击加料按键(箭头方向向上),进行多次加料,当盛粉圈内的物料接触料斗下出口时,再次点击"加料"按键,停止加料,按"点动"按键,使物料分散开来,再次加料,如此反复三次,料粉满而不溢。再次检查限位轴是否处于工作状态。

3.调整加料方式　点击触摸屏右上角的"返回"按键,显示"操作菜单",将页面切换至自动页面,点击"参数设置"按键,进入参数设置操作,将加料方式改为"定时加料"(箭头方向向下),点击右上角的"返回"按键,返回自动页面。

4.胶囊出料口放一废料箱,点击"运行"按键,让机器运行一个周期,可接胶囊进行称量,每组10粒,称量2~3组,根据粒重进行装量调整,并检查外观(套合、锁合)是否符合要求,根据实际情况调整使之符合规定为止(注:直接接触物料和胶囊时需戴手套)。

(二)正常生产

(1)胶囊调节合格后,更换合格品箱。

(2)开机正常运行,将频率升到10 Hz以上,运行过程中,每2 min测量一次胶囊的粒重,若发现粒重不合格时,应及时调节填充杆的高度,使胶囊粒重符合要求。

(3)在生产过程中,随时观察机器运行情况,若发现问题或出现异常现象及时按下急停开关进行故障排除。

七、拆卸设备及清场

(一)填充装置的拆卸

1.安装电机主轴手轮　拿起电机主轴手轮,让手轮上的键槽对准电机主轴上的键销,推进去,逆时针转动电机主轴手轮,打开四面视窗。

2.松动锁紧螺母、压板螺帽　用19#扳手逆时针松动填充杆组件上的锁紧螺母,用17#扳手逆时针松动填充杆组件上的压盖螺帽,依次取下压盖螺帽、弹簧垫片、平垫片放入指定的洁净托盘内。

3.拆卸填充杆组件　将第六工位填充杆组件垂直向上拔起,转动黑色调量旋钮,使填充杆夹持器与压板间的间距约为2~3 cm为宜,便于下次装机,并将填充组件上带有刻度尺的一面朝上,放于指定的洁净工作台面上(其余一到五组同上述方法)并按顺序依次摆放整齐(并用内部毛巾进行擦拭一遍)。

4.拆卸外挡粉圈　大拇指在内,四指在外,两手紧持外挡粉圈两侧的视孔,将外挡粉圈缓慢转动稍许,用力向上拔起,取下外挡粉圈置于指定的洁净的工作台面上(并用内部毛巾进行擦拭一遍)。

5.拆卸内挡粉圈　手掌用力横向推内挡粉圈,使之松动,手握内挡粉圈两侧,向上用力拔起,取出内挡粉圈,置于指定的洁净工作台面上(并用内部毛巾擦拭一遍)。

6.拆卸填充杆定位板　逆时针转动电机主轴手轮,使填充杆定位板升到最高位置,用17#扳手逆时针松动填充杆定位板两侧的固定螺钉,取下螺钉、弹簧片、平垫片放于指定的洁净托盘内。用手紧握填充杆定位板两侧的紧固螺栓杆,将填充杆定位板用力向上拔起,并置于指定的洁净工作台面上(并用内部毛巾擦拭一遍)。

7.拆卸挡粉板　用两手沿对角线逆时针松动挡粉板上的六颗固定螺钉,依次取下螺钉、弹簧片、平垫片放于指定的洁净托盘内,手持挡粉板两端,垂直向上托起,取下挡粉板,将带有刮粉器及拨粉装置的一面朝上,置于指定洁净的工作台面上(用内部毛巾擦拭一遍)。

8.拆卸计量盘　用手将盛粉圈内的物料捧出,放进物料袋内,打开吸尘器将计量盘上面的余料吸干净,用14#T形扳手逆时针拧松计量盘上的三颗固定螺钉,用手拧出螺钉,将螺钉、弹簧片、平垫片放入指定的洁净托盘内。大拇指在内,四指在外,两手持盛粉圈(含计量盘)两侧将之移离设备,置于指定洁净的工作台面上,将挡粉盖取出(并用内部毛巾擦拭一遍)。

9.拆卸铜质密封环　一手用钩针勾住密封环内侧,轻轻缓慢地向上提起,另一只手握紧取下密封环,置于指定洁净的工作台面上。打开吸尘器将密封环内的余料及设备工作台面上的余粉吸干净(并用内部毛巾擦拭一遍)。

(二)播囊装置拆卸

1.拆卸播囊管组件　逆时针转动电机主轴手轮,将播囊管组件上升到最低位置,用5#内六棱扳手逆时针依次松动两枚固定螺钉,取下螺钉放于指定的洁净托盘内,手持播囊管组件的两侧轻轻取下,置于指定的洁净工作台面上(并用内部毛巾擦拭一遍)。

2.拆卸水平推叉　用6#内六棱扳手松动固定螺钉,置于指定的洁净托盘内,取下水平推叉置于指定的洁净工作台面上(并用内部毛巾擦拭一遍)。

3.拆卸顺向器　一只手大拇指和示指轻轻向内推蓝色圆环,另一手将真空管轻轻拔出。用5#内六棱扳手松动固定螺钉,取下固定螺钉置于指定的洁净托盘内,取下顺向器置于指定的洁净工作台面上(并用内部毛巾擦拭一遍)。

(三)清场

(1)停机:成品出完后,点击"停止"按键,返回手动操作页面,将频率降到10 Hz以下,打开视窗拔出限位轴,关闭视窗,并及时悬挂"待清洁"标志。

(2)下余料

1)逆时针旋转加料电机力臂上的黑色顶丝旋钮,将料斗升起,料斗颈部高于设备上台面,用物料袋套住物料下出口,防止药粉洒落设备台面,同时推向转台方向,顺时针旋转黑色顶丝旋钮,使料斗固定。

2)点击"加料"按键,使药物料斗里的物料完全落入物料袋里,用手轻轻拍打加料斗,检查是否下料完毕。

(3)关机:逆时针旋转90°关闭控制开关和护指开关,关闭墙壁上空气开关、关闭水阀开关、关闭吸粉器开关。

(4)填充装置的清洁(见填充装置的拆卸)。

(5)打开吸尘器对胶囊机内部的余粉进行清除,用内部毛巾擦拭机器内部(从上到下,由里到外)。

(6)用外部毛巾擦拭机器外部(从上到下)设备上台面、视窗、护板以及电器控制柜。

(7)用外部毛巾擦拭电子天平、管道、电子秤、吸尘器等。

(8)对所使用的容器进行清洁,用内部毛巾擦拭桶内壁,用外部毛巾擦拭桶外壁,并把桶、箱,按高、低、大、小顺序摆放整齐,放于指定位置。

(9)机器清洁完毕后,把工具放在指定位置。

(10)填写生产记录和胶囊流通卡片。

(11)清洁操作间地面。

(12)将胶囊流通卡片,放入合格箱和不合格箱内,送往中间站进行物料交接。

(13)填写清场合格证并签字。

(14)更换已清洁状态标志牌。

(15)举手示意,工作结束。

活动四　胶囊剂胶囊填充岗位生产操作规程(机型二)

一、适用机型

NJP-800C 全自动胶囊填充机(浙江富昌)。

二、生产前的检查

(1)检查操作间是否有上批清场合格证,并在有效期内

(2)检查设备是否有"设备完好"状态标志,"已清洁"标志,并对设备状况进行检查,确认设备正常,方可使用。

(3)检查工具、容器等是否清洁干燥。

(4)调节电子天平,核对模具是否与生产指令相符,并仔细检查模具是否完好。

(5)对直接接触药物的零部件用75%乙醇进行消毒,包括:设备(铜质密封环、计量盘含盛粉圈和挡粉盖、挡粉板、内挡粉圈);模具(填充杆、上下模块);容器(领料桶、药筛、成品箱、废料箱);工具(呆扳手、内六棱扳手、L形扳手)。

(6)挂本次操作状态标志,进入装机。

三、装机

（一）播囊装置的安装

（1）打开四面视窗,检查限位轴是否拔出。

（2）安装手摇离合机构:拿起摇手柄,让摇手柄上的键销对准锥齿轮轴上的键槽,推进去,提起定位拔销旋转180°使其卡入键槽里,逆时针盘动摇手柄,使纵向导向板升到最高位置。

（3）安装顺向器:将顺向器卡在定位销上,使内外螺孔对中重合,装上11 mm×35 mm固定螺钉,用5#内六棱扳手顺时针将其拧紧。

（4）安装水平推叉:检查水平导向块是否在最靠近转台的一端,将水平推叉卡在水平导向块的定位销上,来回移动使水平推叉推出胶囊的囊帽与播囊槽前端面平齐,装上11 mm×25 mm固定螺钉,用10#呆扳手顺时针将其拧紧,使水平推叉上表面与播囊槽的上表面相平。

（5）安装播囊管组件:将灰色播囊管挡板扣在播囊管背面,有0#标记的一面在外,使定位销孔、固定螺孔四孔对中重合,将播囊管组件卡在纵向导向板的定位销上,内外螺孔对中重合,装上11 mm×25 mm固定螺钉,用5#内六棱扳手将螺钉分多次均匀拧紧,使垂直推叉在播囊槽中左右间隙均匀;将供囊斗下开口套在播囊管组件脊状口上,装上11 mm×20 mm固定螺钉,用5#内六棱扳手将螺钉拧紧。

（6）安装完毕后,逆时针盘动摇手柄使机器运行3个循环以上,检查是否有异常现象或声音。

（二）计量盘的安装

1. 计量盘的定位　检查填充杆定位板是否处于最低位置,若没有,逆时针转动摇手柄,使填充杆定位板降到最低位置,并使计量盘三个固定螺孔的任一孔和左边立柱对齐。

2. 安装密封环　取铜质密封环,使密封环有定位孔的一面朝下,有刮粉器的一端靠近转台,远转台一端先放入机座内,用小钩针勾住铜质密封环内侧,使其慢慢落入机座内,用两手示指沿对角线方向压按密封环,看是否有晃动现象。

3. 安装计量盘　大拇指在内,四指在外,两手持盛粉圈(含计量盘)两侧将计量盘放到密封环上方,并旋转计量盘使计量盘上的固定螺孔与机器上的三个固定螺孔对中重合,依次装上平垫片、弹簧垫片及三枚8 mm×30 mm带垫片固定螺钉,用手将固定螺钉固定。注:使计量盘有轻微的晃动,以便于计量盘的定位。

4. 安装挡粉板　①两手拿住挡粉板两端,使带有刮粉器的一面朝向转台,两边孔垂直套入左右升降立柱,定位孔和定位销吻合。②从工具盘内取出平垫片、弹簧垫片及四枚8 mm×20 mm螺钉依次放于两边固内定螺孔内,沿对角线方向用14#呆扳手顺时针拧紧。

5. 安装填充杆定位板　用手紧握填充杆定位板两侧的紧固螺栓杆,将有凹槽的一边朝向转台,将填充杆定位板上的两端孔槽对准升降立柱,沿垂直方向放下,听到有金属碰撞声为佳,否则拔起重新安装,依次装上平垫片、弹簧垫片及两枚10 mm×15 mm固定螺钉,用8#内六棱扳手将其拧紧。

6. 定位计量盘　①取计量盘定位校棒,对角垂直向下放入相应的定位孔内,双手轻微转动盛粉圈(含计量盘)使校棒自由进入到计量孔最深处,双手轻轻提起校棒旋转自由落下,检查校棒是否无阻卡自由进入计量孔最深处、用14#L形扳手分多次拧紧计量盘内的三个固定螺钉。②切记取出校棒(以免盘动手轮,损坏校棒),放入指定的洁净托盘内。③转动摇手柄5周以上,看是否有异常声音,无异常声音,使填充杆定位板升到最高位置。

7. 取六工位填充杆组件　置于六工位上方,并将有定位孔的一面朝外,垂直向下放入相应的定位孔内,拿取带有垫圈的12 mm×60 mm螺钉,将套筒置于第六组填充杆组件的填充杆定位板上的固定孔上,将12 mm×60 mm螺钉从夹持器上方垂直放入固定孔内,并用14#扳手将其拧紧。

8. 安装内外挡粉圈　将内挡粉圈置于填充杆定位板的内凹槽上,用手触摸内挡粉圈内侧和填充杆定位板衔接处是否有间隙,若没间隙则证明安到位;将外挡粉圈置于填充杆定位板外凹槽上。

9. 安装填充杆组件　①取一工位填充杆组件,俯视顺时针旋转填充杆组件上的银色调量旋钮,使其上升到最高位置,置于一工位上方,并将有标示尺的一面朝外,垂直向下放入相应的填充杆定位板的定位孔内,使填充杆组件上压盖的内外凹槽与内外挡粉圈刚好卡紧。②调节外挡粉圈标尺孔,用手将外挡粉圈轻微左右转动,使标尺孔能清楚地看清填充杆组件上标尺刻度即可。③依次装上平垫片、弹簧垫片、压盖螺帽,用17#扳手顺时针将其拧紧,用19#扳手将锁紧螺母拧紧(依次安装2~5组填充杆组件,方法同上)。

10. 安装药粉传感器　①将药粉传感器置于档粉板的传感器座内,调整它的高度,药粉传感器上平面高于档粉板两指的高度,用5#内六棱扳手将夹紧螺钉拧紧。②将药粉传感器的导线另一端航空插头,键槽吻合的插进位于加料器上方横梁上的航空插座内。

(二)填充杆定位调整

(1)基准点调整:调节一工位填充杆组件上的银色调量旋钮,使充填杆下端面与计量盘上端面在同一平面上,此时记住填充杆组件标尺刻度值,将此刻度视为零点,在此基础上进行调整。

(2)1~5组填充杆定位:在基准点的基础上1~5工位依次减去9 mm,5 mm,3 mm,2 mm,0.5 mm,并用19#扳手依次将填充杆锁紧螺母顺时针拧紧。

注:在拧紧锁紧螺母前,应用手固定填充杆锁紧螺母,再次检查标尺刻度是否正确,以防填充杆组件锁紧螺母的拧紧造成填充杆组件的上升。

(3)逆时针盘动摇手柄,使机器运行3~5个周期,确认机器无任何异常情况后,方可正常开机。

四、空机试机

(一)开机前的检查

(1)更换状态标志:已清洁→正在运行。

(2)检查水箱水位是否正常。

(3)四面视窗是否关闭。

(4)逆时针盘动摇手柄,使机器运行3~5个周期,确认机器无任何异常情况后,提起定位拔销使其离开键槽,卸下摇手柄,置于固定位置,方可正常开机。

（二）开机操作

(1)将墙壁上的空气开关推上。

(2)打开位于电器箱外壁的红色护指电源开关,吸尘器开始工作。

(3)打开钥匙控制开关:旋转90°由OFF→ON,显示屏黄、绿、红三指示灯依次点亮,触摸屏显示"欢迎使用"页面。

(4)点击初始页面内的五星红旗(中文)图案,进入"操作控制"页面。

(5)点击触摸屏左上角模式选择内的"自动/手动"按钮,使"操作模式"和"加料切换"两按钮都处于手动状态(箭头方向向右)。

(6)点击"产量设定"将产量设置到50粒/min以下。

(7)按下显示屏下方的"点动"(蓝色)按钮,不要放开,让大盘转动3周以上,观察设备运行是否正常,松开点动按键,设备停止转动。

(8)点击显屏"手动操作"内的"主机"按键,让大盘转动3周以上,观察机器是否运行正常,再次点击"主机"按键,设备停止转动。

(9)点击显屏"手动操作"内的"真空泵"和"主机"按键,让大盘转动3周以上,对机器进行抽真空情况进行检查,观察机器是否运行正常,再次点击"主机"和"真空泵"按键,设备停止转动。

(10)点击触摸屏左上角模式选择内的"自动/手动"按钮,使"操作模式"按钮都处于自动状态(箭头方向向左)。机器操作是可以进入自动操作状态。

(11)点击"自动工作"按键,设备进入自动运行状态,让大盘转动3周以上,观察机器是否运行正常,点击"全线停止"按键,设备停止转动。

(12)在胶囊料斗内加入预锁胶囊,至感应器上方,推进限位轴,使胶囊壳能正常下落。

(13)点击触摸屏左上角模式选择内的"自动/手动"按钮,使"操作模式"和"加料切换"两按钮都处于手动状态(箭头方向向右),点击"真空泵"和"主机"按键,设备正常运行,检查囊帽与囊体是否正常分离,再次点击"主机"和"真空泵"按键,设备停止转动。

(14)点击触摸屏左上角模式选择内的"自动/手动"按钮,使"操作模式"按钮都处于自动状态(箭头方向向左),点击页面内的"自动工作"键,设备进入自动运行状态,检查囊帽与囊体是否正常分离,点击"全线停止"按键,设备停止转动。

(15)逆时针松动黑色药物料斗固定旋钮,将设备上方的加药物料斗下出料口移入盛粉圈内,并顺时针旋转药物加料斗的黑色固定旋钮,并将其固定。

五、领取物料

取中间产品交接单(在原始记录内)、生产指令单领取物料,领用时,需要对物料的品名、规格、重(数)量、批号、外观进行核对并检查。

六、生产操作

（一）试生产

（1）物料检查：将物料标示卡取出放于原始记录处，戴手套，检查物料中是否有异物，无异物后方可加料。

（2）加料：移动步步高紧靠设备，手提物料袋登上步步高，将药物料斗向上打开，将物料倒入锥形药物料斗内。点击触摸屏左上角模式选择内的"自动/手动"按钮，使"加料切换"按钮都处于手动状态（箭头方向向右），进行多次加料（点击"加料"按键加料，当盛粉圈内的物料接触料斗下出口时，再次点击"加料"按键，停止加料，按蓝色"点动"按键，使物料分散开来，再次加料，如此反复三次），料粉满而不溢。再次检查限位轴是否处于工作状态。

（3）调整加料方式：点击触摸屏左上角模式选择内的"自动/手动"按钮，使"操作模式"和"加料切换"两按钮都处于手动状态（箭头方向向右）。

（4）胶囊出料口放一废料箱，点击"自动工作"按键，全线进入自动工作状态，让机器运行一个周期，可接胶囊进行称量，每组10粒，称量2~3组，根据粒重进行装量调整，并检查外观（套合、锁合）是否符合要求，根据实际情况调整使之符合规定为止（注：直接接触物料和胶囊时需戴手套）。

（二）正常生产

（1）胶囊调节合格后，更换合格品箱。

（2）开机正常运行，将"产量设定"设定到100粒/min以上，运行过程中，每2 min测量一次胶囊的粒重，若发现粒重不合格时，应及时调节填充杆的高度，使胶囊粒重符合要求。

（3）在生产过程中，随时观察机器运行情况，若发现问题或出现异常现象及时按下急停开关进行故障排除。

七、拆卸设备及清场

（一）填充装置的拆卸

1. 安装摇手柄　拿起摇手柄，让手柄上的键槽对准锥齿轮轴上的键销，推进去，提起定位拔销旋转180°使其卡入键槽里，逆时针转动摇手柄，打开四面视窗。

2. 松动锁紧螺母、压板螺帽　用19#扳手逆时针松动填充杆组件上的锁紧螺母，用17#扳手逆时针松动填充杆组件上的压盖螺帽，依次取下压盖螺帽、弹簧垫片、平垫片放入指定的洁净托盘内。

3. 拆卸1~5填充杆组件　将第一工位填充杆组件垂直向上拔起，转动银色调量旋钮，使填充杆夹持器与压板间的间距约为2~3 cm为宜，便于下次装机，并将填充组件上带有刻度尺的一面朝上，放于指定的洁净工作台面上（其余2~5组同上述方法）并按顺序依次摆放整齐（并用内部毛巾进行擦拭一遍）。

4. 拆卸外挡粉圈　大拇指在内，四指在外，两手紧持外挡粉圈两侧的视孔，将外挡粉圈缓慢转动稍许,用力向上拔起,取下外挡粉圈置于指定的洁净的工作台面上(并用内部毛巾进行擦拭一遍)。

5. 拆卸内挡粉圈　手掌用力横向推内挡粉圈,使之松动,手握内挡粉圈两侧,向上用力拔起,取出内挡粉圈,置于指定的洁净工作台面上(并用内部毛巾擦拭一遍)。

6. 拆卸第六组填充杆组件　用14#扳手将第六工位填充杆组件固定螺母逆时针松动,取下螺钉、套筒,置于工具盘内。将第六组填充杆组件垂直拔起,定位孔朝上,放于指定的洁净工作台面上,并按顺序依次摆放整齐。

7. 拆卸填充杆定位板　逆时针转动摇手柄,使填充杆定位板升到最高位置,用8#内六棱扳手逆时针松动填充杆定位板两侧的固定螺钉,取下螺钉、弹簧片、平垫片放于指定的洁净托盘内。用手紧握填充杆定位板两侧的紧固螺栓杆,将填充杆定位板用力向上拔起,并置于指定的洁净工作台面上(并用内部毛巾擦拭一遍)。

8. 拆卸挡粉板　用14#扳手沿对角线逆时针松动挡粉板上的四颗固定螺钉,依次取下螺钉、弹簧片、平垫片放于指定的洁净托盘内,手持挡粉板两端,垂直向上托起,取下挡粉板,将带有刮粉器及拨粉装置的一面朝上,置于指定的洁净工作台面上(用内部毛巾擦拭一遍)。

9. 拆卸计量盘　用手将盛粉圈内的物料捧出,放进物料袋内,打开吸尘器将计量盘上面的余料吸干净,用14#L形扳手逆时针拧松计量盘上的三颗固定螺钉,用手拧出螺钉,将螺钉放入指定的洁净托盘内。大拇指在内,四指在外,两手持盛粉圈(含计量盘)两侧将之移离设备,置于指定的洁净工作台面上(并用内部毛巾擦拭一遍)。

10. 拆卸铜质密封环　一手用钩针勾住密封环内侧,轻轻缓慢地向上提起,另一只手握紧取下密封环,置于指定的洁净工作台面上。打开吸尘器将密封环内的余料及设备工作台面上的余粉吸干净(并用内部毛巾擦拭一遍)。

(二)播囊装置拆卸

1. 拆卸播囊管组件　逆时针转动摇手柄,将播囊管组件上升到最高位置,用5#内六棱扳手将供囊斗两侧的固定螺钉逆时针拧松、取下,将供囊斗向上抬起,使供囊斗下开口高于播囊管组件脊状口,向远离转台的方向平移,置于播囊装置箱体上方;用5#内六棱扳手逆时针依次松动两枚播囊管组件固定螺钉,取下螺钉放于指定的洁净托盘内,手持播囊管组件(含后挡板)的两侧轻轻取下,置于指定的洁净工作台面上(并用内部毛巾擦拭一遍)。

2. 拆卸水平推叉　用10#扳手松动固定螺钉,置于指定的洁净托盘内,取下水平推叉置于指定的洁净工作台面上(并用内部毛巾擦拭一遍)。

3. 拆卸顺向器　用5#内六棱扳手松动固定螺钉,取下固定螺钉置于指定的洁净托盘内,取下顺向器置于指定的洁净工作台面上(并用内部毛巾擦拭一遍)。

(三)清场

(1)停机:成品出完后,点击"全线停止"按键,返回手动操作页面,将"产量设定"设定50粒/min以下,打开视窗拔出限位轴,关闭视窗,并及时悬挂"待清洁"标志。

（2）下余料：

1）取下药粉传感器，置于指定的洁净台面上。

2）逆时针旋转加料电机力臂上的黑色顶丝旋钮，将料斗升起，料斗颈部高于设备上台面，用物料袋套住物料下出口，防止药粉洒落于设备台面，同时推向转台方向，顺时针旋转黑色顶丝旋钮，使料斗固定。

3）点击触摸屏左上角模式选择内的"自动/手动"按钮，使"操作模式"和"加料切换"两按钮都处于手动状态（箭头方向向右）。点击"加料"按键，使药物料斗里的物料完全落入物料袋里，用手轻轻拍打加料斗，检查是否下料完毕。

（3）关机：逆时针旋转钥匙控制开关90°，关闭护指开关，关闭墙壁上空气开关。

（4）填充装置的清洁。

（5）打开吸尘器对胶囊机内部的余粉进行清除，用内部毛巾擦拭机器内部（从上到下，由里到外）。

（6）用外部毛巾擦拭机器外部（从上到下）设备上台面、视窗、护板以及电器控制柜。

（7）用外部毛巾擦拭电子天平、管道、电子秤、吸尘器等。

（8）对所使用的容器进行清洁，用内部毛巾擦拭桶内壁，用外部毛巾擦拭桶外壁，并把桶、箱按高、低、大、小顺序摆放整齐，放于指定位置。

（9）机器清洁完毕后，把工具放在指定位置。

（10）填写生产记录和胶囊流通卡片。

（11）清洁操作间地面。

（12）将胶囊流通卡片，放入合格箱和不合格箱内，送往中间站进行物料交接。

（13）填写清场合格证并签字。

（14）更换已清洁状态标志牌。

（15）举手示意，工作结束。

模块三
铝塑包装

项目一
铝塑包装及设备

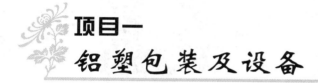

活动一　认识铝塑包装

包装设备包装是用药之前在产品储存、运输和使用过程中应用的一种技术手段，无论是处方药、非处方药，所有药品的货架性命很大程度上取决于包装的性能，所有包装的作用和包装的操作越来越受到人们的重视。

铝塑包装机所使用塑料膜为0.25～0.35 mm厚的无毒聚氯乙烯（polyvingl chloride，PVC）膜（图3-1-1），又常称为硬膜。包装成型后的坚挺性取决于硬膜，有时在真空吸塑成型中用0.2 mm的塑料膜。

铝塑包装机上的铝箔多是用0.02 mm的特制铝箔（又称PT箔）（图3-1-2）。使用铝箔的目的：一是利用其压延性好，可制得最薄材料的、密封性又好的包裹材料；其二是由于它极薄，遇至稍锋利的锐物时此较易撕破，以便取药；其三是铝箔光亮美观，易于防潮。

图 3-1-1　PVC 膜

图 3-1-2　铝箔

　　用于铝塑包装的铝箔在与塑料膜黏合的一侧需涂无毒的树脂胶以用于与塑料之间的密合。有时也用一种特制的透析纸代替铝箔,纸的厚度多为 0.08 mm。这种浸涂过树脂的纸不易吸潮,又具有在压辊作用下能与塑料黏合的能力(图 3-1-3)。

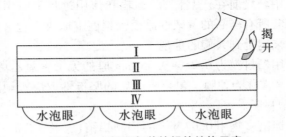

图 3-1-3　铝塑包装的铝箔结构示意

Ⅰ.聚酯胺膜　Ⅱ.复合胶粘合剂　Ⅲ.铝箔　Ⅳ.复合胶黏合剂

　　有些药物避光要求严,也有利用两层铝箔包封的(称为双铝包装),即利用一种厚度为 0.17 mm 左右的稍厚的铝箔代替塑料(PVC)硬膜,使药物完全被铝箔包裹起来。利用这种稍厚的铝箔时,由于铝箔较厚具有一定的塑性变形能力,可以在压力作用下,利用模具形成凹泡(图3-1-4)。

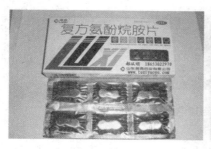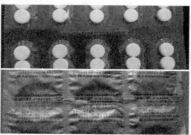

图3-1-4　铝塑包装成品

活动与探究

1.总结铝塑包装常用的包装材料,材质的规格、特点。
2.绘制铝塑包装的结构图。

活动二　认识铝箔包装机

(一)工艺过程

　　铝塑包装是指利用透明塑料薄膜及薄铝箔将片剂、胶囊剂、丸剂等成型药物夹固在它们中间,而构成的一种包装形式。由于塑料膜多具有热塑性,在成型模具上使其加热变软,利用真空或正压,将其吸(吹)塑成与待装药物外形相近的形状及尺寸的凹泡,再将单位或双粒药物置于凹泡中,以铝箔覆盖后,用压辊将无药物处(即无凹泡处)的塑料膜及铝箔挤压黏接成一体。根据药物的常用剂量,将若干粒药物构成的部分(多为长方形)切割成一片,就完成了铝塑包装的过程(图3-1-5,图3-1-6)。

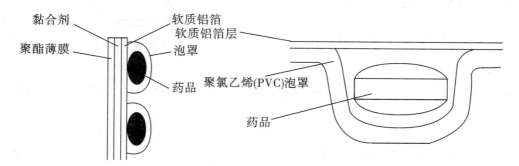

图3-1-5　铝塑泡罩包装结构示意

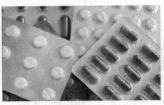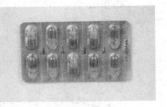

图 3-1-6 铝塑泡罩包装

在铝塑包装机上需要完成凹泡成型、加料、打批号、密封、压痕、冲裁等工艺过程,如图 3-1-7,图 3-1-8 所示。在工艺过程中对各工位是间歇过程,就整体讲则是连续的。

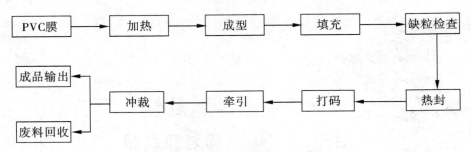

图 3-1-7 铝塑包装机工艺流程

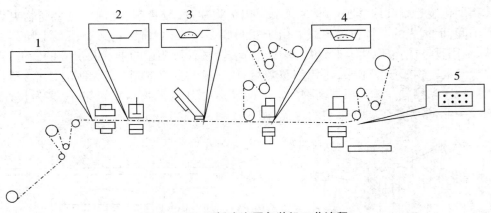

图 3-1-8 平板式泡罩包装机工艺流程
1.预热 2.吹压 3.充填 4.热封 5.冲裁

(二)铝箔包装机工位介绍

1.成型 塑料硬膜在通过模具板之前先经过加热,加热的目的是使塑料软化,提高其塑性。通常加热温度调控在 110~130 ℃,温度的调节视季节、环境及塑料的情况,通过电脑预先控制。

使塑料膜成型的动力有两种:一种是正压成型;另一种是负压成型。正压成型是靠压缩空气形成0.3~0.6 MPa的压力,将塑料薄膜吹向模具的凹槽底,使塑料依据凹槽的形状(如圆的、长圆的、方的、三角形的等)产生塑性变形。在模具的凹槽底设有排气孔,当塑料膜变形时,凹槽空间内的空气由排气孔排出,以防该封闭空间内的气体阻碍其变形(图3-1-9)。为使压缩空气的压力有效地施加于塑料膜上,加气板应设置在对应于模具的位置上,并且应使加气板上的通气孔对准模具的凹槽,如用真空吸塑时,真空管线应与凹槽底部的小孔相通(3-1-10)。与正压吹塑相比,真空吸塑成型的压力差要小。正压成型的模具多制成平板型,在板状模具上开有成排、成列的凹槽,平板的尺寸规格可根据生产能力要求定,故称之为平板式泡罩包装机。

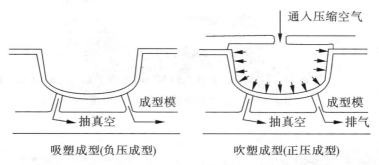

通入压缩空气

吸塑成型(负压成型)　　吹塑成型(正压成型)

图3-1-9　泡罩成型原理示意

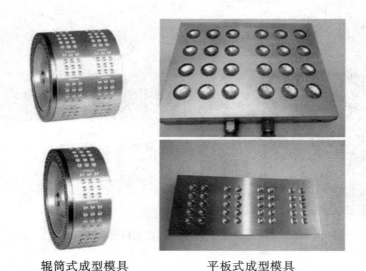

辊筒式成型模具　　　平板式成型模具

图3-1-10　铝塑包装机成型模具

2. 加料　向成型后的塑料凹槽中填充药物可以使用多种形式加料器,如图3-1-11,图3-1-12为行星式通用加料器,它主要由料斗、料槽、盘刷、滚刷及直流电机等组成,料斗用于储存药品。开启闸板,药品自行进入料槽,然后借助三只绕垂直轴转动的盘刷将药品刷入已成形的泡罩内,三只盘刷呈行星迹转动,以提高加料器的充填率;滚刷绕水平轴按顺时针方向转动,置于加料器的出口,将硬膜上未能进入泡罩的药品刷入泡罩或刷回加料器。

3.缺粒检查　利用人工或电检测装置在加料器后边及时检查药物填落的情况,必要时可以人工补片或拣取多余的丸粒。

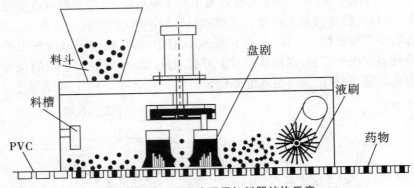

图 3-1-11　行星式通用加料器结构示意

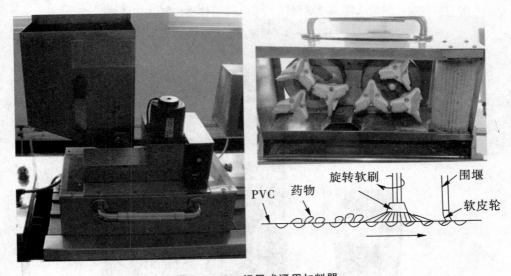

图 3-1-12　行星式通用加料器

4.热封　当铝箔与塑料相对重合以后,靠外力加压,同时还需伴随加热过程,利用特制的封合模具将二者压合。为确保压合表面的密封性,结合面上并不是面接触,而是以密点或线状网纹封合,使用较低压力即可保证压合密封,压合方式有双辊滚动热封合和平板式热封合两种形式,必要时,在此工序中尚需利用热冲打印批号。根据成型和热封的方法不同,将常见铝塑包装机分为滚筒式泡罩包装机、平板式泡罩包装机和滚板式泡罩包装机。

注:辊筒式泡罩包装机(图 3-1-13)的驱动辊、驱动辊套在驱动辊轴上,通过调整盘将驱动辊与驱动辊轴连接在一起。驱动辊轴由齿轮输入动力,并通过调整盘带动驱动辊

同步转动。在热封合过程中,热压辊的热量也会通过 PVC 片传导到驱动辊,使驱动辊表面温度逐渐升高。当驱动辊表面温度高于 50 ℃时,PVC 泡罩片会产生热收缩变形而影响包装板块质量,甚至会影响整机同步运行。所以,对驱动辊要进行冷却,通常的冷却方式有两种:风冷和水冷。①风冷利用高压风机对驱动辊表面吹冷风,为了达到冷却效果,可将驱动辊泡窝加深,同时在泡窝底部制有横向孔道。②水冷在驱动辊内通入循环冷却水,缺点为易漏水。

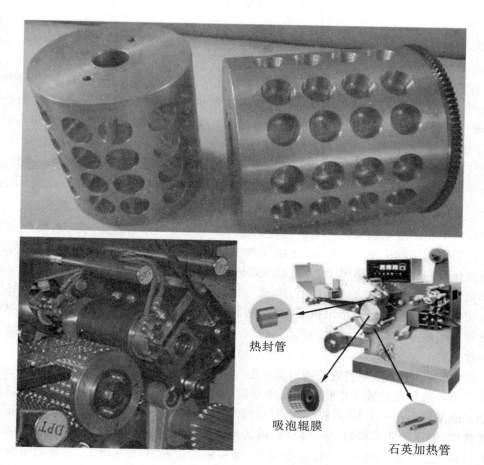

热封管

吸泡辊膜

石英加热管

图 3-1-13　辊筒式泡罩包装机热封工位

　　5.压痕　一片铝塑包装药物可能适于服用多次,为了使用方便,可在一片上冲压出易裂的断痕,用手即可方便地将一片断裂成若干小块,每小块为可供一次的服用量。

　　6.冲裁　将封合后的带状包装成品冲裁成规定的尺寸(即一片片大小)称为冲裁工序。为了节省包装材料,希望不论是纵向还是横向冲裁刀的两侧均是每片装所需的部分,尽量减少冲裁余边,因为冲裁余边不能再利用,只能废弃。由于冲裁后的包装片边缘锋利,常需将四角冲成圆角,以防伤人,冲裁成品后所余的边角仍是带状的,在机器上利用单独的辊杆将其收拢(图 3-1-14)。

图 3-1-14　铝塑泡罩包装机冲裁模具

7. 牵引机构　牵引机构是牵引型材在各工位间移动的动力部位,一般有步进(伺服)电机和机械手牵引两种形式。

步进(伺服)电机:是以步进(伺服)电机为动力带动步进辊转动,准确地移动型材一定距离。只有这样,才能将间歇运动中准确完成加热、成型、药品充填,与铝箔热封合、打字(批号)压痕、冲裁和输送等动作,步进(伺服)电机的转速要根据板块的长度进行调整。

机械手牵引:有的步进机构是采用摆杆机构带动滑座往复运动,在滑座上设有夹持微型气缸,靠气动夹持型材片实现步进。步进长度可通过调整摆杆长度实现。此种结构比较简单,调整方便,已被广泛使用,但是要求气动元件必须可靠,否则容易造成不同步。

(三)三种型号的铝塑泡罩包装机简介

1. DPT 辊式泡罩包装机　泡罩包装机装药品过程及工作原理:将成型塑胶硬片 PVC 经加热装置加热软化至可塑状态,在辊筒式成型模辊上以真空负压吸出泡罩后,充填装置将被包装物充填入泡罩内,然后经辊筒式热封合装置在合适的温度及压力下将单面涂有黏合剂的覆盖铝箔封合在泡罩上,将被包装物密封在泡罩内,再由打字及压印装置在设定的位置上打上批号及压出折断线,最后冲切成一定尺寸的包装板块。即:成型塑胶片放卷→加热→吸塑成型→物料充填→封合覆盖铝箔→打批号→压断裂线→进给→冲切→收废料。

罩包装机特点:成型装置结构形式为辊筒式,成型方式为吸塑成型(负压成型),利用抽真空将加热软化的成型塑胶片吸入成型模的型腔内形成一定的几何形状而完成泡罩成型。成型压力小于 1 MPa,成型泡罩尺寸较小,成型深度一般在 12 mm 以内;泡罩包装形状简单,泡罩拉伸不均匀,顶部较薄,板块稍有弯曲。封合装置结构为辊筒式,即待封合的材料通过转动的两辊之间,连续封合,线接触所以封合压力较大,封合质量易于保证。因为采用负压成型,所以成型速度受到限制,使得生产能力一般,冲切次数在 45 次/min 以内。由于采用辊式成型、辊式封合及辊式进给,泡罩带在运行过程中绕在辊面上会形成弯曲,因而不适合成型较大、较深及形状复杂的泡罩,被包装物品的体积也应较小(图 3-1-15)。

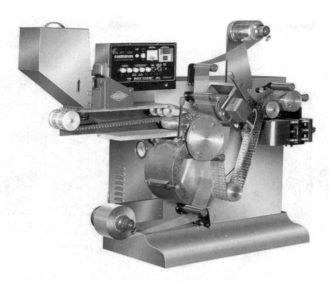

图 3-1-15　DPT 辊式铝塑泡罩包装机

　　2. DPP 平板式泡罩包装机　平板式泡罩包装机运行过程及工作程序:成型塑胶片在平板式预热装置处加热至软化可塑状态,由步进装置牵引送至平板式成型装置,利用压缩空气将软化的塑胶硬片吹塑(或冲压加吹塑)成泡罩,充填装置将被包装物充填入泡罩内,而后转送至平板式封合装置,在合适的温度及压力下,将覆盖塑胶硬片与铝箔封合,最后送至打字、压印和冲切装置,打出批号、压出折断线,冲切成规定尺寸的板块。即:成型塑胶硬片放卷→预热→吹塑成型→物料充填→封合覆盖铝箔→打批号→压折断线→步进→冲切→收废料。最近几年有些药品需避光包装,出现了一种新型包装基材即复合铝箔,它在成型时不需要预热及压缩空气,而是采用机械拉伸的方法成型。

　　使用特点:成型装置结构形式为平板式,成型方式为吹塑成型(正压成型),利用压缩空气将加热软化的成型塑胶硬片吹入(或吹塑加冲压)成型模的型腔内,形成需要的几何形状的泡罩。由于采用正压成型,因而成型质量好,尺寸精度高,细小部分的再现性好,光泽透明性好,泡罩美观挺括,壁厚均匀,成型泡罩尺寸可大些,拉伸比可大些,泡罩最大成型深度可达 35 mm 以上,可成型出形状复杂的泡罩,成型压力大于 4 MPa。封合装置结构为平板式,将待封合的材料铝箔送至平板式封合板之间后加压封合,经一定时间后迅速离开,属于间歇封合、面接触,所需封合总压力较大、封合机构精度要求高。由于采用板式成型、板式封合,所以对板块尺寸变化适应性强,板块排列灵活,冲切出的板块平整,不翘曲。但封合时间比较长,使整机速度降低,一般冲切次数在 35 次/min 以内。该类机型的充填空间较大、可同时布置多台充填机,更易实现一个板块包多种药品的包装,扩大了包装范围,提高了包装档次(图 3-1-16)。

图 3-1-16　DPP 平板式铝塑泡罩包装机

3. DPH 辊板式泡罩包装机　辊板式泡罩包装机是由辊式、平板式泡罩包装机衍变而来的,它的运行过程与工作状态与上述两包装机基本相同,主要特征有:加热装置的结构均为平板式结构,成型方式为吹塑成型,即正压成型。封合装置结构为辊筒式铝箔,输送方式为间歇—连续结合式。该类机型结构介于辊式和板式包装机之间,其工艺路线一般呈蛇形排布,使得整机布局紧凑、协调,外形尺寸适中,观察操作维修方便,模具更换简便、快捷、调整迅速可靠。由于采用辊筒式连续封合,所以将成型机构与冲切机构的传动比关系协调好,可大大提高包装效率,一般此类机型的冲切频率最高可达 100 次/min 以上(图 3-1-17,图 3-1-18)。

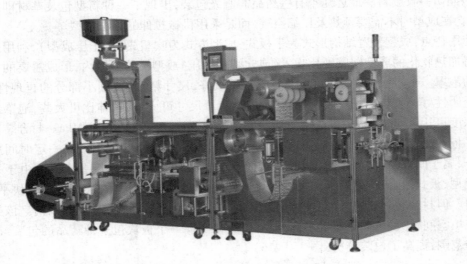

图 3-1-17　DPH 辊板式铝塑泡罩包装机

　　辊板式泡罩包装设备集中了板式成型和辊式封合的两大优点,所以应用较为广泛,可以包装各种规格的药品糖衣片、素片、胶囊、胶丸及异形药片,也可用于包装巧克力豆、泡泡糖等小食品,但一般直径超过了 16 mm 的大片剂药品、胶囊、异形片在板块上斜排角度超过 45°时,不适合用此类包装设备(图 3-1-18)。

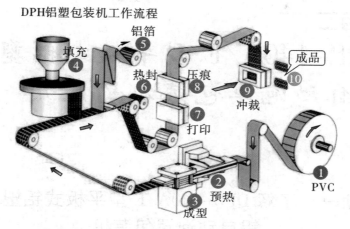

图 3-1-18　DPH 辊板式铝塑泡罩包装机工作流程

活动与探究

　　以小组为单位制作 PPT,汇报铝塑包装机工艺流程、工位介绍、三种铝塑包装机的比较。

项目二
DPP-140A/E 型平板式铝塑/铝铝自动泡罩包装机的应用

活动一 了解 DPP-140A/E 型平板式铝塑/铝铝自动泡罩包装机

DPP-140A/E 型平板式铝塑/铝铝自动泡罩包装机,它适用于制药业包装素片、糖衣片、胶囊剂,亦可包装小块食品及五金零件、电子元器件。该机集卷材开卷、铝铝或铝塑送料、泡罩成型、充填物料、废料回收、铝铝或铝塑热封、打印批号、网纹压痕、光电对版、版块裁刀、缺粒检测(即是辨认废板自动提出功能)、显示计数等十几项功能于一机。

(一)机器工作流程

成型铝片和铝箔在牵引机构的拖动下,间歇式的进入各个工位。首先 PVC 经重力摆臂转折杆 1 进入成型加热板 2 在受热软化后进入成型工位 3,在此由压缩空气对塑片进行拉伸形成泡眼,泡眼进入加料器 4 后被充填物品然后进入热封工位 5,铝箔经铝箔转折辊进入热封工位,在此塑片和铝箔被封合,被包装物在泡眼内被密闭,随后进入打批号工位 6 打印生产批号,进入压痕工位压制撕裂线,最后进入冲裁工位 7 被冲裁成版块,冲裁下来的包装材料废边经过收废折辊后由废料收卷机构收卷。

(二)设备结构原理及传动

该机结构见图 3-2-1,由机座、成型机构、加料器、热封压痕机构、冲裁机构、牵引机构及电器控制等部分组成。

本书所述设备的前后左右以操作者面向机器站为准,如图 3-2-2。

机器传动原理:减速机在主电机的拖动下,驱动花键主轴旋转。花键主轴上分别装有成型凸轮、热封凸轮、批号凸轮、压痕凸轮、冲裁偏心凸轮。通过各自的滚轮(冲裁工位为偏心轮外套)推动各个工位做上下往复运动,分别完成对包装材料进行成型、热封、打批号、压痕和冲裁等动作,该设备各个工位的左右位置均可通过相应的调节定位手轮进行调节,以确保各工位的模具与泡眼或版块的位置一致。该设备的牵引机构由伺服电机驱动辊轮牵引机构实现包装材料间歇式、直线往复运动(图3-2-3)。

　　该设备的大致工作原理为:当各工位的凸轮(冲裁工位为偏心轮)上升时推动并闭合各工位的模具,分别对包装材料进行成型、热封、打批号、压痕及冲裁。此时牵引滚筒静止不动;当各工位的凸轮(冲裁工位为偏心轮)下降时各工位的模具脱开,此时牵引滚筒开始牵引直到牵引终止位。然后各工位开始上升,如此周而复始循环工作(图3-2-4)。

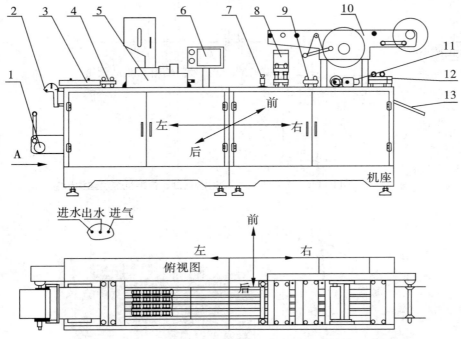

图3-2-1　DPP-140A/E型平板式铝塑泡罩自动包装机结构

1.PVC放料器　2.PVC压料滚轮　3.加热箱　4.成型机构　5.加料器　6.触摸屏　7.铝箔压料滚轮　8.热封机构　9.压痕机构　10.送、收料装置　11.牵引机构　12.冲裁机构　13.出料斗

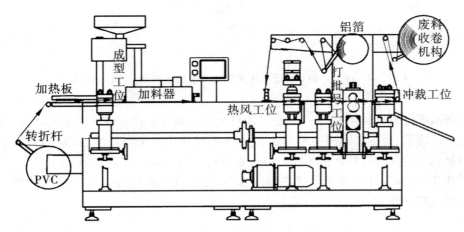

图3-2-2　DPP-140A/E型平板式铝塑/铝铝自动泡罩包装机工作流程

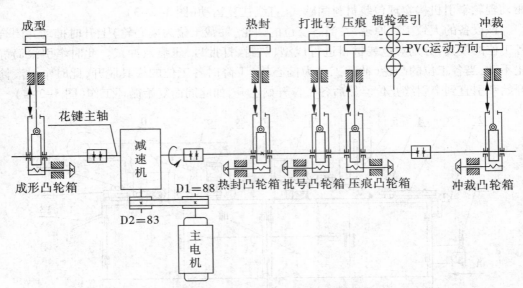

图 3-2-3 DPP-140A/E 型平板式铝塑泡罩自动包装机传动结构示意

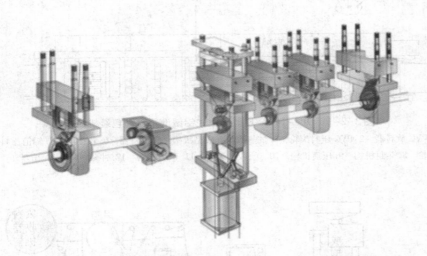

图 3-2-4 DPP-140A/E 型平板式铝塑泡罩自动包装机传动结构模拟

铝塑泡罩包装机则需要用 PVC 经过加热板进行加温软化后进入成型模具,由压缩空气进行正压成型;而铝铝则需要用冷成型复合铝与其冷冲头吻合冲压即可成型,通过通用加料器充填胶囊或药片。铝箔卷材由伺服电机进行开卷输送,进入热封模与装有药物的塑料片/冷成型复合铝进行网纹热封,热封后再经过压痕进行切线压痕、打批号,最后进入冲裁模进行冲裁。

活动与探究

1. 绘制 DPP-140A/E 型平板式铝塑/铝铝自动泡罩包装机结构图。
2. 绘制 DPP-140A/E 型平板式铝塑/铝铝自动泡罩包装机工作流程图。
3. 绘制 DPP-140A/E 型平板式铝塑/铝铝自动泡罩包装机传动结构图。

活动二 静态安装收、送料装置

1. PVC 自动送料机构工作原理（图 3-2-5 ~ 图 3-2-7）

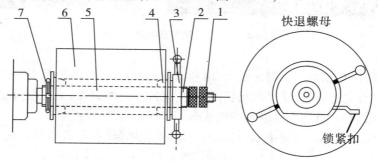

图 3-2-5 PVC 自动送料结构示意（一）

1. 调节螺母 2. 套筒 3. 快退螺母 4. 活动锥形压板 5. 承料主轴 6. 卷筒材料 PVC 7. 紧固螺母

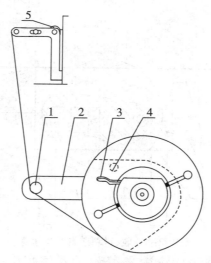

图 3-2-6 PVC 自动送料结构示意（二）

1. 折转杆 2. 重力摆臂 3. 快退螺母锁紧扣 4. 接近开关 5. PVC 定位圈

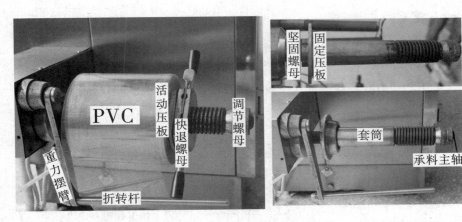

图 3-2-7 PVC 自动送料结构实物

工作原理：PVC 放置于承料主轴上，由牵引机构间歇地把 PVC 从料辊上拉出进入各工位。机器设有完、断料自动停机功能；PVC 用完或意外断开时，重力摆臂会下垂到竖直状态，触动接近开关，自动停机进入待机状态。

注意：开机时将重力摆臂抬起，使之处于非竖直状态，否则机器进入待机状态，机器无法开启。

2. PTP 铝箔自动送料装置和收料装置工作原理（图 3-2-8）

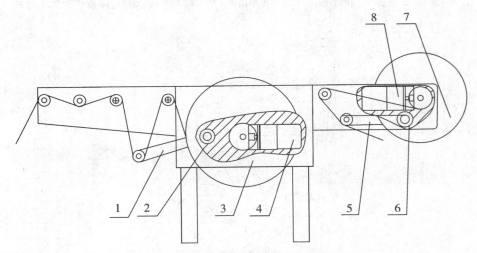

图 3-2-8 收、送料装置结构示意

PTP 送料装置：1.送料摆臂 2.送料感应开关 3.放料器 4.送料电机
PTP 废料收集装置：5.收料摆臂 6.收料感应开关 7.收料器 8.收料电机

如上图所示：包装机在工作时，PTP 铝箔收紧，带动送料重力摆臂上升，使重力摆臂后的触点接近送料感应开关（延时感应开关），从而发出信号给控制板中的继电器使之闭合，使得送料电机工作，放料器旋转放料。PTP 铝箔因放料而松弛，重力摆臂下降，使重力摆臂后的触点离开送料感应开关,信号消失,继电器不再给送料电机供电,放料器停止放料,PTP铝箔开始收紧。周而复始,保证PTP铝箔的正常放料。

收料装置工作原理与PTP铝箔送料装置相同。

3. 成型材料(PVC)安装及调整方法(PVC和铝箔的支承结构相同;此安装及调整方法同样适合铝箔)

(1)卷筒材料(PVC或铝箔)的定位原理:套筒的作用为定位卷筒材料(PVC或铝箔),紧固螺母和固定锥形压板形成自锁,在套筒前面起到定位作用,调节螺母在套筒后面起到定位作用,三元件共同定位套筒的位置。活动压板和固定压板支撑卷筒材料的卷筒,快退螺母起到对卷筒的紧固作用(图3-2-9)。

图3-2-9 固定锥形压板、活动锥形压板比较

如图所示位于套筒前端的固定锥形压板内径面带螺纹,位于套筒后端的活动锥形压板内径面为平滑面,再则固定锥形压板的支撑轴为承料主轴,活动锥形压板的支撑轴为套筒母,两只内径不一样(图3-2-10)。

图3-2-10 PVC送料装置原件

固定锥形压板和紧固螺母形成自锁,决定了套筒在承料主轴的位置,调节螺母对套筒起到定位和紧固作用(图3-2-11)。

(2)套筒的定位:将紧固螺母和固定锥形压板逆时针向内旋转,装上套筒,根据经验定位调整螺母旋进承料主轴丝数或长度,再将固定锥形压板顺时针旋转拧紧,紧固螺母同样顺时针旋转并用勾手扳手拧紧,使紧固螺母固定锥形压板锁死(图3-2-12)。

图 3-2-11　PVC 送料装置原件组装

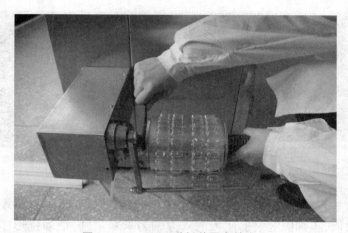

图 3-2-12　PVC 送料装置套筒定位

（3）按图 3-2-13 箭头所示方向（卷筒材料安装方向判断方法，将重力摆臂向上抬起观察承料主轴的转动方向判定卷材的安装方向），将 PVC 卷筒材料装在承料主轴上，装上活动锥形压板，右手大拇指按压快退螺母锁紧扣，将快退螺母推上套筒，左手握住套筒，右手逆时针旋紧快退螺母即可。

图 3-2-13　PVC 卷筒装载固定

（4）在调试或生产过程中可以通过用勾扳手逆时针方向松开紧固螺母，左手握住套筒，右手逆时针拧松固定压板，向前推进卷筒材料（PVC 或铝箔），或再逆时针方向松开调节螺母，向后平移卷筒材料（PVC 或铝箔），调到理想位置后再按上述方法将卷筒材料（PVC 或铝箔）固定（图 3-2-14）。

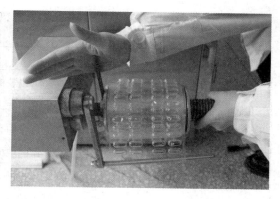

图 3-2-14　PVC 卷筒的调整

4.收料装置的安装方法

（1）将收料摆臂抬起，使收料承料主轴停止转动。将内挡板定位螺丝用六棱扳手拧松，调整内挡板的位置，然后将定位螺丝拧紧固定。

（2）将 PVC 折叠，用剪刀在双层 PVC 部位并排剪去两个三角，将 PVC 伸开后有两个菱形的孔，使收料穿杆穿过两菱形孔（图 3-2-15）。

图 3-2-15　PVC 穿过收料穿杆

（3）将承料主轴穿入收料外挡板中心孔，同时穿杆穿入穿杆孔，调整外挡板和内挡板中间的距离适当后（比 PVC 的宽度要宽 1~2 cm），用六棱扳手将外挡板定位螺丝拧紧即可（图 3-2-16）。

图 3-2-16　收料装置安装

活动与探究

以小组为单位，书写装载 PVC、铝箔，安装收料装置的方案。

表 3-2-1　静态安装收、送料装置考核表（满分 100 分）

班级：　　　　　学号：　　　　　日期：　　　　　得分：

项目设计	考核内容	操作要点	评分标准	得分
生产前检查	机器开关	1. 检查铝塑包装机空气开关是否关闭。	3	
	工器具	2. 检查所使用的工器具是否齐全。	3	
	机器台面	3. 检查机器台面有无多余的工器具。	3	
	操作间地面	4. 检查操作间地面有无无关的器具。	3	
生产操作	PVC 卷筒材料安装	1. 套筒定位正确。	5	
		2. 紧固紧固螺母选择工具、方法正确。	3	
		3. PVC 卷筒材料方向安装正确。	2	
		4. PVC 放料装置组装顺序、零配件选择正确。	3	
		5. 安装、紧固快退螺母手法正确。	3	
		6. PVC 卷筒材料固定牢固，无轴向窜动现象。	5	
		7. PVC 穿过各工位方法、顺序正确。	5	
	铝箔卷筒材料安装	1. 套筒定位正确。	5	
		2. 紧固紧固螺母选择工具、方法正确。	3	
		3. 铝箔卷筒材料方向安装正确。	2	
		4. 铝箔放料装置组装顺序、零配件选择正确。	3	
		5. 安装、紧固快退螺母手法正确。	3	
		6. 铝箔卷筒材料固定牢固，无轴向窜动现象。	5	
		7. 铝箔穿过各料辊和热封工位方法、顺序正确。	5	
	收料装置安装	1. 内挡板定位方法、位置正确。	3	
		2. PVC 绕过各收料辊的方法、顺序正确。	3	
		3. PVC 剪孔方法正确合理。	2	
		4. PVC 穿过穿杆的方法正确。	3	
		5. 内挡板定位方法、位置正确。	5	
	清场	1. 作业场地清洁。	5	
		2. 工具和容器清洁和摆放合理有序。	5	
		3. 实训设备的清洁。	5	
		4. 清场记录填写准确完整。	5	
其他				

活动三　安装加热装置及成型装置

（1）加热装置其作用是将PVC片加热到热弹性温度区，为吹塑成型做好准备。PVC片比较有利的成型温度为110～120 ℃。当PVC片通过加热装置（图3-2-17，图3-2-18）加热时，要求温度均匀一致，保证成型泡罩质量。板式吹塑成型是属于间歇加热和成型。PVC片被加热后，再移动到成型工作台进行成型。在移动过程中，PVC片因与空气接触而致温度降低，成型模具又要吸收一定的热量，所以从加热台移动出来的PVC片温度要高于成型温度，一般为120 ℃左右。为了使PVC片能够被充分加热软化，加热板的长度是成型模具的2～2.5倍。

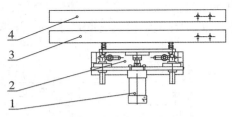

图3-2-17　加热装置结构

1.下气缸　2.下支座　3.下加热板　4.上加热板

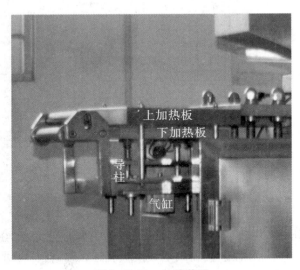

图3-2-18　加热装置

机器运行时，两块加热板之间的间隙大小是根据不同厚度和不同材质的塑料片材来调整八个螺栓来实现。待机时，气缸推动上加热板上移，使上下加热板距离增大，以利于PVC的通过。

上下加热板加热时与PVC片接触，在表面涂有一层0.02～0.03 mm厚的聚四氟乙烯涂料或硅胶。由于聚四氟乙烯耐热温度为 250 ℃,摩擦系数较低,可以防止 PVC 受热软化粘连到热传导板。

成型装置箱体可以沿花键主轴前后滑动,调整加热装置与成型工作台之间的相对位置,加热板与成型模具距离在不影响模具上下运动的情况下,距离越近越好,一般≤5 mm。位置调整好之后用挡块锁紧。

(2)成型工作台:成型材料通过加热装置加热软化后到达成型工位,当成型上下模闭合时,压缩空气灌入成型上模由吹气孔吹出迫使加热软化后的塑片在成形下模模腔部位拉伸变形贴入模腔壁而形成泡眼。

成型工作台是由上模、下模、模具支座、传动顶杆组成(图3-2-19)。在下模具的导板中通有冷却水,上模具通有高压空气。工作过程中,下模具由传动机构带动作上下间歇运动,上模具通入压力可调的高压空气。当上下模具合拢,上模具吹入高压空气,使 PVC 片在下模具中形成泡罩,同时在上下模具之间产生一个分模力和向上的压力。

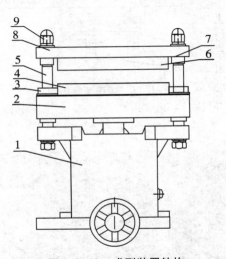

图 3-2-19　成型装置结构

1.箱体　2.下模导板　3.下模定位块

4.成型下模　5.立柱　6.成型上模

7.调整螺母　8.上模块座板　9.盖形

螺母

(3)成型台传动机构:由凸轮和导柱组成,凸轮为一偏心轮,固定在动力主轴上,随动力主轴的转动做圆周运动;导柱上端和成型下模板相连,下端连一轴承,轴承和凸轮相接触,将凸轮的圆周运动转变成下模的上下往复运动。此装置和热封台传动机构、打印台传动机构、压痕台传动机构结构、冲裁台传动机构原理相同(图3-2-20,图3-2-21)。

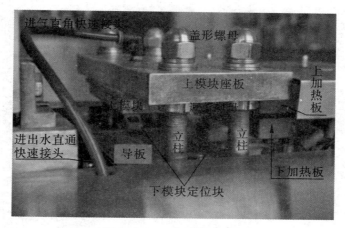

图 3-2-20　成型装置实物

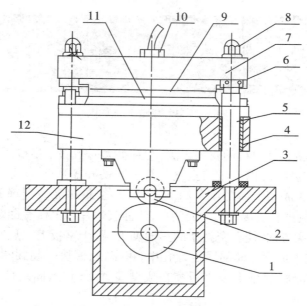

图 3-2-21　成型台传动机构

1.成型凸轮　2.滚轮　3.凸轮箱　4.直线轴承　5.立柱
6.调节螺母　7.上模块座板　8.盖形螺母　9.上模块
10.进气快接　11.下模块　12.导板

（4）成型下模（成型模）（图 3-2-22）的安装方法：①点击操作画面中的"点动"按钮使成型导板处于最低点，并关闭电源，确保安全。②在安装之前请确认成型下模的排气孔畅通无阻塞。③逆时针旋转松开下模限位块固定螺钉，将成型下模腔面朝上，由加料方向推入成型导板，靠向加热板方向与加热板大约保持在 1～3 mm 的间距，平行、居中放置于冷却板上面。④再用限位块压住下模具两端台面，再顺时针旋转两端的固定螺母，将成型下模锁紧定位。⑤确保成型下模在成型上模的有效范围内（图 3-2-23）。

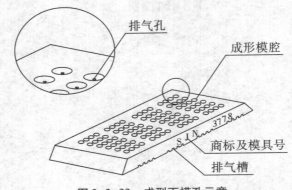

图 3-2-22　成型下模孔示意

图 3-2-23　成型下模安装

　　(5)成型上模(图 3-2-24)的安装方法:①右手大拇指和示指按压快接头外环,另三个手指握住压缩空气气管,拔下压缩空气气管。②松开盖形螺母,取下上模块固定板。③在安装之前请确认成型上模的吹气口无阻塞,及密封圈无破损现象(确保不漏气)。④将成型上模块座板没有快接头的一面朝上,让硅胶垫片和上模有固定螺孔的一面相吻合,按图 3-2-25 箭头方向,使有密封条的一面朝上,置于座板上。从座板背面穿入固定螺钉,使固定螺钉进入成型上模的固定螺孔中,将座板、模块一起翻转置于桌面,将两固定螺钉交替拧紧。⑤将成型上模座板装在成型装置上,拧上固定螺母,装上压缩空气气管。

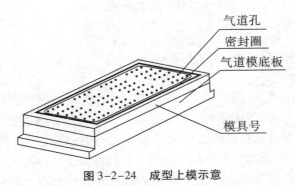

图 3-2-24　成型上模示意

图 3-2-25　成型上模块的安装

(二) 热封合装置

平板式热封合装置见图 3-2-26。下热封板上下间歇运动,固定不动的上热封板上面有电加热板,当下热封板上升到上止点时,上下板将 PVC 片与铝箔热封合到一起。为了提高封合质量和美化板块外观,在上热封板上制有网纹。在热封系统装有气缸增压装置,能够提供很大的热封压力。

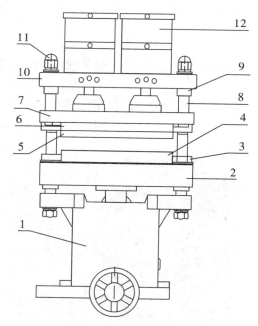

图 3-2-26　平板式热封合装置

1.凸轮箱　2.导板　3.下模块定位块　4.热封下模块　5.网纹板(上模)　6.加热板　7.上模块座板　8.立柱　9.调节螺母　10.气缸连接板　11.盖形螺母　12.多级气缸

设备正常运行时,热封上模(网纹板)在热封气缸的作用力下处于下止点,其工作温度约 160 ℃,当导板下降时,上下模脱开、成型材料(此时已成泡眼并装有包装物)与热封铝箔同时被牵引机构拉入热封工位;当导板在热封凸轮的作用下上升时,热封上模(网纹板)与热封下模闭合,成型泡眼嵌入热封下模相对应模腔内,热封上模(网纹板)(图3-2-27)的热传递使铝箔背面胶层融化并在上下模闭合压力的作用下与成型材料紧密封合,被包装物被密闭在泡眼内形成泡罩。

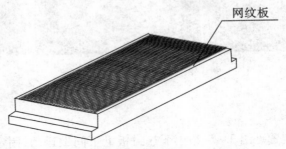

图3-2-27　热封上模(网纹板)

网纹板表面有凸格状的网纹。为了确保封合的密封性,在泡窝之间和泡窝与板块边缘之间必须保持有三个以上的菱形凸格参与封合。凸点式封合很容易造成凹陷处相互串通,故封合效果不好。

热封上下模的安装:

1. 热封下模的安装　同成型下模,安装时手避免碰到上模具,以免烫伤。

2. 热封上模的安装

(1)松开上模块定位块,取下热封加热板,热封加热板下平面(较窄的一面)放于热封上模背面(图3-2-28),固定螺钉穿入热封上模固定螺孔内,并顺时针拧紧。

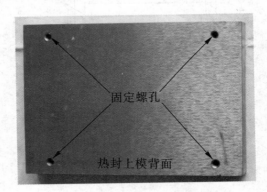

图3-2-28　热封上模(网纹板)背面

(2)将装有热封上模的加热板装在热封座板上,并用定位块固定。

在安装模具时务必请关闭电源使机器处于停机状态,此时热封加热板应该是处于最高位置(上止点)上,如果此时热封加热板处于最低位置(下止点),请务必检查气缸气管是否安装正确(气缸进气管与出气管接反会造成这种情况),不正确的气缸接法可能会在机器调试中对调试者造成意外伤害。

表 3-2-1 成型、热封模具的安装考核表（满分 100 分）

班级：　　　　　　学号　　　　　　日期　　　　　　得分

项目设计	考核内容	操作要点	评分标准	得分
生产前检查	机器开关	1. 检查铝塑包装机空气开关是否关闭。	3	
	工器具	2. 检查所使用的工器具是否齐全。	3	
	机器台面	3. 检查机器台面有无多余的工器具。	3	
	操作间地面	4. 检查操作间地面有无无关的器具。	3	
生产操作	成型模具安装	1. 成型上模座板拆卸选用扳手、方法正确。	5	
		2. 硅胶垫片加载方式、方法正确。	3	
		3. 成型上模在座板上的放置方向正确。	2	
		4. 成型上模在座板上的放置位置正确。	3	
		5. 上模块固定工具选择正确。	3	
		6. 上模块紧固方式、方法正确。	5	
		7. 设备导板停放位置正确。	5	
		8. 成型下模放入导板的方式、方法正确。	5	
		9. 下模在导板上放置位置平行居中。	3	
		10. 下模放置于上模的有效面积内。	2	
		11. 固定块加载和紧固方法正确。	3	
	热封模具安装	1. 热封加热板拆卸选用扳手、正方法确。	3	
		2. 热封上模在加热板上的放置方向、位置正确。	5	
		3. 上模块固定工具选择、紧固方式、方法正确。	5	
		4. 加热板、热封上模组合在座板上紧固方法正确。	3	
		5. 设备导板停放位置正确。	3	
		6. 热封下模放入导板的方式、方法正确。	5	
		7. 下模在导板上放置位置平行居中。	3	
		8. 下模放置于上模的有效面积内。	3	
		9. 固定块加载和紧固方法正确。	2	
	清场	1. 作业场地清洁。	5	
		2. 工具和容器清洁和摆放合理有序。	5	
		3. 实训设备的清洁。	5	
		4. 清场记录填写准确完整。	5	
其他				

活动四　打批号、压痕线和冲裁装置工位模具安装

1. 结构和原理　打批号、压痕线在同一模块上,其结构和原理基本和热封模块相同,字头安装于上模块的一端(图 3-2-29)。

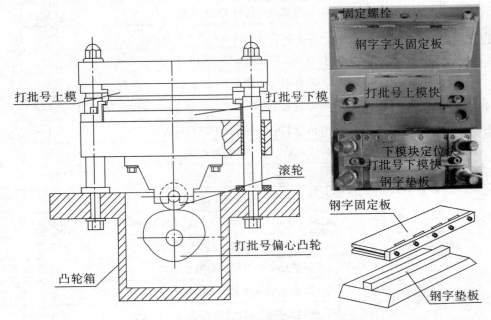

图 3-2-29　打批号、压痕线模块

　　当下模座板随导杆向上运动接近顶点时,将 PVC 片夹在字头和下模之间,随之下模座板进一步上行达到上止点,字头便在 PVC 片上压出字迹,而后下模下行,PVC 片在冲裁前步进辊的带动下向前移动,完成打字压痕行程。

　　2. 压断裂线和印字有两种方式　热压和冷压。

　　(1)热压:压印刀处于热状态工作,刀片的温度大约 140 ℃压入 PVC 片厚度的 1/3 左右,使 PVC 片被刀口压入处老化,很容易折断。

　　(2)冷压:压印刀呈锯齿状,将 PVC 片切穿成点线状,便于折断或撕裂开。

　　压痕模具结构如图 3-2-30 所示。

　　3. 钢字(打批号)模具的安装方法

　　(1)钢字的安装:①取下打批号上模固定板,松开限位块,将钢字固定板取出。②用六棱扳手逆时针拧下钢字限位压条紧固螺钉,取下限位压

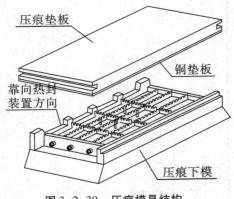

图 3-2-30　压痕模具结构

条。③按批包装指令单要求,逐个用镊子取出所需字头,有卡槽的一面朝向自己,卡入一方开口的塑料软管中,检查字头和批包装指令单无误后,将排好的字头一起放于字头固定板的钢字固定槽中,使限位条的卡条和字头的卡槽相吻合,将固定螺钉拧紧(图3-2-31)。

(2)钢字(打批号)模具的安装方法:①将钢字固定板平行居中固定于打批号上模座板板上。将上模座板装在打批号装置上。②将打批号下模钢字垫板朝上,平行居中置于下模导板上,调整钢字垫板的位置使之和钢字固定板上的字头在一个垂直平面内,压上定位块,将定位紧固螺钉拧紧。

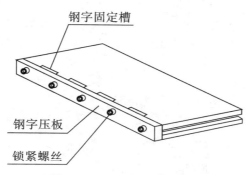

图 3-2-31　钢字固定板结构

4. 冲裁装置　该装置是将 PVC 泡罩片通过凸凹模时冲切成板块,冲裁装置是泡罩包装机的关键部分之一,有诸多技术指标如冲裁频率、噪声等是衡量包装机械技术水平高低的主要指标,可以反映出制造厂的设计水平、加工工艺水平、设备精度和管理水平。其传动方式与打字和压断裂线装置相同,并且两部分是同步转动,不再赘述。

凸模利用螺钉和定位销钉固定在上模压板上,在凸模座板上又安装有可以上下活动的压料板构成运动件。凹模靠四个支柱支承在下模板上(图 3-2-32)。凹模板有两根导柱和高精度的直线轴承保证凸模(图 3-2-33)往复运动的精度。直线轴承是无间隙配合,这样才能保证冲裁板块质量并实现高速冲裁。切记冲裁两模块前后不能装反(图3-2-34)。

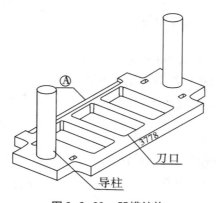

图 3-2-32　凹模结构

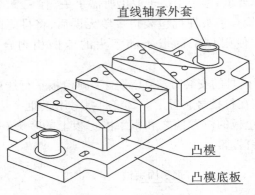

图 3-2-33　凸模结构

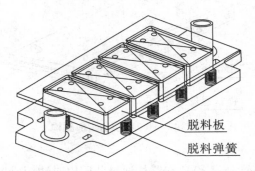

图 3-2-34　凸模和脱料板组合结构

当 PVC 泡罩片通过步进电机导向轮进入凸凹模之间以后,凸模向凹模运动开始冲裁。在冲裁之前,压料板先将 PVC 泡罩片压在凹模平面上,然后由凸模将板块从凹模内冲切下去。在冲切板块的同时,收料装置旋转收料将废料收起,成品由出料口输出(图 3-2-35)。

5. 冲裁模具安装方法

(1)点动机器使下模导板降至最低位置(下止点),并关闭电源。

(2)松开盖形螺母取下冲裁上模,将下模(凹模)的有缺口的一方(A 面)朝向打批号装置方向,平行置于下模导板上,位置大致居于两端冲裁立柱,紧固四枚内六棱螺钉。

(3)将凸模底板[凸模底板、脱料板、上模(凸模)是组合件]凸模向下套在四只冲裁立柱上,使下模架导柱上的直线轴承进入上模座的直线轴承外套孔内。

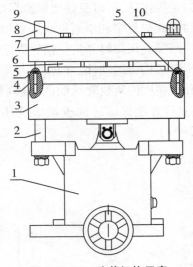

图 3-2-35　冲裁机构示意

1.偏心凸轮箱　2.立柱　3.下模导板　4.下模(凹模)　5.下模定位螺钉　6.上模(凸模)　7.上模座板　8.导杆　9.上模定位螺钉　10.盖形螺母

（4）在四根立柱上装上垫片（四根立柱上一定要厚度一致）和盖形螺母,盖形螺母先不要拧紧,等正常开机时,视冲裁情况逐步用手顺时针旋动四个盖形螺母,直到正常冲裁为止。

（五）辊筒式牵引机构

机器进入运行状态时,牵引气缸向下推动压辊轴承座,将经过牵引滚轮和橡胶压辊之间的PVC压住,同时步进电机(伺服电机)通过齿轮机构驱动牵引滚轮和橡胶压辊做同步运动,利用滚动时的摩擦力牵引PVC向冲裁方向运动(图3-2-36、图3-2-37)。

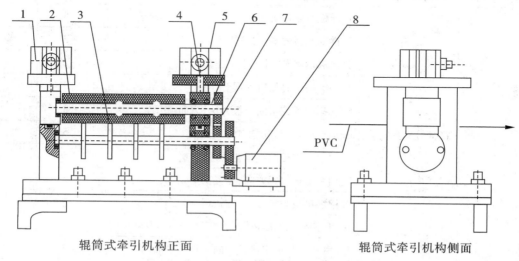

辊筒式牵引机构正面　　　　辊筒式牵引机构侧面

图3-2-36　辊筒式牵引机构结构示意

1.牵引气缸　2.橡胶压辊　3.牵引辊轮　4.气缸活塞杆　5.压辊轴承座　6.分离弹簧　7.齿轮机构　8.步进电机(伺服电机)

图3-2-37　辊筒式牵引机构

表3-2-3 打批号、冲裁模具的安装考核表(满分100分)

班级:　　　　　　学号:　　　　　　日期:　　　　　　得分:

项目设计	考核内容	操作要点	评分标准	得分
生产前检查	机器开关	1.检查铝塑包装机空气开关是否关闭。	3	
	工器具	2.检查所使用的工器具是否齐全。	3	
	机器台面	3.检查机器台面有无多余的工器具。	3	
	操作间地面	4.检查操作间地面有无无关的器具。	3	
生产操作	打批号模具安装	1.导板所处位置正确。	5	
		2.拆卸座板方式、方法正确。	3	
		3.镊取钢字头方法、手法正确。	2	
		4.钢字头字码核对无误。	3	
		5.字排放置钢字固定板方法、方向、正确。	3	
		6.钢字排固定方法正确。	5	
		7.钢字固定板固定位置、方法正确。	5	
		8.钢字垫板放置方向、位置正确无误。	5	
		9.钢字垫板固定方法、方式正确。	3	
		10.钢字固定板、座板组合件安装、固定发法正确。	2	
		11.钢字头和钢字垫板在同一垂直平面内。	3	
	冲裁模具安装	1.冲裁下模导板输出位置正确。	3	
		2.冲裁上下模具选择正确。	5	
		3.凹模放置导板位置、方向正确。	5	
		4.凹模在导板上紧固方法正确。	3	
		5.凸模、脱料板组合件在座板上位置、方向正确。	3	
		6.凸模、脱料板组合件在座板上的紧固方法正确。	2	
		7.凸模、脱料板、座板组合件安装方向正确。	3	
		8.凸模、脱料板、座板组合件紧固方式正确。	5	
	清场	1.作业场地清洁。	5	
		2.工具和容器清洁和摆放合理有序。	5	
		3.实训设备的清洁。	5	
		4.清场记录填写准确完整。	5	
其他				

活动五 铝塑包装机触摸屏操作使用说明

开启电源,触摸屏上将显示开机画面,此时触摸一下在闪动的商标图案,将自动进入下一个画面。

该画面上分布着多数经常要操作的按钮,在进行其他操作前,先须按"电源"按钮,开启触摸屏上的电源上的按钮后,即可按照各按钮的中文指示对机器进行操作(图3-2-38)。

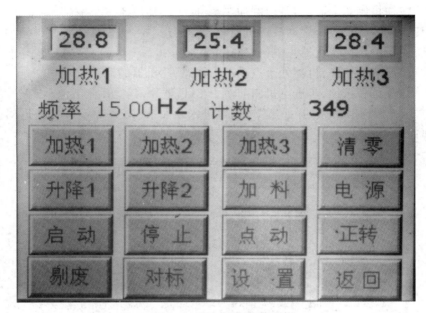

图3-2-38 操作屏画面

(一)画面操作

1.最上一排 三个方框中所显示的数据为三个加热板的实际温度值。加热1、2显示PVC加热上下板温度,加热3显示热封上模板温度。

2.第二排 "频率"后的数据显示的是变频器运行的频率值,调节该数值可以改变整机的运行速度,具体操作见频率调节画面的说明。"计数"为该机器应包装出的成品板数。

3.第三排 加热1、2、3按钮和清零按钮不受电源按钮控制,显示屏显示画面2就可以操作该4个按钮,按压加热1、加热2、加热3相应的3块加热板开始加热,再次按压该按钮相应的3块加热板停止加热。机器开启电源后,先按压3个加热按钮使机器预热,3个加热板达到相应的温度方能开启机器运行。

清零按钮可以清除计数。

4.第四排 两个"升降"按钮分别控制加热板及热封机构内的气缸升降,升降1控制加热板,升降2控制热封机构上加热板,开启压缩空气阀门、按压电源按钮后两块加热板和热封板上下模块间距最大,以利于机器的预热。

"加料"按钮控制加料电机,在加料装置上还有一个二级开关和一个调速旋钮,只有将两个开关(操作屏上的加料开关和加料装置上的开关)同时开启时,加料装置才能开始工作。加料装置上的调速旋钮用于调节加料装置的电机旋转速度,加料电机的旋转速度和PVC的步进速度一定要相匹配。加料电机速度相对PVC步进速度太慢,容易出现缺粒现象;如果太快,锁和不紧的胶囊容易开囊,造成药粉外漏,影响热封,素片同样也会出现细粉过多使热封不能顺利进行。

"电源"按钮控制总电源,但不控制加热1、加热2、加热3三个按钮。

5. 第五排　"启动"按压启动按钮机器全自动运行。

"停止"按压停止按钮机器主电机停止运行。

"点动"按压点的按钮,机器处于点动运行状态,用机器的调试。

"正转"按压正转按钮,步进电机向前牵引PVC硬片,其他几个工位不工作。

6. 第六排　按压最下面的"设置"按钮可进入画面三(图3-2-39),按"返回"按钮可回前一画面。

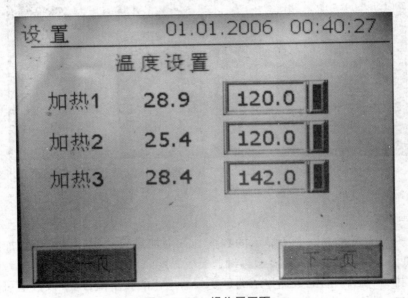

图3-2-39　操作屏画面

(二)画面操作二

该画面为温度设置画面,中间一列方框的数据显示为对应加热温度的当前值,右边的一列为设定值,按压"设定值"方框,触摸屏上将自动弹出一个小键盘,在小键盘上输入相应的数据后按小键盘的"ENT"键,即可完成对该数值的设置(图3-2-40)。

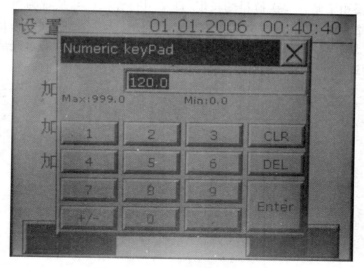

图 3-2-40 操作屏温度设置画面

按最下一排的"上一页"可回到上一画面,按"下一页"可进入下一个画面(图 3-2-41)。

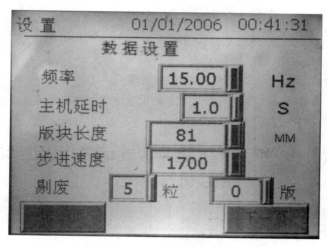

图 3-2-41 操作屏画面

(三)操作画面三

在该画面中"主机延时"功能是用于整机延迟启动的时间。

"主机延时"功能如下:开机时,按压第二画面中的"启动"按钮后,机器在运行主机前,会自动启动升降,待升降气缸打出后才运行"主机延时"。此画面用于调整该段时间参数。调整时按 S 左边小方框就可弹出小键盘,在小键盘上输入适当的数值后按"ENT"键,即可完成对该数值的设置。

　　"长度"主要用于调整每次拉料的长度(即牵引行程),其数值视为所生产药版的长度而定,设置方法同上,当更换模具时,可按压"设定值"方框,触摸屏上将自动弹出一个小键盘,在小键盘上输入相应的测量数据后按小键盘的"ENT"键,即可完成对该数值的设置(图3-2-42)。

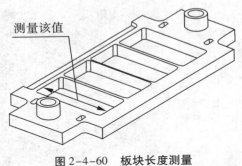

　　　　　　　　　图2-4-60　板块长度测量

　　"频率"后的第一个方框内显示的为主机运行的速度数值,第二个方框显示的为设置值,当需要调整时,按设定值就可弹出小键盘,在小键盘输入相应的数据后按"ENT"键,即可改变主机运行的速度。

活动与探究

1. 以小组为单位,制作PPT讲解画面一、二、三的使用。
2. 以小组为单位讲解交流电动机的转速和频率的关系。
3. 以小组为单位讲解普通电机、步进电机(伺服电机)的异同点。

活动六　DPP-140A/E型平板式铝塑/铝铝自动泡罩包装机开机操作

　　工作之前,使热封上模停在上止点进行预热(避免热封下模带走网纹板热量,延长预热时间与降低下模冷却效果)(图3-2-43)。

　　　　　　　　　图3-2-43　开机前热封上模位置

（1）设置加热1、2、3温度，使上加热板温度显示为110 ℃左右、下加热板为100 ℃（确切温度按泡成型程度而定）。热封时加热温度约为140～160 ℃（具体按黏合程度而定）。

（2）将装放于承料轴上的PVC拉出，经送料辊、穿过两块加热板之间、成型上下模之间。再穿过加料器底部，经过空档处时，同从铝箔承料轴上经转接辊而来的铝箔一起进入热封模具、打批号压痕模具、再经过牵引、锁紧装置，其端部进入冲裁模具（图3-2-44～图3-2-46）。

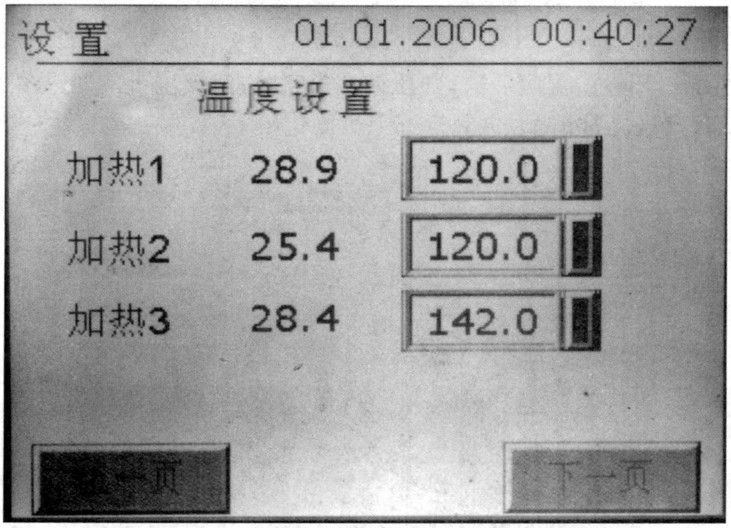

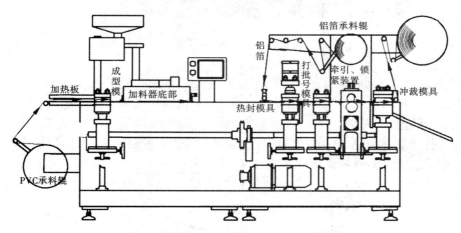

图3-2-44　装置屏温度设置画面

图3-2-45　卷筒材料（PVC、铝箔）的安装示意

PVC穿过加热板1~2之间　　　　　PVC穿过热封上下模具

图 3-2-46　卷筒材料（PVC、铝箔）穿过加热、热封装置

（3）预热温度达到设定温度后，打开压缩空气，先按触摸屏上的"点动"按钮观察运行是否正常，如没有发现异常情况，再进行下一步操作（图3-2-47）。

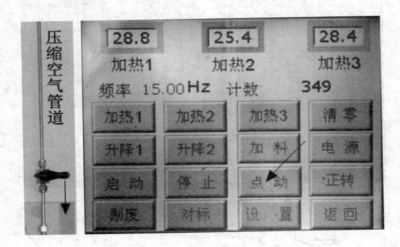

图 3-2-47　开机操作画面

（4）按下电机控制启动按纽，加热板、热封上模自动放下（注：热封升降点动时不工作，可以按"升降"开关工作），并延时开机（配时间继电器，可调），机器正式运转，观察塑料、铝箔运行情况，待成型、热封、冲裁等都合格后打开"加料"在电机调速键上调节适当速度，然后打开加料闸门，控制好药量，打开水源开关适度控制流量（水流量过小，会使下模发热，影响已成型的泡罩收缩）（图3-2-48）。

图3-2-48 加料装置

（5）上述工作一切就绪,方可投入正常生产,操作程序如下：

1）开机

开启总电源开关→电器按要求完成各自的指令→开启进气阀→上 PVC 塑料→

装上铝箔 → 按工作开关键 → 开启进水阀 → 将被包装物加入料斗

→开启加料器电源开关,开闸加料

2）停车

按下停机按纽,主电机停 → 关闭加料器电源开关 → 关闭总电源开关 →

关闭进气阀→关闭进水阀

活动与探究

以小组为单位,书写 DPP-140A/E 型平板式铝塑/铝铝自动泡罩包装机空载试机的 SOP。

表 3-2-4 铝塑泡罩包装机空载试机考核表(满分100分)

班级:　　　　　　学号　　　　　　　日期　　　　　　　得分

项目设计	考核内容	操作要点	评分标准	得分
生产前检查	机器开关	1. 检查铝塑包装机水、电、气是否关闭。	3	
	工器具	2. 检查所使用的工器具是否齐全。	3	
	机器台面	3. 检查机器台面有无多余的工器具。	3	
	操作间地面	4. 检查操作间地面有无无关的器具。	3	
生产操作	PVC 卷筒材料安装	1. 正确开启电源。	5	
		2. 检查三个加热板的设置温度。	3	
		3. 温度设置重新设置,如正确口述设置方法。	2	
		4. PVC 放料装置组装顺序、零配件选择正确合理。	3	
		5. PVC 卷筒材料固定牢固,无轴向窜动现象。	3	
		6. PVC 穿过各工位方法、顺序正确。	5	
		7. 铝箔放料装置组装顺序、零配件选择正确合理。	5	
	铝箔卷筒材料安装	1. 铝箔卷筒材料固定牢固,无轴向窜动现象。	5	
		2. 铝箔穿过各料辊和热封工位方法、顺序正确。	3	
		3. PVC 绕过各收料辊的方法、顺序正确。	2	
		4. 挡板定位方法、位置正确。	3	
		5. 压缩空气、冷却水开关时间正确合理。	3	
		6. 操作屏电源、电动、启动、停止按钮应用合理。	5	
		7. 加料电机已打开、运行速度适中。	5	
	收料装置安装	1. 对 PVC 定位情况调整方法适当。	3	
		2. 对 PVC 定位情况微调方法正确。	3	
		3. 对铝箔定位情况调整方法适当。	2	
		4. 对铝箔定位情况微调方法正确。	3	
		5. 生产过程无安全隐患。	5	
	清场	1. 作业场地清洁。	5	
		2. 工具和容器清洁和摆放合理有序。	5	
		3. 实训设备的清洁。	5	
		4. 清场记录填写准确完整。	5	
其他				

说明:本次操作不加载打批号、冲裁工位模具,加载热封模具,但不要求调整

活动七　DPP-140A/E型平板式铝塑/铝铝自动泡罩包装机调整与使用

1. 成型装置的调整

（1）接通电源,打开压缩空气阀和进出水阀门,操作控制而扳进入"温度设置画面"将成型温度设置在105 ℃或110 ℃,依照图3-2-46卷筒材料(PVC、铝箔)的安装示意图箭头所示方向将成型材料(PVC)串接过各工位。

（2）松开四个调节螺母,点动机器将下模板升至上止点,将四个调节螺母向上调节到离上模块固定板下平面约1～2 mm,将压缩空气灌入成型模,同时向下旋转四个盖形螺母,对上下模进行调压。注意四个点用力要均匀,调压的目的是让上下模闭合时不漏气,以防压缩空气流失造成成型不到位。因此只要确保无明显漏气即可,上下模闭合压力尽量不宜过大,以免机器负荷过大。

（3）如施加一定压力后无法消除漏气现象,切不可野蛮加压应检查其他原因如成型密封圈有无破损,或PVC无居中穿过模具使产生缝隙等,调压完毕后将四个调节螺母上旋固紧成型上模固定板。

请务必注意:在通过盖形螺母调压力时,成型凸轮必须处于上止点,如图3-2-49所示,否则将严重损坏设备。

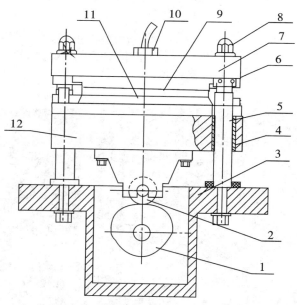

图3-2-49　成型凸轮必须处于上止点示意

1.成型凸轮　2.滚轮　3.凸轮箱　4.直线轴承　5.立柱
6.调节螺母　7.上模块固定板　8.盖形螺母　9.上模块
10.进气快接　11.下模块　12.冷却板

（4）打开操作控制面板,将电机频率调至20 Hz左右,点击运行按钮,机器进入慢速

运行状态,观察泡罩成型是否达到要求,如成型不到位请检查以下几个方面:

a. 压缩空气压力是否足够,一般需要≥0.4 MPa,如果压力不够请调整总进气压力阀或成型压力阀。

b. 成型上模与成型下模之间是否有漏气现象,如有明显漏气请停机上止点,松开调节螺母通过盖形螺母均匀调节压力,直至无明显漏气现象后,再向上旋紧调节螺母,然后从新开机观察。

c. 成型模与加热板之间的距离是否过大(一般为1~3 mm),距离过大会使成型材料在进入成型模之前过早冷却导致无法成型或成型不到位。

d. 成型加热板温度是否足够,一般为105~110 ℃,但不同厂家的材料、厚度、泡眼深度、形状等可能需要不同的加热温度,但过高的温度也会使泡眼底部被吹破,因此请根据实际情况予以调整。

e. 成型上下加热板闭合时接触不良,重新调节成型下加热扳下方的四只弹簧螺栓使下加热扳工作时完全贴紧上加热板。

f. 成型吹气时间不准,凋节成型吹气凸轮角度使其与模具的闭合动作一致。

g. 上下模的气道或排气孔是否有堵塞。

h. 成型密封圈是否破损。

i 未冷却水或水流过小致使成型下模过热泡眼变形。

(5)如果通过以上方法的调试还是无法达到满意的泡罩效果,请更换不同品牌的PVC材料。

(6)成型部分需要左右调整时,可松开成型箱体底部固定螺母后,旋转调节手轮使轨道滑槽中的箱体左右移动,调至适当位置,把箱体下"T"形螺杆拧紧,即可固定箱体(和热封机构左右压泡调整相同)(图3-2-50)。

图3-2-50 成型下模左右调整

注意:①请保持成型模具与加热箱之间的间隙为 2~3 mm。②设备调试时,一定要沿 PVC 运动方向进行调整,首先将 PVC 料辊和铝箔料辊定位,再将成型模具定位,根据成型模具的位置定位热封模具,根据热封模具的位置调整打批号模具和裁刀位置。前面的模具一旦定位,一般不再次移动。

2. 普通加料器　普通加料器使用:加料器出厂时已经安装在设备台面上。开始工作前应首先察看泡罩成形是否整齐美观及涂胶 PTP(铝箔)进入热封处是否对准热封下模,打印批号、撕裂线、冲裁下料版块是否整齐美观。如果一切正常运转,才能加料充填到泡罩孔中进行下道工序。

注意:机器调试时,加料电机应为工作状态,应为加料电机开和停,PVC 所受摩擦力不同,PVC 牵引板块长度有可能发生改变,影响设备的调试。

3. 热封装置的调整

(1)压泡现象调整:点击操作控制面板的"点动"按钮(此时热封气缸处于上止点),观察从成型模出来的内泡罩运行到热封模时的位置,此时泡罩的位置与热封模腔不一定会泡眼吻合,会出现如图 3-2-52 所示的 PVC 泡罩超前热封模腔或滞后热封模腔的现象,此时可松开图 3-2-51 中锁紧螺杆,旋转手轮,顺时针方向调节,成型模前移,即泡位后移直至成型泡眼刚好嵌入热封模相对应模腔内。

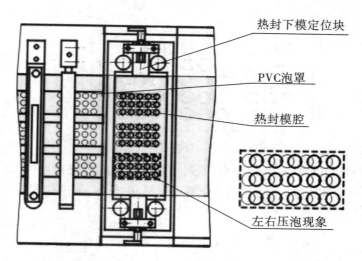

图 3-2-51　左右压泡现象示意

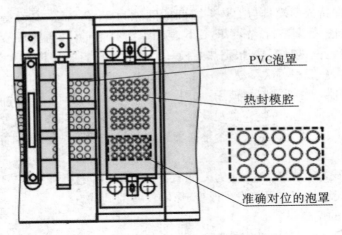

图 3-2-52　泡眼吻合示意

　　如果出现泡罩与热封下模相应的内模腔出现偏位造成前后压泡时,可松开热封下模定位块向左或向右移动热封模,使成型泡眼刚好嵌入热封模相对应模腔内,如图 3-2-53所示。

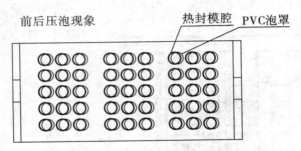

图 3-2-53　前后压泡现象示意

　　(2)铝箔卷筒的调整:松开快退螺母后,而对内定位螺母进行向内或向外调节,通过调节带丝同心套管的位置可以调整铝箔(卷筒材料)的位置,调准位置后重新将快退螺母固紧(图 3-2-54)。

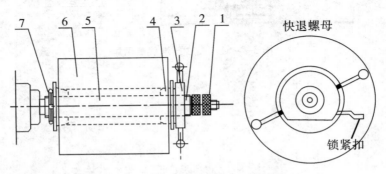

图 3-2-54　铝箔自动送料结构示意

1.定位紧固螺母　2.带丝同心套管　3.快退螺母　4.锥形压板　5.承料主轴
6.卷筒材料 PVC　7.内定位紧固螺母

（3）铝箔的调试：将热封温度设置在160 ℃左右，温度达到后，点击"运行"按钮使机器进入慢速运行状态，观察背封材料（铝箔）被黏封在成型材料（PVC）上的位置，在运行一段时间后看是否与成型材料（PVC）平行封合如图3-2-55。

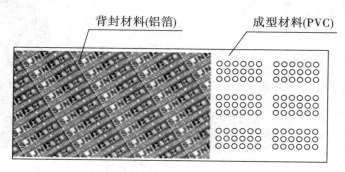

图3-2-55　铝箔和 PVC 平行封合示意

背封材料（铝箔）在运行过程中，如右图3-2-56所示向前或向后倾斜时，需要调整铝箔平衡辊调节，使背封材料（铝箔）平行封合住成型材料（PVC）上。

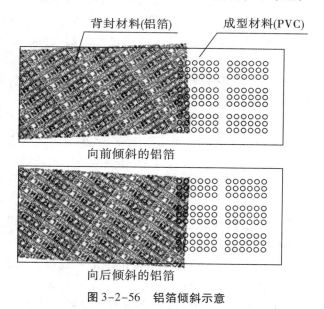

向前倾斜的铝箔

向后倾斜的铝箔

图3-2-56　铝箔倾斜示意

如果背封材料（铝箔）向前倾斜，铝箔平衡辊前面的调节旋钮1顺时针向下调整，后面的调节旋钮2逆时针向上调整。

如果背封材料（铝箔）向后倾斜，铝箔平衡辊前面的调节旋钮1微微逆时针向上调整，后面的调节旋钮2微微顺时针向下调整。

调整完毕后从铝箔承料轴平行出来的铝箔到热封部位应该是均匀张紧、平整无皱（图3-2-57）。

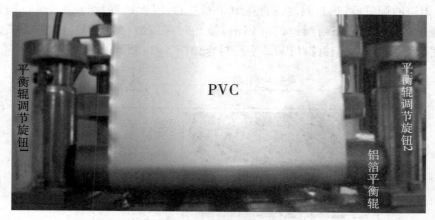

平衡辊调节旋钮1

PVC

平衡辊调节旋钮2

铝箔平衡辊

图 3-2-57　铝箔平衡调节

（4）热封压力调整：调整方法类似成型工位，首先完全松开盖形螺母，在操作画面中点击"点动"按纽，使热封下模上升到最高点，点击"升降2"，使热封上模与下模相接触。调整调节螺母使之与气缸连接板相距 2～3 mm，向下旋转四个盖形螺母对上下模之间的压力进行调节，注意四个点压力要均匀。调节的目的是确保有足够的压力使 PVC 和铝箔封合。热封的压力取决于封合的效果，因此可以通过控制面板再次点击"升降2"按钮把热封上模板升起来观察版块网纹点的深浅度及清晰度来确定需要增压或减压，如果出现版面上的网纹点深浅不均匀，可以通过均匀调节相对应位置的盖形螺母来消除。压力调好后应将四个调节螺母向上锁紧。

请务必注意调节压力时热封凸轮必须处于上止点，否则将严重损坏设备。

网纹的封合是在温度和压力的双重作用下完成，因此在调试时切不可不顾温度一味加压（网纹板工作温度必须达到160 ℃左右），另外铝箔表面的胶层质量也是一个重要因素，涂胶不均或胶层质量差也会导致热封不理想，调试时须注意过大的压力会影响机器的使用寿命。

注意：初调时，压力不宜过高，机器正常运行时，按热封效果再做微调。

4. 打批号装置和压痕装置的调整　转动打批工位移动手轮向左或向右移动下模导板，使钢字模对准设计的位置上。对下模定位板的调节可以前后调整打批下模的位置。压痕装置的调整方法与打批号装置的调整方法相同（图3-2-58）。

通过调节四支打批的立柱上的盖型螺母将压力调整到适当力度，使打制出的批号，字体清晰均匀。压力的调节方法与成型装置压力调节方法相同。

请务必注意调节时打批号凸轮和压痕凸轮处于上止点，否则将严重损坏设备。

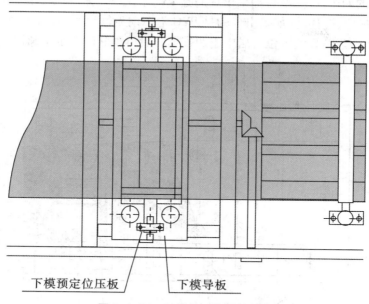

下模预定位压板　　下模导板

图 2-4-76　打批号工位调整示意

5. 冲裁装置的调整

（1）冲裁工位的调节：转动冲裁工位移动手轮如图 3-2-59 箭头所示向左或向右移动下模导板的位置，使冲模按设计要求将封装好的版块冲切。

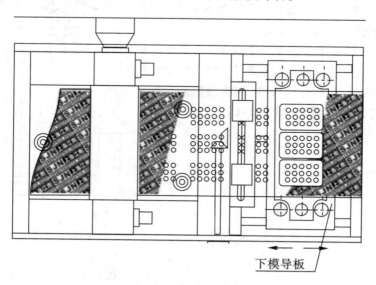

下模导板

图 3-2-59　冲裁工位调整示意

（2）冲裁偏位现象调节：当冲裁工位出现了如图 3-2-60 所示的冲裁偏位现象时，松开牵引工位下的四个固定螺钉,如果出现的是 PVC 泡罩向前倾斜时,用木头锤敲 A 面向左(或 B 面向右)微微移动,如果出现的是 PVC 泡罩向后倾斜时,轻敲 B 面向左(后 A 面向右)微微移动,使 PVC 泡罩位置居中于凹模模腔后再锁紧四个定位螺钉。

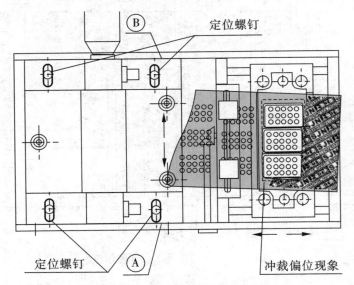

图 3-2-60 冲裁偏位调整示意

6.牵引机构 步进电机带动主动轮转动,由于摩擦力的作用,从动轮随之转动,两轮之间的 PVC 硬片向前移动。主动轮和从动轮的开合靠气缸控制,气缸的开关在步进电机上方的立柱上。

PVC 硬片在裁切工位发生左右偏移,可调整牵引机构加以纠正,松开固定牵引机构的四个螺钉,使牵引机构箱体一端向前/向后移动少许,调整后将四个固定螺钉拧紧,间冲裁偏位调整(图 3-2-61)。

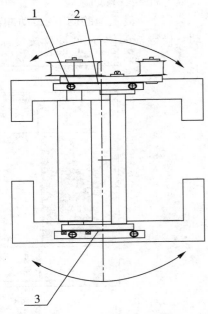

图 3-2-61 牵引工位示意(底部)

1.定位螺钉 2.牵引机构引后支撑板
3.牵引前支撑板

（五）常见故障及排除方法

常见故障及排除方法见表3-2-5。

表3-2-5 常见故障及排除方法

故障		原因	排除方法
泡罩成型不良	泡罩膜穿孔	成型温度高	调低温度
		PVC质量不好，本身有小孔	调换PVC塑片
	成型不完整	成型模与加热板间歇过距	调节模具与加热板间距2~3 mm
		上下模不平行	调节立柱盖形螺母使上下模吻合
		O形密封圈损坏平面渗漏	更换O形密封圈
		吹气孔和排气孔堵塞	用钢针疏通排气孔和进气孔
		冷却水流量过小使下模发热	调节水阀增加水流量
		空气压力不宜	调节减压阀压力一般为0.4~0.6 Pa
		加热区温度过低或过高	适当调整控制温度
泡罩未能准确进入热封模孔	走过或未到位（横向偏位）	行程未调对	在操作面板中重新设置行程长度
		横向轻微偏位	泡罩的偏位调整
	纵向偏位或单边紧松	成型模及热封模安装不准确两模中心线不对或有倾斜	调对成型模及热封模
		成型模或热封模冷却不良，导致PVC温度升高变形或延伸	加大冷却水流量
		PVC质量不好加热后两边伸缩率不一致	更换PVC(塑片)

活动与探究

1. 两组互相结合，一组练习、一组观察评判，分别对成型、热封、打批号、冲裁工位的异常情况进行调整练习。

2. 以小组为单位针对常见故障和排除方法制作PPT，加以讲解。

项目三
铝塑泡罩包装机包装操作

一、实训目标

（1）掌握药品内包装位操作法。

（2）掌握药品包装生产工艺管理要点及质量控制要点。

（3）掌握 DPP-140 型平板铝塑泡罩包装机的标准操作规程。

（4）掌握 DPP-140 型平板铝塑泡罩包装机的清洁、保养、标准操作规程。

二、实训适用岗位及设备介绍

本工艺操作适用于包装工、包装质量检查工、工艺员。

（一）药品包装工

1. 工种定义　药品包装工是使用规定的包装设备选择安装适宜的包装材料或容器将固体药品分装成符合质量要求的操作人员。

2. 适用范围　平板铝塑泡罩包装机操作、模具保管、质量自检。

（二）药品包装质量检查工

1. 工种定义　药品包装质量检查工是指从事药品制剂包装全过程的质量控制点的现场监督和对规定的质量指标进行检查、判定的操作人员。

2. 适用范围　药品包装全过程的质量监督（工艺管理、QA）。

（三）DPP-140 型平板铝塑泡罩包装机介绍

1. 设备构成　DPP-140 型平板铝塑泡罩包装机结构由机座、电机、传动系统、PVC 塑片成型工位、加料斗、热封工位、同步调节装置、冲裁工位、成品输送带组成。

2. 工作原理　DPP-140 型平板铝塑泡罩包装机的生产技术是先将塑料薄片电热之软化，再移置于成型模具中，上方吹入的压缩空气，使薄片贴于模具壁上形成凹穴，凹穴充填药物制剂后用附有黏合膜的铝箔与已装有药品的塑料薄片加热压紧封合，形成泡罩包装。

三、实训设备

DPP-140型平板铝塑泡罩包装机。

四、实训内容

(一)岗位职责及岗位操作法

1.包装岗位职责

(1)进岗前按规定着装,做好操作前的一切准备工作。

(2)根据生产指令按包装指令和规定程序领取原料和包装材料,核对胶囊的品名、规格、产品批号、数量、物理外观、检验合格等,准确无误。

(3)严格按工艺规程及包装标准操作程序进行原料和包装材料处理。

(4)按工艺规程要求对需进行包装的药品严格按DPP-140型平板铝塑泡罩包装机操作规程进行操作。

(5)生产完毕,按规定进行物料移交,并认真填写工序记录及生产记录。

(6)工作期间,严禁串岗、脱岗,不得做与本岗位无关之事。

(7)工作结束或更换品种时,严格按本岗位清场SOP进行清场,经质监员检查合格后,挂标识牌。

(8)注意设备保养,经常检查设备运转情况,操作时发现故障及时排除并上报。

2.包装岗位操作法

(1)检查工房、设备及容器的清洁状况,查看清场合格证并确认在有效期内。

(2)取下清场合格证标牌,换上正在生产标牌。

(3)从暂存室领取PVC和铝箔,从中间站领取待包装的中间体(药片或胶囊),注意核对产品名称、产品批号、规格、净重、检验报告单等。

(4)检查模具,核对产品批号、有效期与生产指令是否一致,并升温,上好铝箔和PVC待温度达到要求时试机,观察设备是否正常,若有一般故障则自己排除,自己不能排除则通知维修人员。

(5)车间温度18~26 ℃、相对湿度45%~65%时,戴好手套,上料开始包装,并严格按DPP-140型行程可调式平板铝塑泡罩包装机操作规程进行。

(6)在铝塑包装过程中要注意冲切位置要正确,产品批号、有效期要清晰、压合要严密,密封纹络清晰,质量监督员要随时抽查,控制质量。

(7)将残次板剔除干净。

(8)在生产中有异常情况则应由班长报告车间负责人并会商解决。

(9)包装完毕后将包好的药板装好,注意不要过分挤压,以免刺破铝箔,填写好生产记录。搞好设备、工具、容器等的清洁卫生并按定置管理要求摆放。

(10)换品种或规格时要按清场要求清场,填写好清场记录。

(11)清场后,填写清场记录,上报QA质监员,检查合格后挂清场合格证。

(12)按DPP-140型行程可调式平板铝塑泡罩包装机维护保养该设备。

(13)记录:操作完工后填写原始记录、批记录。

（二）生产工艺管理要点

（1）包装操作室必须保持干燥，室内呈正压。

（2）包装设备可用清洁布擦拭，必要时与药品及包装材料接触的部分用75%的乙醇擦拭消毒。

（3）包装过程随时注意设备声音。

（4）生产过程所有物料均应有标识，防止发生混药、混批。

（三）质量控制关键点

（1）水泡眼完好性。

（2）批号压痕、密封性能。

（四）操作规程

1. 操作前的检查及模具的更换

（1）检查设备的清洁卫生，检查各润滑点的润滑情况。

（2）按电器原理图及安全用电规定接通电源，打开电源开关，点动电机，观察电机运转方向是否与机上所示箭头方向相同，否则更换电源接头以更正运转方向。

（3）按机座后面标牌所示接通进出水口，将进气管接入进气接口。

（4）更换模具时应将设备运行至上下模具距离最大时停机，断开电源，拆除成型模具、热封模具和截切模具。

（5）按工艺规定将批号字码和压痕刀片安装在热封模具中固定好。

（6）将模具安装好，对好位旋好固定螺栓但不拧紧，开电源将设备运行至上下模具夹紧后停机断开电源。

（7）用扳手对称均匀将固定螺栓拧紧。

（8）用毛巾或软布稍沾洗洁精擦去油污、污垢，然后用毛巾或软布擦干。

（9）将装放于承料轴上PVC拉出，经送料辊、加料箱、成型上下模之间，再穿过加料器底部，经面板空当处，至此同从铝箔承料轴上经转辊而来的铝箔一起进入热封模具、压痕模具、再经过牵引气夹、冲裁装置，其端部进入收废料装置。

（10）按下电机控制绿色按钮，加热板、热封上模自动放下，并延时开机（配时间继电器，可调）观察塑料、铝箔运行情况，待成型良好后打开水源开关并适度控制流量（过大因带走热量而影响成型，过小则不利于定型）。

2. 开机操作

（1）开启总电源开关，各电热器按要求通电升温。

（2）开启进气阀，开启进水阀。

（3）按下电机控制绿色按钮。

（4）预热完毕运行设备进行空包装，检查水泡眼完好性、批号压痕、密封性能；整片压痕应均匀，否则应调节模具的松紧。

（5）将待包装物加入料斗，开启加料器电源开关，开闸加料进行包装。

3. 停机

（1）按下电机控制红色按钮，主电机停。

（2）关闭加料器电源开关。

（3）关闭总电源开关、进气阀、进水阀。

（五）安全操作注意事项

（1）生产过程中,注意力应集中,密切注意机器运转情况,不得用手触及不应触及的地方,以免烫伤或挤伤。对机器运转部件,应按要求滴注适量润滑油。

（2）开机过程中随时注意 PVC 铝箔走向,防止走偏。

（3）发现机器故障,要及时停机处理,通知维修人员,不得私自拆机。

（六）清洁程序

（1）清理操作台面上的残留药物。

（2）拆下下料器,用纯化水湿润的抹布将其擦拭一遍后,用75%乙醇湿润的抹布进行擦拭。

（3）用75%乙醇湿润的洁净抹布擦拭主机、成型板、输送带。

（4）更换品种时应卸下能拆下的部件,送清洗室用饮用水清洗干净后,用纯化水淋洗两遍,然后用洁净的干毛巾擦拭干净,星形毛刷及柱形毛刷甩干水后用压缩空气吹干。

（5）主机及不能卸下的部件,先用压缩空气吹净,再用75%乙醇湿润的洁净抹布擦拭,最后用压缩空气吹干机器表面。

（6）挂上清洁状态标志并填写记录。

（七）设备维护

（1）定期检查所有外露螺栓、螺母并拧紧,保证机器各部件完好可靠。

（2）设备外表及内部应洁净无污物聚集。

（3）各润滑油杯和油嘴每班加润滑油和润滑脂。

（4）发现异常声响或其他不良现象,应立即停机检查。

（5）机器必须可靠接地。

（八）质量判断

（1）产品不带色点。

（2）批号打印应正确、清晰。

（3）热合网纹应均匀整齐。

（4）包装材料表面无破损、无有油污及有异物黏附。

（5）气密性应好。

五、实训考核

考核试卷

编号：   技能总分：

称取 1# 100 g 空胶囊壳,按 GMP 程序,操作铝塑包装机生产出合格铝塑成品至少 100 板,模具 1#,计数显示不得多于( )。

最后包装成品的板数＿＿＿＿＿＿＿＿＿

成品外观得分＿＿＿＿＿＿＿＿＿＿＿

评 分：

1. 成品板数数量得分：＿＿＿＿＿＿＿＿＿＿

2. 成品外观得分：＿＿＿＿＿＿＿＿＿＿＿＿

3. 操作过程得分：＿＿＿＿＿＿＿＿＿＿＿＿

4. 技能竞赛总分：＿＿＿＿＿＿＿＿＿＿＿＿

表 3-3-1　铝塑包装技能竞赛原始记录

班级：　　　　　　　　学号：　　　　　　　　　　　　日期：　　年　月　日

铝塑包装生产前确认记录	产品名称：		规格：		批号：		
	温度：		相对湿度：		压差：		
	操作前检查项目						
	序号	项　　目			是	否	操作	复核
	1	是否有上批清场合格证						
	2	生产用设备是否有"完好,已清洁"状态标志						
	3	是否有校验合格证,并在有效期内,天平调零点						
	4	领用胶囊、PVC、铝箔是否有检验合格证,并已复核						
	5	容器具、模具、安装工具是否齐全、已清洁						
	备注:在"是"或"否"项中画"√"							
中间产品交接单		领用规格		领用量		剩余量		
	PVC			kg		kg		
	铝箔			kg		kg		
	物料			kg		kg		

续表 3-3-1

		剩余 PVC	剩余铝箔	领用胶囊总重	成品重	剩余物料	废弃品重
生产记录	物料平衡	kg	kg	kg	kg	kg	kg
		要求	\[成品(折合万粒)+剩余数量(折合万粒)\]/领料总重(折合万粒)×100%				
		结果					
		操作人：　　　　复核人：　　　　　日期：　　　　年　月　日					

		时间	批号清晰正确	热压花纹清晰均匀	冲裁是否合格
生产记录	在线监测		□是　　□否	□是　　□否	□是　　□否
			□是　　□否	□是　　□否	□是　　□否
		操作人；　　　复核人：　　　　日期：　　　　年　月　日			

	记录移交	PVC	kg	铝箔	kg	剩余物料	kg
生产记录		操作人；　　　　复核人：　　　　　日期：　　　　年　月　日					

清场	1. 生产设备是否已清洁　□	2. 地面、墙壁、门窗是否已清洁　□
	3. 生产用的成品是否已清除　□	4. 剩余物料是否已清除　□
	5. 生产用的工具、容器是否已清洁　□	6. 计量器具是否已清洁、关闭　□
	7. 是否更换状态标志和清场合格证　□	8. 生产记录是否已交予裁判　□

备注：在"□"项中画"√""×"

清场合格证

岗位：_____

结束生产品种：_____ 批 号：_____

药院附属制药厂

清场合格证（正本）

清场日期：_____ 清场人：_____

有效期至：_____ 质监员：_____

岗位：_____

结束生产品种：_____ 批 号：_____

药院附属制药厂

清场合格证（副本）

清场日期：_____ 清场人：_____

有效期至：_____ 质监员：_____

生产卡片

药院附属制药厂	药院附属制药厂	药院附属制药厂
工序状态标示牌	**物料标示卡**	**物料流通卡片**
（胶囊）	YY-GT-09-11-05-04	YY-GT-09-11-05-05
YY-GT-09-11-05-03	生产工序_____ 品名_____	品名_____ 批号_____
工序名称____ 状态_____	批号_____ 规格_____	毛重_____ 规格_____
品名_____ 规格_____	数量_____ 操作人_____	皮重_____ 净重_____
批号_____ 日期_____	生产日期_____	检验者_____ 日期_____
		操作者_____ 日期_____

表3-3-2　铝塑包装操作技能竞赛评分标准

班级：　　　　　　　学号：　　　　　　　日期：　　　　　　　得分：

序号	考试内容	操作内容	分值	评分要求	分值	得分
1	生产前检查	设备、容器具、模具、状态标志及记录	5	1. 上批清场合格证检查。	1	
				2. 温度、相对湿度、静压差检查记录。	1	
				3. 操作间设备、仪器状态标志检查。	1	
				4. 检查所使用的工器具是否齐全。	1	
				5. 检查水源、电源、空压供入是否正常。	1	
2	装机与调试	磨具安装是否正确	30	1. 规范检查模具的大小、规格和磨损情况。	1	
				2. 模具的安装、定位顺序合理、动作规范。	10	
				3. 空机运行至冲裁下成品，机器是否运行正常。	4	
				4. 包装材料的调节是否准确。	5	
				5. 热封站、打印批号站、冲裁站左右调节是否准确。	10	
3	出成品	物料的领取，启动机器，空机试车，加料。调节流量，合格与不合格品应分装	10	1. 及时更换状态标志。	2	
				2. 按GMP规范领取物料。	1	
				3. 加料动作合理规范，流量调节适宜。	2	
				4. 在线检查，检查成品质量。	3	
				5. 按GMP规范分装合格和不合格品。	2	
4	清场	关机，待清洁标志，清除物料，拆卸机器，清理现场，挂已清洁状态标志	10	1. 正确填写清场合格证、适时悬挂"待清洁"和"已清洁"状态标志。	2	
				2. 清除物料，动作规范。	2	
				3. 拆卸机器顺序合理，动作规范。	2	
				4. 清洁机器(毛巾的使用)顺序合理，动作规范。	1	
				5. 及时正确填写记录及物料标示卡，并准确发放。	3	
5	生产记录	生产前检查、生产中记录、清场记录	5	1. 生产记录的真实性和准确性。	2	
				2. 生产记录的完整性。	1	
				3. 生产记录的及时性。	1	
				4. 按GMP规范修改生产记录写错处。	1	
6	安全生产	生产操作过程中是否有不安全行为及因素	5	1. 注意安全，谨防冲伤、烫伤。	2	
				2. 不得在未关机情况下排除故障。	1	
				3. 更换部件或安装时，关闭电源。	1	
				4. 不得在热封前可调节滚轴前一板泡罩内补料。	1	

续表 3-3-2

序号	考试内容	操作内容	分值	评分要求	分值	得分
7	团队协作	评估队员之间沟通情况、配合和协调情况	5	1. 队员之间沟通流畅。	2	
				2. 队员之间配合默契。	2	
				3. 队员之间分工明确、协调科学。	1	
8	完成任务情况	是否按时按量完成,成品质量	30	1. 未按时完成生产任务者 0 分。	5	
				2. 数量足够,0.2 分一板,未完成 0 分。	20	
				3. 无残缺现象。	1	
				4. 热压花纹清晰。	2	
				5. 批号正确、清晰,打印位置正确。	2	

项目四
铝塑岗位标准操作规程

一、生产前检查

（1）举手示意，报告开始。

（2）检查机器上方是否有上批清场合格证，并在有效期内（有效期为 3 d 提前 1 h）。

（3）检查机器上方是否有上批遗留物，并检查机器总电源开关是否处于闭合状态。

（4）是否有设备完好、已清洁状态标志牌。

（5）查工具容器具是否齐全，模具和指令单是否相符并无磨损现象。

（6）"温度""湿度""压差"是否合符要求。

（7）对操作者手部、设备直接接触药物的部位进行消毒。

二、装机

1. 准备　打开压缩空气阀门，检查空压表，使空气压力在 0.4～0.6 MPa 之间，打开电源空气开关，显示屏亮，轻触显示屏进入操作页面，点击加热1、加热2、加热3设备开始预热，将进、出水阀全打开，调节进水阀，使水流"滴水成线"。

2. 安装成型模块　点击操作画面中的"电源"按键（PVC 加料摆臂抬起，否则按压"电源"键无动作），再轻按"点动"按键使成型导板处于最低点，并关闭"电源"按键，确保安全。在安装之前请确认成型下模的规格和指令单相符及排气孔畅通。逆时针旋转松开下模限位块固定螺钉，打开铝塑包装机左边舱门，将成型下模腔面朝上，由加料方向推入成型导板，靠向加热板方向与加热板大约保持在 1～3 mm 的间距，平行、居中置于成型导板上面（成型下模前沿端线和成型导板前沿端线平行）。用限位块压住下模具两端端面，再顺时针旋转两端限位块的固定螺母，将成型下模锁紧定位。确保成型下模在成型上模的有效范围内。

3. 安装热封模块　检查热封下模块导板是否处于最低位置，否则点击操作画面中的"电源"按键，再轻按"点动"按键使热封导板处于最低点，并关闭"电源"按键，确保安全。在逆时针旋转松开下模限位块固定螺钉，打开铝塑包装机右边舱门，将热封下模腔面朝上，由加料方向推入热封导板，平行、居中放置于热封导板上面，成型下模印字部位与印字工位方向保持一致。用限位块压住下模具两端端面，再顺时针旋转两端限位块的固定螺母,将热封下模锁紧定位。确保热封下模在热封上模的有效范围内。

4. "PVC""铝箔"送料装置套筒的定位 将紧固螺母和固定锥形压板逆时针向内旋转,将套筒有螺纹的一端朝向自己装在承料主轴上,根据经验调整定位螺母旋进承料主轴丝数或长度,然后左手握住承料主轴逆时针方向用力、右手握住固定锥形压板顺时针方向用力,将固定锥形压板拧紧,紧固螺母同样顺时针旋转并用勾手扳手拧紧,使紧固螺母和固定锥形压板锁死。

5. 安装PVC 将PVC卷筒材料装在承料主轴上,确保PVC卷材逆时针旋转时为放料状态(卷筒材料安装方向判断方法,将重力摆臂向上抬起观察承料主轴的转动方向判定卷材的安装方向)。将牵引气缸蘑菇头按钮拔出,使牵引气缸打开便于PVC从中间穿过,待到PVC在收料装置上定位固定后,调整PVC和牵引滚轮的位置,PVC居中经过两端的牵引滚轮,将气缸按钮推进复位,再次检查PVC是否居中穿过三个牵引滚轮。将PVC卷筒材料自由端引出,依次穿过重力摆臂→PVC压料滚轮→加热装置→成型装置→填充装置→铝箔压料滚轮→热封装置→印字装置→牵引装置→裁切装置→收料滚轮→收料摆臂到收料装置。

6. 收料装置的安装 将收料摆臂抬起,使收料承料主轴停止转动。将内挡板定位螺丝用六棱扳手拧松,调整内挡板的位置,然后将定位螺丝拧紧固定。将PVC折叠,用剪刀在双层PVC部位并排剪去两个三角,将PVC自由端展开后有两个菱形的孔,使收料穿杆穿过两菱形孔。将承料主轴穿入收料外挡板中心孔,同时穿杆穿入穿杆孔,调整外挡板和内挡板中间的距离适当后(比PVC的宽度要宽5~8 mm),用六棱扳手将外挡板定位顶丝螺钉拧紧即可。

7. 安装铝箔 将铝箔卷筒材料装在铝箔承料主轴上,确保铝箔卷材顺时针旋转时为放料状态,装上活动锥形压板,右手大拇指按压快退螺母锁紧扣,将快退螺母推上套筒,左手握住套筒,右手逆时针旋紧快退螺母即可。铝箔自由端绕过送料摆臂,通过三个承料滚轮和一个铝箔压料滚轮,将铝箔置于PVC上,并和PVC平行穿过热封装置,务必使铝箔自由端穿过热封模具,否则PVC有粘连在热封上模的可能。

8. 安装印字装置

(1)钢字的安装:取下印字上模固定板,用内六棱扳手逆时针拧下钢字限位压条紧固螺钉,取下限位压条。按批包装指令单要求,逐个用镊子取出所需字头,有卡槽的一面朝向自己,卡入一方开口的塑料软管中,检查字头和批包装指令单无误后,将排好的字头一起放于字头固定板的钢字固定槽中,使限位条的卡条和字头的卡槽相吻合,将固定螺钉拧紧。

(2)钢字模具的安装方法:将钢字固定板平行居中固定于印字上模座板板上。将上模座板装在打批号装置上。印字下模钢字垫板朝上,钢字垫板和钢字固定板上的字头在一个垂直平面内,将印字上模块座板上的警示语朝向自己,4个螺孔对准立柱放下,装上平垫片、弹簧垫片,拧上盖形螺母(勿拧紧)。

9. 安装裁刀 点动机器使下模导板升至最高位置(上止点),并关闭电源。将凸模底板[凸模底扳、脱料扳、上模(凸模)是组合件]凸模向下套在四只冲裁立柱上,使下模架导柱上的直线轴承进入上模座的直线轴承外套孔内。在四根立柱上装上垫片(四根立柱上一定要厚度一致)和盖形螺母,盖形螺母先不要拧紧,等正常开机时,视冲裁情况逐步顺时针旋动四个盖形螺母,直到正常冲裁为止。

三、开机调试

(一)温度设置

(1)显示屏最上面一行方框内数据分别是加热一、加热二、加热三三块加热板的实际值。点击显示屏最下端一行中的"设置"按键,进入温度设置画面,中间一列数据分别是加热一、加热二、加热三三块加热板的实际值(与操作画面显示屏最上面一行方框内数据一致),右边一列方框数据为加热一、加热二、加热三三块加热板的设定温度值。设定温度如需修改,点击相应温度设定值右方的蓝色方框,触摸屏弹出数字小键盘,点击键盘上相应的数据值,然后点击"ENT"键完成温度数据修改设置。

(2)加热温度依次设置为:加热一(100 ~ 120 ℃)、加热二(100 ~ 120 ℃)、加热三(140 ~ 160 ℃)。

(二)成型装置调试

(1)松开成型装置上模块座板上的四个盖形螺母,按压"点动"按键,将设备成型下模导板升至上止点,将四个调节圆螺母逆时针旋转向上升到紧挨成型上模块座板,调节圆螺母顺时针旋转向下调节180 ℃,紧固上模块座板上的4个盖形螺母。打开压缩空气阀门,将压缩空气灌入成型模,对成型上下模进行调压。注意盖形螺母四个点用力要均匀,调压的目的是让上下模闭合时不漏气,以防压缩空气流失造成成型不到位。因此只要确保无明显漏气即可,上下模闭合压力尽量不宜大,以免机器负荷过大。

(2)如施加一定压力后无法消除漏气现象,切不可野蛮加压应检查其他原因如成型密封圈有无破损,或PVC无居中穿过模具使产生缝隙等,可将四个调节圆螺母顺时针松开,沿漏气方向紧固盖形螺母,直至漏气现象消除,调压完成后将四个调节圆螺母上旋固紧成型上模固定板。

(3)点击启动按键,机器进入运行状态,观察泡罩成型是否达到要求,如成型不到位请检查以下几个方面:

1)压缩空气压力是否足够,一般需要≥0.4 MPa,如果压力不够请调整总进气压力阀或成型压力阀。

2)成型上模与成型下模之间是否有漏气现象,如有明显漏气请停机上止点,松开调节圆螺母通过盖形螺母均匀调节压力,直至无明显漏气现象后,再向上旋紧调节圆螺母,然后从新开机观察。

3)成型模与加热板之间的距离是否过大(一般为1 ~ 3 mm),距离过大会使成型材料在进入成型模之前过早冷却导致无法成型或成型不到位。

4)成型加热板温度是否足够,一般为100 ~ 120 ℃,但不同厂家的材料、厚度、泡眼深度、形状等可能需要不同的加热温度,但过高的温度也会使泡眼底部被吹破,因此请根据实际情况予以调整。

5)预热上下加热板闭合时接触不良,重新调节预热下加热扳下方的四只弹簧螺栓使下加热扳工作时完全贴紧上加热板。

6）成型吹气时间不准,点击设置按键进入吹气调整画面,对吹气开、吹气关的数据从新设置,使其与模具的闭合的动作一致。

7）上下模的气道或排气孔是否有堵塞。

8）成型密封圈是否破损。

9）未开冷却水或水流过小致使成型下模过热泡眼变形。

（4）如果通过以上方法的调试还是无法达到满意的泡罩效果,请更换不同品牌的PVC材料。

（5）成型部分需要左右调整时,可松开成型箱体底部固定螺母后,旋转调节手轮使轨道滑槽中的箱体左右移动,调至适当位置,把箱体下"T"形螺杆拧紧,即可固定箱体（和热封机构左右压泡调整相同）。

（6）注意:

1）成型下模具是否平行居中。

2）PVC是否跑偏,如PVC跑偏可通过调节PVC定位圈来调节PVC位置,也可通过重新定位PVC卷材调整。

3）请保持成模具与加热板之间的间隙为 1～3 mm。

4）设备调试时,一定要沿PVC运动方向进行调整,首先将PVC料辊和铝箔料辊定位,再将成型模具定位,根据成型模具的位置定位热封模具,根据热封模具的位置调整打批号模具和裁刀位置。前面的模具一旦定位,一般不再次移动。

（三）热封装置调试

（1）按压"点动"按键,使吹泡成型的PVC通过热封装置,成型下导板停于上止点位置,松开热封下模块限位块固定螺钉,使成型泡眼刚好嵌入热封模相对应模腔内泡眼吻合,再将下模块限位块固定螺钉拧紧,开机试运行,观察热封情况。

（2）压泡现象调整:压泡现象分两种情况,左右压泡和前后压泡调整方法不同。

1）左右压泡调整:击操作控制面板的"点动"按钮（此时热封气缸处于上止点）,观察从成型模出来的泡罩运行到热封模块内模腔的位置,此时泡罩的位置与热封模腔不一定会泡眼吻合,会出现PVC泡罩超前（偏右）热封模腔或滞后（偏左）热封模腔的现象,此时可松开热封凸轮箱体下的"T"形锁紧螺杆,旋转手轮,顺时针方向旋转调节手轮,热封模具左移,逆时针方向旋转调节手轮,热封模右移,即泡位相对左移直至成型泡眼刚好嵌入热封模相对应模腔内。

2）前后压泡调整:如果出现泡罩与热封下模相应的内模腔出现偏位造成前后压泡时,调整方法同1,可松开热封下模限位块向前或向后移动热封模,使成型泡眼刚好嵌入热封模相对应模腔内,再将下模块限位块固定螺钉拧紧,开机试运行,观察热封情况。

（3）检查牵引装置是否夹偏成型材料,如出现夹偏现象打开牵引装置气缸,重新调整成型材料位置。

（四）铝箔的调整

温度达到后,点击"运行"按钮使机器进入慢速运行状态,观察铝箔被黏封在PVC上的位置,在运行一段时间后看是否与 PVC 平行封合。铝箔在运行过程中,如向前或向后倾斜时,需要调整铝箔平衡辊进行调节,使铝箔平行封合在 PVC 上。

(1)如果铝箔向前倾斜,铝箔平衡辊前面的调节旋钮顺时针向下调整,后面的调节旋钮逆时针向上调整。

(2)如果铝箔向后倾斜,铝箔平衡辊前面的调节旋钮微微逆时针向上调整,后面的调节旋钮微微顺时针向下调整,调整后待机器运行一段时间后观察是否铝箔与 PVC 重合。

(五)印字装置调试

1. 手轮调节　印字时,如批号位置不适中,可以调节印字装置凸轮箱下的调节手轮,先将"T"形锁紧螺杆逆时针松动,根据 PVC 上成型版块的位置调节印字批号的位置。

2. 钢字垫板调节　如手轮调节达不到预期目的,可通过调节钢字固定板和钢字垫板进行调节,先将印字凸轮相下方的刻度尺通过调节手轮调整到靠中间位置,紧固"T"形锁紧螺杆。松开批号上模固定座板的四个盖形螺母,取下上模固定座板,然后点击"点动"按键,将打批号下模导板升至最高,用内六棱扳手逆时针将钢字垫板限位块松开,移动钢字垫板的位置使之处于两 PVC 板块中间位置,用内六棱扳手顺时针将钢字垫板限位块固定螺钉紧固。根据钢字垫板的位置调节印字上座板上钢字固定板的位置,拧松钢字固定板的限位螺钉,将带有钢字固定板的印字座板置于印字装置上,使钢字字头和钢字垫板在同一条直线上,即将钢字固定条与钢字之间的缝隙调节到钢字垫板的左 1/3 处,取下座板时,保持钢字固定板的位置不变,用内六棱扳手顺时针将钢字固定板限位螺钉紧固即可。

3. 印字工位压力调节　点击"点动"按键使印字下模块导板升至最高,将四个调节圆螺母顺时针旋转至最低,使座板处于悬空状态,然后再逆时针旋转四个调节圆螺母紧贴印字座板,使座板水平(沿对角线方向按压无晃动现象即可),然后再顺时针将四个调节圆螺母分别旋转 180°。用手将四个盖形螺母拧紧,观察印字情况,如印字不清晰可用 27# 扳手顺时针旋紧盖形螺母,至印字清晰即可。也可将四个调节圆螺母顺时针松开,沿顺时针方向对角线同步紧固盖形螺母,直至印字清晰,调整完成后将四个调节圆螺母上旋固紧印字上模固定板。

(六)冲裁装置调试

机器运行过程中裁刀会出现三种情况:裁切装置压力不到位(裁切不掉)、压力太大(设备不能正常运行)和裁切左右错位。

1. 裁切压力调整　若裁刀裁切不掉,先检查裁刀方向是否安装正确,有冲眼印痕的一方朝向右方。如裁刀方向安装正确,在机器运行的情况下,可沿对角线方向两手同时少量多次顺时针向下旋转盖形螺母,边调整边观察裁切情况,调整至刚好裁掉 PVC 板为止。

2 裁刀压力太大　静态安装裁刀时,不要将四个盖形螺母拧紧,拧上 3 周左右即可;裁刀压力调整时一定要对角、同步、少量多次,切记盖形螺母拧下太多造成压力过大,设备不能正常运行。出现这种情况,要用扳手将盖形螺母逆时针拧松后,再重新调整。

3. 裁切左右错位调整　若裁刀将 PVC 左右裁切错位,可以通过裁切装置凸轮箱下面的手轮调整。首先逆时针旋转松开"T"形锁紧杆，根据裁切出的 PVC 板情况对之进行调节，如果裁切位置靠右，逆时针盘动手轮，使裁切装置向左移动，若裁切位置靠左，顺时针盘动手轮，使裁切装置向右移动，直至裁切位置适中为止。

（七）加料器装置调整

开始加料前应首先察看泡罩成型是否整齐美观及泡罩进入热封处是否泡眼吻合、铝箔位置是否适中、热封压痕清晰，打印批号位置适中、字迹清晰、冲裁下料板块是否整齐美观。如果一切正常运转，方可加料充填，进行下道工序。通用加料器设有两道闸板，第一道闸板位于料斗箱体上，控制药物是否进入料槽，开启方式一般为全开或全闭，开闭时间为开始填充和结束填充时使用。第二道闸板门位于料槽的上方，它的作用是限量向料槽供给药物，它的开启程度视药物的填充速度而定，保证每个泡眼中都能填充到药物，而又不能使料槽内药物过多，增加盘刷的运行阻力。本道闸板一旦调整适中，在包装机运行速度不变的情况下，一般不再度调整。调节加料器上的盘刷运转速度调节旋钮，使料槽内盘刷的转速适中。

注意：机器调试时，加料电机应为工作状态，因为加料电机（盘刷和滚刷）开和停，PVC 所受摩擦力不同，PVC 牵引板块长度由可能发生改变，影响设备的调试。

四、生产操作

（1）生产前核对：

1）包材的规格型号、模具的规格、批号钢字头数码是否和批包装指令单相符。

2）待包装药物的名称、规格、数量等是否和批包装指令单相符，将药品流通卡片卡取出放于原始记录处，戴手套，检查药品中是否有异物，无异物后方可加料。

（2）加料：铝塑包装机空载运行正常后，再次检查料斗总闸板是否关闭、加料器盘刷的转速是否适宜，将从中间站领来的药品用物料铲盛入料斗中。在设备正常运行的状态下打开总闸板门，再次根据药品的填充速度调整二道闸板的开启程度和盘刷、滚刷的转速。

（3）生产检查：及时认真检查以下项目，不合格包装板剔除并及时处理。

1）泡罩情况：泡罩成型完整、大小合适、间隔均匀、无压泡、割泡现象。

2）装粒情况：装粒准确，无多粒、少粒情况。

3）漏粉情况：装填后胶囊无破壳、漏粉情况，

4）热合情况：PVC 与铝箔热合紧密，不易剥离；铝箔平整，无皱缩现象。

5）批号情况：批号打印正确、完整、清晰。

（4）铝箔包装板装入周转筐里，进行称重，填写物料卡（品名、批号、规格、数量、重量、操作人及操作日期），并挂于周转筐上，把铝箔板经铝箔内包间的传递窗传入外包岗位。

（5）岗位操作工对本批内包过程中产生的剩余内包材料分别退回仓库。岗位操作工填写生产记。

五、拆卸设备及清场

（一）关机

（1）在热封导板在下止点的情况下按下停止按键，主电机停止转动。

（2）点击加料按键，加料电源关闭同时关闭加料装置总闸门。

（3）关闭中电源空气开关、关闭压缩空气阀门、进水阀门。

（二）拆卸设备

（1）尾料清除：握住加料器拉手向上抬起，加料器拉锁自动就位，加料器与轨道夹角45°滞留停止，清除料槽和轨道上的尾料药物，和本批剩余药物合并交中间站、称重、填写物料流通卡片，并填写相关记录。

（2）PVC、铝箔、废料卷材的拆卸：

1）用剪刀在 PVC 滚轴和铝箔平衡辊的前方分别将 PVC、铝箔剪断。

2）右手大拇指按压快退螺母锁紧扣，将快退螺母取下，取下活动锥形压板，顺时针转动 PVC 卷材将 PVC 包材收紧，取下 PVC 卷材。

3）用勾手扳手卡住内侧紧固螺母，左手大拇指和示指捏住勾手扳手柄部，右手抬起用手掌猛击勾手扳手尾部，松开紧固螺母。并用手逆时针方向旋进紧固螺母，给固定锥形压板留取足够空间。

4）左手紧握套筒，右手紧握固定锥形压板，两手同时向大拇指方向用力，拧松固定锥形压板，沿逆时针拧下调节螺母，取下套筒，再沿顺时针方向旋转取下固定锥形压板。

5）以同样的方法取下铝箔卷材。

6）逆时针方向转动废料外挡板，将 PVC 余料收于收料装置上，逆时针方向拧松外挡板定位顶丝螺钉，取下外挡板和废料卷材。

（3）印字、冲裁装置的拆卸：逆时针方向拧下四个盖形螺母，依次取下弹簧垫片、平行垫片置于工具盘内，双手搬起冲裁座板，移至桌面。以同样的方法拆卸印字座板。

（4）成型、热封下模的拆卸：用内六棱扳手沿逆时针方向拧松成型下模的两枚限位块固定螺钉，由加料方向取出成型下模，以同样的方法拆卸印字座板。

（三）清场

（1）打开吸尘器对料槽内部的余粉进行清除，用内部毛巾擦拭料槽及轨道（从上到下，由左到右）。

（2）用气枪将热风工位、印字工位、冲裁工位尘物吹除干净。

（3）用外部毛巾擦拭机器外部（从上到下）设备电器控制柜、铝箔支承装置、废料收卷装置以及护板。

（4）用外部毛巾擦拭桌面、管道、电子秤、吸尘器等。

（5）对所使用的周转筐进行清洁，用内部毛巾擦拭周转筐内壁，用外部毛巾擦拭周转筐外壁，并把周转筐、箱按高、低、大、小顺序摆放整齐，放于指定位置。

（6）机器清洁完毕后，把工具放在指定位置。

（7）填写生产记录和胶囊板流通卡片。

（8）清洁操作间地面。

（9）将胶囊流通卡片，放入合格箱和不合格箱内，送往中间站进行物料交接。

（10）填写清场合格证并签字。

（11）更换已清洁状态标志牌。

（12）举手示意，工作结束。

模块四

诺氟沙星胶囊工艺规程

活动一　了解诺氟沙星胶囊工艺

一、认识诺氟沙星

〔本品类别〕　本品的主要成分为:诺氟沙星。其化学名为1-乙基-6-氟-1,4-二氢-4-氧代-7-(1-哌嗪基)-3-喹啉羧酸。

〔性状〕　本品为胶囊剂,内容物为白色至淡黄色粉末。

〔适应证〕　适用于敏感菌所致的尿路感染、淋病、前列腺炎、肠道感染和伤寒及其他沙门菌感染。

〔规格〕　0.1 g

〔储藏〕　遮光,密封保存。

二、认识诺氟沙星胶囊

1. 产品名称及成品、中间成品质量标准

(1)通用名:诺氟沙星胶囊。

(2)成品质量标准,见表4-0-1。

表4-0-1　诺氟沙星胶囊成品标准

检查项目	法定标准	内控标准
性状	内容物为淡黄色粉末	内容物为淡黄色粉末
外观	外观光洁、完整、色泽均匀	外观光洁、完整、色泽均匀

续表 4-0-1

检查项目		法定标准	内控标准
鉴别		取本品与诺氟沙星对照品适量,照薄层色谱法,供试品所显主斑点的荧光和位置应与对照品的主斑点相同	取本品与诺氟沙星对照品适量,照薄层色谱法,供试品所显主斑点的荧光和位置应与对照品的主斑点相同
装量差异		±10.0%	±7.5%
溶出度		$Q \geqslant 75\%$	$Q \geqslant 80\%$
含量		应为标示量的 90.0%～110.0%	应为标示量的 95.0%～105.0%
微生物限度检查	细菌数	≤1 000 个/g	≤950 个/g
	霉菌数	≤100 个/g	≤95 个/g
	大肠杆菌、活螨	不得检出	不得检出

(3)中间品质量标准:①颗粒中间品内控标准,见表 4-0-2。②胶囊中间品内控标准,见表 4-0-3。

表 4-0-2　诺氟沙星胶囊颗粒中间品内控标准

检查项目	颗粒中间产品内控标准
性　状	淡黄色颗粒
水　分	≤2.0%
含　量	颗粒含量应为 44.5%～50.5%

表 4-0-3　诺氟沙星胶囊中间品内控标准

检查项目	胶囊中间产品内控标准
性　状	内容物为淡黄色颗粒
外　观	光洁、完整、色泽均匀
装量差异	±7.5%
溶出度	$Q \geqslant 80\%$

2. 生产工艺流程见图 4-0-1。

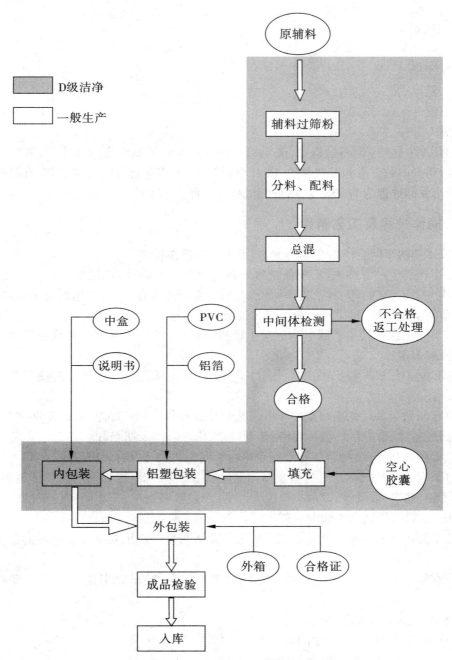

图4-0-1　诺氟沙星胶囊生产工艺流程

3.处方与依据

(1)依据:《中华人民共和国药典》2015年版二部。

(2)批准文号(式样):国药准字_____号。

（3）商品名：诺氟沙星胶囊。

（4）处方：

名　称	数　量
诺氟沙星	1 000 g
淀　粉	850 g
糖　粉	250 g

制成 1 万粒。

（5）说明：①实际配料过程中，淀粉的用量随着原料诺氟沙星的性质而适当的调整。②规格为 0.1 g/粒。③包装规格为 12 粒/板，2 板/盒，300 盒/件。④按 100 万粒的批量投料，理论成品件数应为 138.8 件，最终成品应不低于 133 件。

三、操作过程及工艺条件

1. 固体制剂车间生产指令单的编制、下发标准操作程序

（1）生产部生产管理人员，根据销售计划起草批生产指令单，报生产部长审批后，经签字确认一式三份（打印一份，复印两份）。一份生产部留存，一份下达到仓库备料，一份下达到车间组织生产，批生产指令单最少提前 1 d 下达。

（2）车间主任接到生产部下达的批生产指令单后，组织车间有关人员对批生产计划单进行分解落实。

（3）车间主任根据各工序现有设备生产能力、人员状况以及产品工艺规程合理安排车间生产。

（4）车间批包装计划指令单由车间工艺员根据本批实际成品量编制、车间主任签发，内容包括品名、规格、批号、包装规格、计划产量、作业时间及期限等。

（5）批生产指令单、批包装计划指令单由车间工艺员下发有关班组执行。

（6）车间物料员根据批生产指令单和批包装指令单核算、统计车间所需原辅料、包装材料的品种、规格、数量等，以最小包装为原则，开限额领料单，报车间主任审批后，经 QA 签字确认，物料人员到库房领取物料。

（7）车间各班长根据车间作业计划做好本班人员生产组织安排及生产前的一切准备工作。

（8）车间工艺员根据批生产指令单填写工艺指令，经车间主任审批后下发各工序执行。

2. 生产记录填写要求

（1）记录及时填写，不得事前填写或事后补写。

（2）字迹清晰，内容真实，数据完整。

（3）姓名应写全名，日期应按年、月、日填写详细，时间采用 24 h 制。

（4）记录需要更改时，在更改处画二横线，并在更改处签名。

（5）操作如执行，填写记录在"执行情况"栏中用"√"表示；如未执行则用"—"表示。

（6）有选择的在被选择项上中用"√"表示。

（7）需填写具体内容时，应将内容填写详细。

（8）记录中品名、规格、批号、批量等内容由车间负责人根据生产指令填写，操作过程记录由操作人填写。

活动与探究

查找《中华人民共和国药典》2015 年版二部，诺氟沙星、诺氟沙星胶囊项目要求及相关附录；归纳总结诺氟沙星胶囊的检验项目及项目操作。

活动二　领料、脱包

（1）物料员根据生产部下达的批生产指令单（表 4-0-4），以整包装为原则开具限额领料单，领料单报车间主任审批后经 QA 签字确认，交予物料员，到对应仓库领取物料。

表 4-0-4　批生产指令单

产品名称				规格	
产品批号		生产日期	年 月 日	产品代码	
计划产量				指令单号	
物料名称	单位	处方量		投料量	
诺氟沙星	kg	100 g		100 kg	
淀　粉	kg	85 g		855 kg	
蔗　糖	kg	25 g		25 kg	
制成		1 000 粒		10 万粒	
胶囊壳	万粒			10 万粒	
请按＿＿＿＿＿＿＿＿＿＿＿＿工艺规程组织生产					
备注：					
编制人：　　　年 月 日				审批人：　　　年 月 日	

（2）物料员根据领料单到仓库领取并核对原辅料的品名、批号、重量、数量和核对囊壳的规格、数量，领料时物料必须有本批次原辅料和囊壳的检验报告单，首次领取本批物料时将检验报告单复印件带回附于本批生产记录上。

（3）物料员除净原辅料和囊壳的外包装污垢，查验内包装有无破损、吸潮变质等情况，均符合质量标准后，填写各物料卡（品名、批号、重量、操作人及操作日期）并挂在原辅料和囊壳内包装上。原辅料经传递窗（在传递窗内紫外灯照射 15 min）或缓冲间传入储料间。囊壳经传递窗（在传递窗内紫外灯照射 15 min）传入囊壳存放间，领料员按检验报告单的信息及时填写批生产记录，原辅料检验报告单复印件交予本组组长，由本组组长附于本批生产记录上。

（4）清场：岗位操作工按片剂、胶囊剂、颗粒剂脱包岗位清场标准操作规程进行清场。清场后的操作间应整洁、干净、无杂物。填写清场记录，QA 人员对清场后的区域进行检查，合格后发"清场合格证"，正本贴于批生产记录，副本放于本操作间。

表 4-0-5　领料单

产品名称						规格		
计划产量				产品批号				
物料名称	生产厂家	物料编号	批号	检验单号	规格	单位	请发数	实发数
诺氟沙星						kg	100	
淀　粉						kg	100	
蔗　糖						kg	50	
胶囊壳							10 万粒	
备注：								

编制人：　　　　年　月　日　　　　　　审批人：　　　　年　月　日

表 4-0-6　药院附属制药厂诺氟沙星原料检验报告

品名		诺氟沙星原料			
报告书编号		批号		生产单位	
取样日期		规格		送检单位	性状
报告日期		数量		检验目的	

检验项目	标准	测定结果
性　状	类白色至淡黄色结晶性粉末;无臭,味微苦;有引湿性	符合规定
熔　点	218~224 ℃	符合规定
鉴　别	与对照品溶液主斑点的位置与荧光相同	符合规定
溶液的澄清度	应符合规定	符合规定
有关物质	应符合规定	符合规定
干燥失重	≤1.0%	符合规定
炽灼残渣	≤0.1%	符合规定
重金属	≤0.001 5%	符合规定
含量测定	按干燥品计算,含 $C_{16}H_{18}FN_3O_3$ 应为 98.5% ~ 102.0%	符合规定
结论	符合企业标准	

备注:

检验人:　　　　　　复核人:　　　　　　负责人:

表 4-0-7 药院附属制药厂诺氟沙星原料检验原始记录式样

药院附属制药厂原料检验原始记录

检品编号：

检品名称	诺氟沙星	规格	
生产单位或产地		批号	
请验部门		检品数量	
检验项目	全检	剩余量	
检验前检查		收检日期	
检验依据	《中华人民共和国药典》2015 年版二部报告日期		

[性状]

本品为：_____

规定：应为类白色至淡黄色结晶性粉末；无臭，味微苦；有引湿性。

单项结论：

熔点

1. 将毛细管开口的一端插入干燥失重后的供试品中，再反转毛细管，并将熔封一端经叩桌面，使供试品落入管底，再借助长短适宜（约 60 cm）的洁净玻璃管，垂直放在表面皿或其他适宜的硬质物体上，将上述装有供试品的毛细管放入玻璃管上口使其自由落下，反复数次，使供试品紧密集结于毛细管底部；装入供试品的高度应为 3 mm。

2. 将温度计垂直挂于加热用容器中，使温度计汞球的底端处于加热面（加热器）的上方 2.5 cm 以上；加入适量的传温液，使传温液的液面约在温度计的分浸线处。加热传温液并不断搅拌，使温度上升至较规定的熔点低限尚低 10 ℃时，调节升温速度使每分钟到达预计全熔的温度后降温；如此反复 2~3 次以掌握升温速度，并便于调整温度计的高度使其全熔时的分浸线恰处于液面处。

3. 当传温液的温度上升至待测药品规定的熔点低限沿低 10 ℃时，将装有供试品的毛细管浸入传温液使贴附（或用毛细管夹或橡皮圈固定）在温度计上，要求毛细管的内容物适在汞球的中部；掌握升温速度，继续加热并搅拌，注意观察毛细管内供试品的变化情况；记录供试品在毛细管内开始局部液化时的温度作为初熔温度，全部液化时的温度作为全熔温度。其熔点为_____。

规定：其熔点为 218~224 ℃

单项结论：

[鉴别]

取本品与诺氟沙星对照品适量，分别加三氯甲烷-甲醇(1∶1)制成每 1 mL 中含 2.5 mg 的溶液，作为供试品溶液与对照品溶液，照薄层色谱法(《中华人民共和国典》2015 年版二部附录 V B)试验，吸取上述两种溶液各 10 μL，分别点于同一硅胶 G 薄层板上，以三氯甲烷-甲醇-浓氨溶液(15∶10∶3)为展开剂，展开，晾干，置紫外光灯(365 nm)下检视。供试品溶液所显主斑点的位置与荧光应与对照品溶液主斑点的位置与荧光_____。

规定：应与对照品溶液主斑点的位置与荧光相同。

续表 4-0-7

单项结论：

[检查]

溶液的澄清度：取本品 5 份，各 0.5 g，分别加氢氧化钠试液 10 mL 溶解后，溶液应澄清；如显混浊，与 2 号浊度标准液比较，＿＿＿＿＿＿＿。

　　规定：供试品与 2 号浊度标准液比较，不得更浓。

　　单项结论：

有关物质

1. 取本品适量，精密称定，加 0.1 mol/L 盐酸溶液适量（每 12.5 mg 诺氟沙星加 0.1 mol/L 盐酸溶液 1 mL）使溶解，用流动相 A 定量稀释制成每 1 mL 中约含 0.15 mg 的溶液，作为供试品溶液；精密量取适量，用流动相 A 定量稀释制成每 1 mL 中含 0.75 μg 的溶液，作为对照溶液。

2. 另精密称取杂质 A 对照品约 15 mg，置 200 mL 量瓶中，加乙腈溶解并稀释至刻度，摇匀，精密量取适量，用流动相 A 定量稀释制成每 1 mL 中约含 0.3 μg 的溶液，作为杂质 A 对照品溶液。

3. 照高效液相色谱法测定，用十八烷基硅烷键合硅胶为填充剂；以 0.025 mol/L磷酸溶液（用三乙胺调节 pH 值至 3.0±0.1）-乙腈（87∶13）为流动相 A，乙腈为流动相 B；按下表进行线性梯度洗脱。

4. 称取诺氟沙星对照品、环丙沙星对照品和依诺沙星对照品各适量，加 0.1 mol/L 盐酸溶液适量使溶解，用流动相 A 稀释制成每 1 mL 中含诺氟沙星 0.15 mg、环丙沙星和依诺沙星各 3 μg 的混合溶液，取 20 mL 注入液相色谱仪，以 278 nm 为检测波长，记录色谱图，诺氟沙星峰的保留时间约为 9 min。诺氟沙星峰与环丙沙星峰和诺氟沙星峰与依诺沙星峰的分离度均应大于 2.0。

5. 取对照溶液 20 mL 注入液相色谱仪，以 278 nm 为检测波长，调节检测灵敏度，使主成分色谱峰的峰高约为满量程的 25%。精密量取供试品溶液、对照溶液和杂质 A 对照品溶液各 20 mL，分别注入液相色谱仪，以 278 nm 和 262 nm 为检测波长，记录色谱图。

6. 供试品溶液色谱图中如有杂质峰，杂质 A（262 nm 检测）按外标法以峰面积计算，＿＿＿＿＿＿%。其他单个杂质（278 nm 检测）峰面积为对照溶液主峰面积＿＿＿＿＿＿%；其他各杂质峰面积的和（278 nm 检测）为对照溶液主峰面积的＿＿＿＿＿＿%。供试品溶液色谱图中任何小于对照溶液主峰面积 0.1 倍的峰可忽略不计。

时间（min）	流动相 A（%）	流动相 B（%）
0	100	0
10	100	0
20	50	50
30	50	50
32	100	0
42	100	0

　　规定：供试品溶液色谱图中如有杂质峰，杂质 A（262 nm 检测）按外标法以峰面积计算，不得过 0.2%。其他单个杂质（278 nm 检测）峰面积不得大于对照溶液主峰面积（0.5%）；其他各杂质峰面积的和（278 nm 检测）不得大于对照溶液主峰面积的 2 倍（1.0%）。

续表 4-0-7

单项结论：

干燥失重

取本品，在 105 ℃干燥至恒重，减失重量_____%。

　　规定：减失重量不得过 1.0%。

　　单项结论：

炽灼残渣

取本品 1.0 g，置已炽灼至恒重的坩埚中，精密称定，缓缓炽灼至完全炭化，放冷；加硫酸 0.5 mL 使湿润，低温加热至硫酸蒸汽除尽后，在 500 ℃炽灼使完全灰化，移至干燥器内，放冷，精密称定后，再在 500 ℃炽灼至恒重，遗留残渣_____。

　　规定：遗留残渣不得过 0.1%。

　　单项结论：

重金属

取炽灼残渣项下遗留的残渣，加硝酸 0.5 mL，蒸干，加氧化氮蒸汽除尽后，放冷，加盐酸 2 mL，置水浴上蒸干后加水 15 mL，滴加氨试液至对酚酞指示液显微粉红色，再加醋酸盐缓冲液（pH 值 3.5）2 mL，微热溶解后，移至纳氏比色管中，加水稀释成 25 mL，作为甲管；另取配置供试品溶液的试剂，置瓷皿中蒸干后，加醋酸盐缓冲液（pH=3.5）2 mL 与水 15 mL，微热溶解后，移置纳氏比色管中，加标准铅溶液一定量，再用水稀释成 25 mL，作为乙管；再在甲乙两管中分别加硫代乙酰胺试液各 2 mL，摇匀，放置 2 min，同置白纸上，自上向下透视，乙管中显出的颜色与甲管比较，_____。

　　规定：供试品与对照液比较，不得更深。

　　单项结论：

含量测定

1. 用十八烷基硅烷键合硅胶为填充剂；以 0.025 mol/L 磷酸溶液（用三乙胺调节 pH 值至 3.0±0.1）-乙腈（87∶13）为流动相，检测波长为 278 nm。称取诺氟沙星对照品、环丙沙星对照品和依诺沙星对照品各适量，加 0.1 mol/L 盐酸溶液适量使溶解，用流动相稀释制成每 1 mL 中含诺氟沙星 25 μg、环丙沙星和依诺沙星各 5 μg 的混合溶液，取 20 mL 注入液相色谱仪，记录色谱图，诺氟沙星峰的保留时间约为 9 min。诺氟沙星峰与环丙沙星峰和诺氟沙星峰与依诺沙星峰的分离度均应大于 2.0。

2. 取本品约 25 mg，精密称定，置 100 mL 量瓶中，加 0.1 mol/L 盐酸溶液 2 mL 使溶解后，用水稀释至刻度，摇匀，精密量取 5 mL，置 50 mL 量瓶中，用流动相稀释至刻度，摇匀，精密量取 20 mL 注入液相色谱仪，记录色谱图；另取诺氟沙星对照品，同法测定，按外标法以峰面积计算，含量为_____
_____%。

　　规定：按干燥品计算，含 $C_{16}H_{18}FN_3O_3$ 应为 98.5%～102.0%。

　　单项结论：

结论：本品按《中华人民共和国药典》2015 年版二部检验，结果_____。

检验者：　　　　　　　　　　　　　　核对者：

　年　　月　　日　　　　　　　　　　　年　　月　　日

表4-0-8 药院附属制药厂淀粉检验报告

品名				淀 粉			
报告书编号		批号			生产单位		
取样日期		规格			送检单位		性状
报告日期		数量			检验目的		

检验项目		标准	测定结果
性状		白色粉末;无臭	符合规定
酸度 pH 值		4.5~7.0	符合规定
溶解度		≥30%	符合规定
干燥失重		≤14.0%	符合规定
灰分		≤0.2%	符合规定
铁盐		≤0.002%	符合规定
二氧化硫		≤1.25 mL	符合规定
氧化物质		≤0.002%	符合规定
微生物限度	杂菌(个/g)	≤1 000	符合规定
	霉菌和酵母菌(个/g)	≤100	符合规定
	大肠菌群	不得检出	符合规定
结论		符合企业标准	

备注:

检验人: 复核人: 负责人:

表 2-5-9　药院附属制药厂蔗糖检验报告

品名			蔗　糖			
报告书编号		批号		生产单位		
取样日期		规格		送检单位		性状
报告日期		数量		检验目的		

检验项目	标准	测定结果
性状	无色结晶或白色结晶性的松散粉末;无臭,味甜	符合规定
比旋度	+66.3° ~ +67.0°	符合规定
鉴别	氧化亚铜的红色沉淀	符合规定
溶液的颜色	与标准液比较,不得更深	符合规定
硫酸盐	与标准液比较,不得更浓	符合规定
钙盐	与标准液比较,不得更浓	
还原糖	滴定液的差数不得过 2.0 mL	符合规定
炽灼残渣	≤0.1%	符合规定
重金属	与标准液比较,不得更浓	符合规定
结论	符合企业标准	

备注:

检验人:　　　　　　　　　复核人:　　　　　　　　　负责人:

表 4-0-10　药院附属制药厂蔗糖原料检验原始记录式样

药院附属制药厂原料检验原始记录

检品编号：

检品名称	蔗糖	规格	
生产单位或产地		批号	
请验部门		检品数量	
检验项目	全检	剩余量	
检验前检查		收检日期	
检验依据	《中华人民共和国药典》2015 年版二部	报告日期	

[性状]

本品为 _____。

　　规定：应为无色结晶或白色结晶性的松散粉末；无臭，味甜。

　　单项结论：

比旋度

取本品，精密称定，加水溶解并定量稀释制成每 1 mL 中约含 0.1 g 的溶液，测其比旋度为 _____

____。

　　规定：比旋度为+66.3° ~ +67.0°。

　　单项结论：

[鉴别]

取本品，加 0.05 mol/L 硫酸溶液，煮沸后，用 0.1 mol/L 氢氧化钠溶液中和，再加碱性酒石酸铜试液，加热，_____。

　　规定：应生成氧化亚铜的红色沉淀。

　　单项结论：

[检查]

溶液的颜色

取本品 5 g，加水 5 mL 溶解，置于 25 mL 的纳氏比色管中，加水稀释至 10 mL，另取黄色四号标准比色液 10 mL（精密称取在 120 ℃干燥至恒重的基准重铬酸钾 0.400 0 g，置 500 mL 量瓶中，加适量水溶解并稀释至刻度，摇匀，每 1 mL 溶液中含 0.800 mg 重铬酸钾，精密量取该重铬酸钾液 23.3 mL，加水 72.7 mL，制成黄色标准重铬酸钾储备液，量取该储备液 2 mL，加水至 10 mL，即得），置于另一 25 mL 的纳氏比色管中，两管同置白色背景上，自上向下透视，供试品管呈现的颜色与对照管比较，_____

____。

　　规定：供试品与标准液比较，不得更深。

　　单项结论：

续表 4-0-10

硫酸盐

取本品 1.0 g,加水溶解使成约 40 mL,置 50 mL 纳氏比色管中,加稀盐酸 2 mL,摇匀,既为供试品溶液。另取标准硫酸钾溶液 5.0 mL,置 50 mL 纳氏比色管中,加水使成约 40 mL,加稀盐酸 2 mL,摇匀,既得对照溶液。于供试品品溶液和对照溶液中,分别加入 25% 氯化钡溶液 5 mL,用水稀释至 50 mL,充分摇匀,放置 10 min,同置黑色背景上,从比色管上方向下观察、比较,_____。

规定:供试品与标准液比较,不得更浓。

单项结论:

还原糖

取本品 5.0 g,置 250 mL 锥形瓶中,加水 25 mL 溶解后,精密加碱性枸橼酸试液 25 mL 与玻璃珠数粒,加热回流使在 3 min 内沸腾,从全沸时起,连续沸腾 5 min,迅速冷却至室温,立即加 25% 碘化钾溶液 15 mL,摇匀,随振摇随缓缓加入硫酸溶液 25 mL,待二氧化碳停止放出后,立即用硫代硫酸钠滴定液(0.1 mol/L)滴定,至近终点时,加淀粉指示液 2 mL,继续滴定至蓝色消失,同时做一个空白试验;二者消耗硫代硫酸钠滴定液(0.1 mol/L)的差数为_____。

规定:供试品与对照品消耗硫代硫酸钠滴定液(0.1 mol/L)的差数不得过 2.0 mL。

单项结论:

炽灼残渣

取本品 2.0 g,置已炽灼至恒重的坩埚中,精密称定,缓缓炽灼至完全炭化,放冷;加硫酸 0.5 mL 使湿润,低温加热至硫酸蒸汽除尽后,在 500 ℃ 炽灼使完全灰化,移至干燥器内,放冷,精密称定后,再在 500 ℃ 炽灼至恒重,遗留残渣_____。

规定:遗留残渣不得过 0.1%。

单项结论:

钙盐

取本品 1.0 g,加水 25 mL 使溶解,加氨试液 1 mL 与草酸铵试液 5 mL,摇匀,放置 1 h,与标准钙试液(精密称取碳酸钙 0.125 g,置 500 mL 量瓶中,加水 5 mL 与盐酸 0.5 mL 使溶解,加水至刻度,摇匀。每 1 mL 相当于 0.10 mg 的钙)5.0 mL 制成的对照液比较,_____。

规定:供试品与对照液比较,不得更浓。

单项结论:

重金属

取炽灼残渣项下遗留的残渣,加硝酸 0.5 mL,蒸干,加氧化氮蒸汽除尽后,放冷,加盐酸 2 mL,置水浴上蒸干后加水 15 mL,滴加氨试液至对酚酞指示液显微粉红色,再加醋酸盐缓冲液(pH 值 3.5)2 mL,微热溶解后,移置纳氏比色管中,加水稀释成 25 mL,作为甲管;另取配置供试品溶液的试剂,置瓷皿中蒸干后,加醋酸盐缓冲液(pH 值 3.5)2 mL 与水 15 mL,微热溶解后,移置纳氏比色管中,加标准铅溶液一定量,再用水稀释成 25 mL,作为乙管;再在甲乙两管中分别加硫代乙酰胺试液各 2 mL,摇匀,放置 2 min,同置白纸上,自上向下透视,乙管中显出的颜色与甲管比较,_____。

规定:供试品与对照液比较,不得更深。

单项结论:

结论:本品按《中华人民共和国药典》2015 年版二部检验,结果_____。

检验者:	核对者:
年　　月　　日	年　　月　　日

生产卡片

药院附属制药厂 工序状态标示牌 （胶囊） YY-GT-09-11-05-03	药院附属制药厂 物料标示卡 YY-GT-09-11-05-04	药院附属制药厂 物料流通卡片 YY-GT-09-11-05-05
工序名称____ 状态_____ 品名_____ 规格_____ 批号_____ 日期_____	生产工序_____ 品名_____ 批号_____ 规格_____ 数量_____ 操作人_____ 生产日期_____	品名_____ 批号_____ 毛重_____ 规格_____ 皮重_____ 净重_____ 检验者_____ 日期_____ 操作者_____ 日期_____

清场合格证

岗位：_____

结束生产品种：_____ 批　号：_____

药院附属制药厂

清场合格证（正本）

清场日期：_____　清场人：_____

有效期至：_____　质监员：_____

岗位：_____

结束生产品种：_____ 批　号：_____

药院附属制药厂

清场合格证（副本）

清场日期：_____　清场人：_____

有效期至：_____　质监员：_____

表 4-0-11　清场工作记录

生产品名		规格	生产批号		生产工序	

清场开始时间：　　年　　月　　日　　时　　分

	清场项目	清场结果	操作人	复核人
1	所有的原辅料、包装材料、中间品、成品、废弃物料是否已清理出生产现场。			
2	所有与下一批次生产无关的文件、表格、记录是否已清理出现场。			
3	房间内生产设备是否已清洁/消毒。			
4	生产用工具、器具、容器是否已清洁/消毒并按规定存放。			
5	地漏、水池、操作台、地面、墙面、门窗、顶棚是否已清洁/消毒。			
6	灯管、排风管道表面、开关箱外壳是否清理			
其他				

清场结束时间：　　年　　月　　日　　时　　分

清场检查意见：

检查人：_____　日期：年　月　日　时　分

活动与探究

班级分四个学习小组，分别扮演原材料仓库管理员、车间主任及工艺员、领料员及物料搬运员、中心化验室人员，模拟训练物料的领取及脱包。

滴定分析操作评分细则见表 4-0-12。

表4-0-12　滴定分析操作评分细则

班级：　　　　　　学号：　　　　　　日期：　　　　　　得分：

序号	考核内容	操作内容	分值	评分要求	分值	得分
1	准备	一般仪器的刷洗	2	内壁不挂水珠,锥形瓶(3个)每个0.5分。	2	
2	称量操作	电子天平称量前的检查:清洁、干燥剂、水平、零点	18	1.缺少或做错一项扣0.5分。	1	
		称量操作正确,减重称量,平行三份(每份2分)		2.操作手法正确,无遗撒。	3	
				3.读数记录正确。	1	
		研钵使用的方式正确,样品无散落		4.每错一处扣0.5分。	2	
		取样方法正确。样品无撒落		5.每错一处扣0.5分。	1	
		称量值在规定范围内:取样量的±5%内		6.在规定量±5%内。	3	
				7.在规定量±(5～10)%内。	2	
				8.超出±10%,不给分。	1	
				9.重称一次,倒扣2分。	2	
		托盘天平的使用		10.调平、称量每错一处扣1分。	2	
3	样品溶解、转溶、定容、过滤操作	溶解并定量转移动作正确	15	1.每错1处,扣0.5分。	2	
		玻棒和容量瓶成135°,试液沿玻棒和容量瓶壁慢放		2.不正确,扣0.5分。	1	
		将稀释剂沿其壁放至近刻度线		3.每错一处扣0.5分。	2	
		用滴管加液至刻线,手持瓶颈,视线与溶液凹液面成一直线		4.每错一处扣0.5分。	2	
		振摇15次,操作正确		5.上下翻转振摇15次,每次晃动溶液2次。	1	
		过滤操作规范(两低三靠)		6.每错一处扣1分。	5	
		清洗滴管		7.错误扣1分。	1	
		滴加试液正确规范		8.做错一次扣0.5分。	1	

续表 4-0-12

序号	考核内容	操作内容	分值	评分要求	分值	得分
4	移液管的操作	移液管的选择、检查、洗涤、润洗	10%	1. 每错一处扣0.5分。	2	
		移液管的取液正确		2. 每错一处扣1分。	3	
		移液过程正确		3. 每错一处扣0.5分。	2	
		移液管的放液正确		4. 位置、手势、速度。	1	
				5. 停靠时间有"快"停3 s以上,无"快"停15 s以上等。	2	
5	滴定操作	滴定管的检查正确	25	1. 每错1处扣0.5分。	1	
		滴定管的洗涤正确		2. 清洗1分、润洗1分。	2	
		装滴定液方法正确,不洒管外				
		排气泡		3. 错1处扣0.5分。	2	
		调节"零"刻度		4. 操作正确。	1	
				5. 手持管位置应在液面上方,视线高度(每错一处扣0.5分)。	2	
		滴定前管尖残液处理		6. 用瓶外壁蹭去。	1	
		试液滴加左、右手手法正确		7. 每错一处扣0.5分。	1	
		滴定与摇瓶操作配合良好				
		滴速控制适当		8. 不规范,每次扣0.5分。	3	
		接近终点控制半滴		9. 控制不当,每次扣0.5分。	1	
		终点判断正确			2	
		滴定管读数正确		10. 判断有误扣1~3分。	3	
		进行第二次滴定时,应先装满滴定液,再滴定		11. 读数错误,扣1分。	3	
				12. 做错扣1分。	1	
		实验的结束工作		13. 每漏做一处扣0.5分。	2	
6	数据处理及报告	原始记录数据、格式正确	10	1. 每错一处扣0.5分。	2	
		数据无不恰当涂改		2. 不恰当涂改一次扣0.5分。	1	
		计算正确(包括计算式、计算过程、单位、有效数字、计算结果)		3. 每错一处,扣1分。	5	
		报告完整、规范、整洁		4. 每错一处扣0.5分。	2	

续表 4-0-12

序号	考核内容	操作内容	分值	评分要求	分值	得分
7	综合结果评价	精密度（两份相对平均偏差）10分	20	≤0.1%,不扣分	10	
				0.1%<~≤0.2%,扣2分	8	
				0.2%<~≤0.3%,扣4分	6	
				0.3%<~≤0.4%,扣6分	4	
				0.4%<~≤0.5%,扣8分	2	
				>0.5%,扣10分	0	
		准确度（与标准结果比较）10分		≤±0.1%,不扣分	10	
				>±0.1%~≤±0.2%,扣2分	8	
				>±0.3%~≤±0.4%,扣4分	6	
				>±0.4%~≤±0.5%,扣6分	4	
				>±0.5%~≤±0.6%,扣8分	2	
				>±0.6%,扣10分	0	
开始时间				结束时间		

活动三　备料、筛分称配混合

（一）备料操作过程及工艺条件

（1）岗位操作工按员工进出生产区标准操作规程进入生产区,检查上一批次的清场合格证(将上一批清场合格证副本附于本批批生产记录上),无误后方可进入准备工作。

（2）领料员根据领料单核对传递或缓冲间过来的原辅料的品名、批号、数量、重量,以及囊壳的规格、数量。

（3）将原辅料在储料间内按品名、批号分别存放,码放整齐,囊壳在囊壳存放间应码放整齐。岗位操作工填写货位卡和生产记录。

（4）根据批生产工艺指令和生产工艺指令单将储料间内的原辅料传入粉碎过筛间。

（5）储料间的温度控制在18~26℃,相对湿度控制在45%~65%。

（6）清场:岗位操作工按片剂、胶囊剂、颗粒剂备料岗位清场标准操作规程进行清场。清场后的操作间应整洁、干净、无杂物。填写清场记录,QA人员对清场后的区域进行检查,合格后发清场合格证。

（二）辅料过筛操作过程及工艺条件

（1）岗位操作工按员工进出生产区标准操作规程进入生产区(注:进入洁净区之前先打开除尘器),检查上一批次的清场合格证(将上一批清场合格证副本附于本批批生产记录上),检查设备有无完好、已清洁标志,检查电是否正常,无误后方可进入准备工作。

(2)岗位操作工根据批生产工艺指令和生产工艺指令,单核对从储料间传递过来的原辅料的品名、批号、数量、重量。

(3)准备:岗位操作工准备内衬有洁净塑料袋的周转桶、不锈钢铲子、乳胶手套、筛网及物料卡。

(4)过筛:①辅料(蔗糖)用 ZS-515 振荡筛过 100 目筛。②收集经过过筛的合格细粉放入内衬有洁净塑料袋的周转桶里,袋口扎紧,盖上桶盖。③岗位操作工及时在周转桶上悬挂写有品名、批号、数量、重量的物料标示卡,除尘器 10 min 后关闭,岗位操作工填写生产记录。④将过筛好的辅料传入称配间(称配间有上批次清场合格证)。

(5)粉碎过筛间的温度控制在 18~26 ℃,相对湿度控制在 45%~65%。

(6)清场:岗位操作工按片剂、胶囊剂、颗粒剂粉碎、过筛岗位清场标准操作规程清场,清场后的操作间应整洁、干净、无杂物。填写清场记录,QA 人员对清场后的区域进行检查,合格后发清场合格证。

表 4-0-13　胶囊混合工艺指令单试样

产品名称		批　号		
规　格	mg/粒	批量		万粒
粉碎机器型号		粉碎筛网规格(目)		
混合机器型号		总混机器型号		
发放人		指令接收人		
★操作前检查与准备 1. 按前批清场工作记录检查。 (1)前批遗留物已清除,符合要求。 (2)设备完好。 (3)设备已清洁。 (4)衡器已清洁。 (5)衡器已校验,校验合格证并在有效期内,符合要求。 2. 个人卫生符合要求。 3. 按工具、容器及设备各自消毒程序进行消毒,消毒剂名称_____,消毒剂浓度为_____%,应符合要求。 4. 按工艺要求选配筛网规格,其目数为_____,应符合要求。 5. 按物料标示卡片逐项核对,卡物应一致。 6. 操作间温度、湿度、压差应符合要求。		□符合 □不符合 □完好 □不完好 □已清洁 □未清洁 □已清洁 □未清洁 □符合 □不符合 □符合 □不符合 □已消毒 □未消毒 □符合 □不符合 □一致 □不一致 □符合 □不符合		

续表 4-0-13

★操作:按粉碎机、混合机操作程序进行操作和控制	
1.按胶囊物料称配量校对电子秤的量程。	□符合　□不符合
2.中间控制(见记录和报告单)。	
(1)按内控标准重粉碎机选用____目的筛网,应符合要求。	□符合　□不符合
(2)按物料称量操作规程称量物料,一人称量一人核对。	□符合　□不符合
(3)混合机转速为 8～10 r/min,物料混合时间为 20 min。	□符合　□不符合
3.混合好的物料,装入已消毒的容器内,并按衡器使用保养规程称重(见胶囊物料混合岗位生产记录)并贴(挂)标志,送中间站,填写请验单,应符合要求。	□符合　□不符合
★清场	
1.按清场管理规定的要求进行清场,必须合符(见清场合格证)清场工作记录正本。	□符合　□不符合
2.按设备清洁、消毒程序进行清洁、消毒,清洁剂名称为_____,消毒剂名称为_____,应符合要求。	□符合　□不符合
3.按工具、容器各自清洁、消毒程序进行清洁、消毒,清洁剂名称_____,消毒剂名称为_____,应符合要求。	□符合　□不符合
★记录	
1.按生产记录管理规定及时填写胶囊岗位生产记录、胶囊岗位生产检测记录、清场工作记录等,要求记录文件齐全。	□齐全　□不齐全
2.物料平衡计算,按物料平衡管理规定胶囊填充物物料混合物料平衡应为97%以上,应符合要求。	□符合　□不符合
3.偏差情况:若偏差超出偏差允许范围,必须填写偏差报告。	□不超偏差　□超偏差合

表 4-0-14　原辅料货位卡

物料名称				入库序号		
生产产品名称				批号		
年		领用数量	发放数量	退回数量	库存数量	经手人
月	日					

表 4-0-15　粉碎、过筛操作记录

产品名称	诺氟沙星胶囊	生产日期		规　格	0.1 g
产品批号		产品代码	计划产量	指令单号	
设备名称	30B 高效粉碎机	设备编号	ZJ-SC-001	房间编号	GTD-013

	内　　容	记录结果
生产前准备	检查操作间是否有清场合格证并在有效期内。 检查设备是否已清洁并在有效期内。 检查设备状态是否完好。 检查操作间温湿度是否在规定范围内。 （温度:18~26 ℃,湿度:45%~65%） 检查捕尘设施状态是否完好。 检查容器具是否已清洁并在有效期内。	是否已贴清场合格证副本（　　） 设备:（　　　　　　） 设备状态:（　　　　　） 温度:（　　　　）℃ 湿度:（　　　　）% 捕尘设施:（　　　　） 容器具:（　　　　　）
	检查人:　　　　　QA:　　　　　　　　日期:	

	操作步骤	记录结果
操作过程	1. 蔗糖过 100 目筛,过筛后外观检查无异物。 2. 内加辅料淀粉过 100 目筛,外观检查无异物。	振荡筛粉机:ZS-515 筛网目数:（　　）目 开始时间:（　:　） 结束时间:（　:　） 筛网目数:（　　）目 开始时间:（　:　） 结束时间:（　:　）
	检查人:　　　　　QA:　　　　　　　　日期:	

	物料名称	领料重量 A(kg)	细粉重量 B(kg)	剩余重量 C(kg)	粗料重量 D(kg)	收率 E＝B/(A－C)×100%	物料平衡 F＝(B＋D)/(A－C)×100%
收率及物料平衡	诺氟沙星						
	淀　粉						
	蔗　糖						
	计算人:　　　　　复核人:　　　　　　　　日期:						

续表 4-0-15

	清场内容	清 场 结 果	QA 检查结果
清场	移出所有物料。 移出所有容器具。 清洁设备。 打扫房间卫生。 清洁完毕,检查合格后,挂已清洁和已清场卡。	□已清洁　□未清洁 □已清洁　□未清洁 □已清洁　□未清洁 □已清洁　□未清洁 □已清洁　□未清洁	
	清场人:　　　　　QA:　　　　　　　　日期:		

(三)称配操作过程及工艺条件

(1)分料员按员工进出生产区标准操作规程进入生产区(注:进入洁净区之前先打开除尘器),检查上一批次的清场合格证,检查称量用具是否有无检验合格证(将上一批清场合格证副本附于本批批生产记录上),无误后方可进入准备工作。

(2)分料员根据批生产指令核对由粉碎过筛间传递过来的物料的品名、批号、数量、重量。

(3)准备:分料员准备内衬有洁净塑料袋的周转桶、不锈钢铲子、乳胶手套、物料卡。称量用具检查合格证在有效期内且校正其零点。

(4)除尘机开启 5 min 后,分料员根据批生产指令和生产工艺指令单中的处方和原辅料的含量称配每班次的原辅料,岗位操作工称配时应戴上乳胶手套,用不锈钢铲子进行操作,准确称量,两人操作,要求一称一复,并有两者签字。将称配好的原辅料装入内衬有洁净塑料袋的周转桶里,袋口扎紧盖上桶盖,填写物料卡(品名、批号、规格、数量、重量、操作人及操作日期)并挂于周转桶上,送入下道工序。余下部分原辅料袋口扎紧,送入储料间,填写货位卡,操作结束后,除尘器 10 min 后关闭。岗位操作工填写生产记录。

(5)称配岗位的温度应控制在 18~26 ℃,相对湿度控制在 45%~65%。

(6)注意事项:剩余原辅料与下一批号可连续使用,岗位操作工填写记录。

(7)清场:岗位操作工按片剂、胶囊剂、颗粒剂称配岗位清场标准操作规程清场,清场后的操作间应整洁、干净、无杂物。填写清场记录,QA 人员对清场后的区域进行检查,合格后发清场合格证。

表 4-0-16　称量操作记录

产品名称	诺氟沙星胶囊	生产日期		规　格	0.1 g
产品批号		产品代码		计划产量		指令单号	
设备名称		设备编号		房间编号	

续表 4-0-16

产品名称	诺氟沙星胶囊	生产日期		规 格	0.1 g

	检查内容	记录结果
生产前准备	检查操作间是否有清场合格证并在有效期内。 检查设备是否已清洁并在有效期内。 检查电子秤状态是否完好,是否有校验合格证。 检查操作间温湿度是否在规定范围内。 (温度:18~26 ℃,湿度:45%~65%) 检查压差是否在规定范围内(≥5 Pa)。 检查捕尘设施状态是否完好。 检查容器具是否已清洁并在有效期内。	是否已贴清场合格证副本( ) 设备:( ) 电子秤:( ) 温度:( ) ℃ 湿度:( )% 压差:( )Pa 捕尘设施:( ) 容器具:( )

检查人:　　　　QA:　　　　　　日期:

	操作步骤	记录结果
称量操作	依次称量原辅料,按单次投料量配料,装入洁净容器内。 经 QA 复核,准确无误后转入颗粒制备间。 将剩余原辅料退回原辅料暂存间。	电子秤:TCS-A　称量人:　　复核人:

电子秤称量表：

名称	单次重量(kg)	单次重量(kg)	单次重量(kg)	批总重量(kg)
诺氟沙星				
淀粉				
蔗糖				

检查人:　　　　QA:　　　　　　日期:

物料平衡	物料名称	领料重量 A(kg)	批投料重量 B(kg)	剩余重量 C(kg)	物料平衡 F=B/(A-C) ×100%
	诺氟沙星				
	淀 粉				
	蔗 糖				

计算人:　　　　复核人:　　　　　　日期:

	清场内容	清场结果	QA 检查结果
清场	移出所有物料。 移出所有容器具。 清洁设备。 打扫房间卫生。 清洁完毕,检查合格后,挂已清洁和已清场卡。	□已清洁 □未清洁 □已清洁 □未清洁 □已清洁 □未清洁 □已清洁 □未清洁 □已清洁 □未清洁	

清场人:　　　　QA:　　　　　　日期:

（四）总混操作过程及工艺条件

（1）岗位操作工按员工进出生产区标准操作规程进入生产区，检查上一批次的清场合格证（将上一批清场合格证副本附于本批批生产记录上），检查设备有无完好、已清洁标志，检查水、电是否正常，无误后方可进入准备工作。

（2）岗位操作工根据批生产指令和生产工艺指令单从称配间领取、核对本班组物料的品名、规格、批号、数量、重量。

（3）准备：岗位操作工准备内衬有洁净塑料袋的周转桶、洁净塑料袋、不锈钢盆、不锈钢铲子及物料卡。

（4）总混：岗位操作工按 SYH-400 型三维混合机标准操作规程操作。把待混合的物料加入三维运动混合机内，SYH-400 型三维混合机转速为 8～10 r/min，混合 20 min。

（5）岗位操作工将总混均匀的物料放入内衬有洁净塑料袋的周转桶里，袋口扎紧，放入物料流通卡片盖上桶盖，送入颗粒中转站进行称重，填写物料标示卡（品名、批号、规格、数量、重量、操作人及操作日期）并挂于周转桶上，存放于待检区。操作结束后，通知车间管理人员填写请验单，岗位操作工填写生产记录。经质检科化验室检测合格下发诺氟沙星颗粒中间产品检验报告单后，岗位操作工将物料移到合格品区，挂上合格证。

（6）总混岗位的温度应控制在 18～26 ℃，相对湿度控制在 45%～65%。

（7）清场：生产结束后，岗位操作工按片剂、胶囊剂、颗粒剂整粒、总混岗位清场标准操作规程清场，清场后的操作间应整洁、干净、无杂物。填写清场记录，QA 人员对清场后的区域进行检查，合格后发清场合格证。

表 2-5-17 混合操作记录

产品名称	诺氟沙星胶囊		生产日期			规 格	0.1 g
产品批号		产品代码		计划产量		指令单号	
设备名称			设备编号			房间编号	
	检查内容				记录结果		
生产前准备	检查操作间是否有清场合格证并在有效期内。 检查设备是否已清洁并在有效期内。 检查设备状态是否完好。 检查操作间温湿度是否在规定范围内。 （温度：18～26 ℃，湿度：45%～65%） 检查捕尘设施状态是否完好。 检查容器具是否已清洁并在有效期内。				是否已贴清场合格证副本（ ） 设备：（ ） 设备状态：（ ） 温度：（ ）℃ 湿度：（ ）% 捕尘设施：（ ） 容器具：（ ）		
	检查人： QA： 日期：						

续表 4-0-17

总混操作	操作步骤	记录结果
	检查三维混合机运行是否正常,待总混机空车运行停止后,打开总混机进料口,将物料及硬脂酸镁倒入混合机中,关紧进料口,固定牢栓。混合 20 min。	总混时间:(　:　~　:　)
	检查人:　　　　QA:　　　　日期:	

物料平衡	诺氟沙星重量 A(kg)	淀粉重量 B(kg)	糖粉重量 C(kg)	硬脂酸镁重量 D(kg)	总混后重量 E(kg)	物料平衡 F＝E/(A＋B＋C＋D)×100%
	计算人:　　　　复核人:　　　　日期:					

清场	清场内容	清场结果	QA 检查结果
	移出所有物料。	□已清洁　□未清洁	
	移出所有容器具。	□已清洁　□未清洁	
	清洁设备。	□已清洁　□未清洁	
	打扫房间卫生。	□已清洁　□未清洁	
	清洁完毕,检查合格后,挂已清洁和已清场卡	□已清洁　□未清洁	
	清场人:　　　　QA:　　　　日期:		

表 4-0-18　物料请验单

物料名称			批号		
物料来源			数量		kg
请检日期			件数		
请验部门			请验人		
物料类别	原辅材料□	中间产品□		成品□	其他□
检验项目	检验结果	检验项目	检验结果	检验项目	检验结果
熔点□		水分□		含量□	
干失□		TCL□		相关杂质□	
残留□		pH 值□		外观□	
其他					
产考标准	企业标准□			国家标准□	
备注					

注:按照要求,在"□"内打"√"

续表 4-0-18

物料名称				批号		
物料来源				数量		kg
请检日期				件数		
请验部门				请验人		
物料类别	原辅材料□	中间产品□		成品□		其他□
检验项目	检验结果	检验项目	检验结果	检验项目	检验结果	
熔点□		水分□		含量□		
干失□		TCL□		相关杂质□		
残留□		pH 值□		外观□		
其他						
产考标准	企业标准□			国家标准□		
备注						

第二联 化验室留存

注:按照要求,在"□"内打"√"

表 4-0-19 口服固体制剂半成品检验报单

样品名称:诺氟沙星颗粒		规格:100 mg/粒		批号:	
物料编码:		送检工序:		送检目的:	
批数量: kg 桶 万粒		除量: g/粒		化验粒重: g/粒	
取样日期: 年 月 日			完成日期: 年 月 日		
取样量	kg		检品编号		
检验项目	标准要求		检测结果	单项判定	
性 状	类白色至淡黄色结晶性粉末				
干燥失重	≤1.0%				
含量测定	44.5% ~50.5%				
水 分	≤2%				

执行标准:诺氟沙星半成品质量标准。

结论:

处理意见:

检验者: 复核者:

表 4-0-20　口服固体制剂半成品检验报记录

文件编号:YY-SOP-＊＊-＊＊-＊＊-＊＊　　　　　NO:

样品名称:诺氟沙星颗粒	规格:100 mg/粒	批号:	
物料编码:	送检工序:	水分:	%
批数量:　kg 桶　万粒	送检目的:	颗粒率:	%
除量:　　　　　g/粒	性状:	颗粒含量:	
取样量:　　　　kg	外观:	化验粒重:	
参考文献	《中华人们共和国药典》2015 年版二部		
取样日期:　　年　　月　　日		完成日期:　　年　　月　　日	

检验记录:

干燥失重

仪　器:_____电子分析天平;编号_____;_____电热鼓风干燥箱编号_____;扁形称量瓶

测定方法:取本品(1)_____g,(2)_____g,在 105 ℃干燥至恒重依法检查,减失重量不得过 1.0%。

干燥失重计算:样(1)W_1_____g;W_2_____g;W_3_____g。

样(2)W_1_____g;W_2_____g;W_3_____g。

干燥失重% = $W_1+W_2-W_3$/ W_1×100%

样(1)干燥失重% = $\dfrac{W_1+W_2-W_3}{W_1}$ = 　　　%

样(2)干燥失重% = $\dfrac{W_1+W_2-W_3}{W_1}$ = 　　　%

式中:W_1 为供试品的重量;W_2 为称量瓶恒重的重量;W_3 为(称量瓶+供试品)恒重的重量。

规定值:颗粒含量应为≤1%。

测量平均值为:_____%。

结论:_____规定。

含量测定

仪器:_____电子分析天平,编号_____;_____

__高效液相色谱仪　编号_____;容量瓶(50 mL、100 mL);移液管(5 mL、2 mL);

量筒(1 000 mL);PHS-3C pH 计(C26);胶头滴管。

试剂:0.025 mol/L 磷酸溶液;三乙胺(分析纯);乙腈(色谱纯);诺氟沙星对照品;0.1 mol/L 盐酸溶液;环丙沙星对照品;依诺沙星对照品。

续表 4-0-20

取装量差异项下的内容物,混合均匀,精密称取(1)_____g;(2)_____g(约相当于诺氟沙星 125 mg),置 500 mL 量瓶中,加 0.1 mol/L 盐酸溶液(配制批号_____)10 mL 使溶解后,用水稀释至刻度,摇匀,滤过,精密量取续滤液 5 mL,置 50 mL 量瓶中,用流动相稀释至刻度,摇匀。另取诺氟沙星对照品 25 mg,精密称定,置 100 mL 量瓶中,加 0.1 mol/L 盐酸溶液(配制批号_____)2 mL 溶解后,用水稀释至刻度,摇匀,精密量取 5 mL,置 50 mL 量瓶中,用流动相稀释至刻度,摇匀。精密量取对照品溶液与供试品溶液 20 μL,注入液相色谱仪,记录色谱图,按外标法以峰面积计算,即得。

含量计算:样(1)Ax_____;Cx_____; Ar_____;Cx_____。

样(2)Ax_____;Cx_____; Ar_____;Cx_____。

含量% = Ax×Cr / Ar×Cx×(1−干燥失重)×100%

样(1)诺氟沙星含量% = $\dfrac{\times}{\times\ \times\ (1-\quad)}$×% = ____%

样(2)诺氟沙星含量% = $\dfrac{\times}{\times\ \times\ (1-\quad)}$×% = ____%

式中:Ar 为对照品的峰面积或峰高; Cx 为供试品的浓度;

Ax 为供试品的峰面积或峰高; Cr 为对照品的浓度。

规定值:颗粒含量应为 44.5% ~ 50.5%。

测量平均值为:_____%。

结论:_____规定

化验粒重 = $\dfrac{标示量}{颗粒主药百分含量}$ = ____g

每粒胶囊中主药含量应为标示量的 95% ~ 105%。

检验者		复核者	
确定粒重	g	确定粒重者	
检验日期			年 月 日

颗粒水分测定

仪 器:_____水分快速测定仪 编号:_____。

规定值:取本品 5 g 加热至恒温(105 ℃±25 ℃)恒重后,水分应为 ≤2%。

测定值:取本品 5 g 加热至恒温(105 ℃±25 ℃)恒重后,水分应为_____。

结论:_____ 规定。

检验者		复核者	
检验日期	年 月 日		
备注:			

中间产品合格证

编码:REC-QA-010-00

药院附属制药厂

中间产品合格证

中间产品名称:_____ 中间产品批号:_____

中间产品规格:_____ 数　　　量:_____

检　验　号:_____ 质　检　员:_____

生　产　日　期:_____ 发证日期: 年 月 日

考核:

表 4-0-21　称量混合操作的评分细则

班级:　　　　　　学号:　　　　　　日期:　　　　　　得分:

序号	考核内容	操作内容	分值	评分要求	分值	得分
1	生产前准备	1. 按标准程序进入洁净区。 2. 生产前检查卫生状况,保证没有上批次遗留物,设备符合生产要求。 3. 按生产指令领取生产原辅料。 4. 检查用具的洁净度、天平的灵敏度。 5. 按生产工艺指令单标准核实所用原辅料(检验报告单、规格、批号)。 6. 检查各种状态标识牌。	15	1. 更衣顺序,洗手(略)。		
				2. 台面、地面不得有和本次生产无关的物品。	1	
				3. 检查水、电、气是否接通,生产前试机。	1	
				4. 检查混合机各按钮灵活性(1分)、搅拌桨转动方向正确(1分)。	2	
				5. 按照批生产指令单开具量料单和领取称量混合操作生产工艺指令单(2分),根据领料单到库房领取物料(1分)。	3	
				6. 检查检验报告单、规格、批号等。	2	
				7. 及时填写领料记录。	1	
				8. 称料时双人复核。	2	
				9. 检查用具、天平。	1	
				10. 检查标识牌:全部检查(2分)、部分检查(1分)。	2	

续表 4-0-21

序号	考核内容	操作内容	分值	评分要求	分值	得分
2	投料量	根据处方正确计算各种原辅料的投料量	10	1. 称量准确。	3	
				2. 投料准确。注:主要看投料过程物料的损耗。	3	
				3. 物料单的使用:全部使用(2分)、部分用(1分)。	2	
				4. 称料场地的清洁(1分)、物料的还原(1分)。	2	
3	混合	正确调试及使用混合机	33	1. 标示牌的更换:及时更换(4分)、每个标识牌分值1分,不及时更换每个标识牌给0.5分,不更换不得分。	4	
				2. 投料顺序正确。	3	
				3. 防尘盖到位与搅拌桨的开启(1分)与关机顺序(1分)。	2	
				4. 混合设备的装量:适中(2分)、太多或太少(1分)。	2	
				5. 总混的速度适中(1分)、操作过程中用具的还原(3分)。	4	
				6. 正确调搅拌桨的搅拌时间。	3	
				7. 出料操作正确,不撒不漏。	3	
				8. 混合效果:好(2分)、差(1分)。注:主要看混合物料的均匀性。	2	
				9. 操作过程能随时保持台面清洁。	3	
				10. 按清场记录逐项清场。	2	
				11. 及时填写记录(1分)、物料流通卡片(1分)。	2	
				12. 物料及时移到中间站待验区(1分),填写请验单(2分)。	3	

续表 4-0-21

序号	考核内容	操作内容	分值	评分要求	分值	得分
4	质量控制	颗粒干燥、粒度均匀	12	1.颗粒水分(2%左右):仪器正确使用(4分)、计算方法正确(2分)。	6	
				2.混合的结果:料尾(<1%)。	3	
				3.干颗粒的流动性:好(3分)、中(2分)、差(1分)。	3	
5	记　录	生产记录及时、准确、完整	10	1.填写记录:及时(5分)、不及时(2分)。	5	
				2.记录准确、完整:准确与完整(5分)、不完整(3分)、不正确(2分)。	5	
6	生产结束清场	1.作业场地清洁 2.工具和容器清洁 3.生产设备的清洁 4.清场记录	14	1.先退物料(2分),从上到下清洁(2分)、从里到外进行清洁(2分)。	6	
				2.按清洁规程清洁混合机。	2	
				3.填写清场记录:及时(4分)、不及时(2分)。	4	
				4.清场合格证:填写正确(2分)、不正确(1分)。	2	
7	其　他	解决突发问题的能力 注:若无突发事件,则此项不扣分	6	1.对突发问题能进行及时解决。	4	
				2.解决突发问题的应变能力。 注:主要当考查学生不能自己解决问题时,采取求助方法是否正确。	2	
	开始时间			结束时间		

活动四　充填、抛光操作

(1)岗位操作工按员工进出生产区标准操作规程进入生产区,检查上一批次的清场合格证(将上一批清场合格证副本附于本批批生产记录上),检查设备有无完好、已清洁标志,检查水、电是否正常,无误后方可进入准备工作。

(2)岗位操作工根据批生产指令核对从颗粒中转站领取的颗粒品名、规格、批号、数量、重量及诺氟沙星颗粒中间产品检验合格证。确认无误后,按胶囊填充岗位工艺指令单到囊壳存放间领取囊壳,复核 2#空心胶囊的数量、颜色、外形。

（3）准备：岗位操作工准备内衬有洁净塑料袋的周转桶、不锈钢铲子、塑料网篮及物料卡。

（4）试充填：按胶囊填充岗位工艺指令单，NJP-800D 型全自动胶囊充填机标准操作规程操作，设备安装完毕后，经试车确认设备正常。加少许本品干颗粒，按胶囊填充岗位工艺指令单上填充重量（装量差异上限、下限范围之内，胶囊锁口是否紧密到位）进行试充填，岗位操作工把试充填胶囊送于车间化验室进行检测，所充填胶囊应符合诺氟沙星胶囊中间产品质量标准，车间化验室回复符合要求后方可正常开机生产。

（5）充填：本品正常充填时，充填数量为 560～640 粒/min，岗位操作工应每 10 min 抽查装量一次，一次 20 粒，先称总重，再对每粒进行称量（岗位操作工应戴药用手套并使用镊子在天平上进行称量）并记录数据。

（6）抛光：充填合格的胶囊，应光洁，无残次缺陷。按 YJP-150 型胶囊抛光机标准操作规程操作进行抛光，使胶囊外观光亮鲜艳、滑爽。

（7）抛光后的胶囊应及时装入内衬有洁净塑料袋的周转桶内，送入胶囊中转站，进行称重，填写物料流通卡片和物料标示卡（品名、批号、规格、数量、重量、操作人及操作日期），物料流通卡片放于周转桶内、物料标示卡挂于周转桶上，填写货位卡并放于待检区，操作结束后，岗位操作工通知车间管理员填写请验单，并及时填写生产记录。经车间化验室检测合格下发诺氟沙星充填胶囊中间产品检验合格证后，岗位操作工将胶囊中间品移往合格品区。

（8）充填、抛光岗位的温度应控制在 18～26 ℃，相对湿度控制在 45%～65%。

（9）清场：生产结束后，岗位操作工按胶囊充填、抛光岗位清场标准操作规程清场，清场后的操作间应整洁、干净，无杂物。填写清场记录，QA 人员对清场后的区域进行检查，合格后发清场合格证。

表 4-0-22 胶囊填充岗位工艺指令单试样

文件编号：YY-SOP-＊＊-＊＊-＊＊-＊＊ NO：

年　　月　　日

产品名称		批　　号	
规　　格	mg/粒	批　　量	万粒
胶囊机型号编号		模具规格	□0# □1# □2#
胶囊颜色	帽　　体	空心胶囊型号	□0# □1# □2#
填充重量	mg/粒	确定装量人	
发放人		指令接收人	

续表 4-0-22

★操作前检查与准备 1. 按前批清场工作记录检查： (1)前批遗留物已清除,符合要求。 (2)设备完好已清洁。 (3)设备已清洁。 (4)衡器已清洁。 (5)衡器已校验,校验合格证并在有效期内,符合要求。 2. 个人卫生符合要求。 3. 按工具、容器及设备各自消毒程序进行消毒,消毒剂名称_____,消毒剂浓度为_____%,应符合要求。 4. 按工艺要求选配模具,其规格为_____,应符合要求。 5. 按流通卡片逐项核对,卡物应一致。 6. 操作间温度、湿度、压差应符合要求。	□符合　□不符合 □完好　□不完好 □已清洁　□未清洁 □已清洁　□未清洁 □符合　□不符合 □符合　□不符合 □已消毒　□未消毒 □符合　□不符合 □一致　□不一致 □符合　□不符合
★操作:按胶囊机操作程序进行填充和控制 1. 按胶囊填充指令单校对电子天平的量程。 2. 中间控制(见记录和报告单): (1)按内控标准重量差异应为____%,每次称量20粒重量差异均在范围内,应符合要求。 (2)按内控标准胶囊的崩解时限为≤____min,应符合要求。 (3)按内控标准,胶囊的外观应符合要求。 3. 填充好的胶囊抛光、灯检后,装入已消毒的容器内,并按衡器使用保养规程称重(见胶囊填充岗位生产记录)并贴(挂)标志,送中间站,填写请验单,应符合要求。	□符合　□不符合 □符合　□不符合 □符合　□不符合 □符合　□不符合 □符合　□不符合
★清场 1. 按清清场管理规定的要求进行清场,必须合符(见清场合格证)清场工作记录正本。 2. 按设备清洁、消毒程序进行清洁、消毒,清洁剂名称为_____,消毒剂名称为_____,应符合要求。 3. 按工具、容器各自清洁、消毒程序进行清洁、消毒,清洁剂名称_____,消毒剂名称为_____,应符合要求。	□符合　□不符合 □符合　□不符合 □符合　□不符合
★记录 1. 按生产记录管理规定及时填写胶囊岗位生产记录、胶囊岗位生产检测记录、清场工作记录等,要求记录文件齐全。 2. 物料平衡计算,按物料平衡管理规定胶囊填充物料平衡应为97%以上,应符合要求。 3. 偏差情况:若偏差超出偏差允许范围,必须填写偏差报告。	□齐全　□不齐全 □符合　□不符合 □不超偏差 □超偏差合

表 4-0-23　胶囊中间产品内控标准

检查项目	胶囊中间产品内控标准
外　　观	光洁、完整、色泽均匀（其他参照硬胶囊质量标准）
硬胶囊规格	2#
平均装量	0.212 g（不包括胶壳）
装量差异	±7.5 %
含量限度	含诺氟沙星为标示量的 95% ~ 105%
溶出度	30 min　溶出 $Q \geqslant 80\%$

表 4-0-24　中间站物料进出台账（式样）

物料名称：　　　　　　　　　　　　　　　批号：

2016 年	来源/去向	数量		结存量		收料人	发料人	备注
		件数	kg(个、张)	件数	kg(个、张)			
月　日								
月　日								
月　日								
月　日								
月　日								
月　日								
月　日								
月　日								
月　日								
月　日								
月　日								
月　日								
月　日								
月　日								
月　日								
月　日								
月　日								
月　日								
月　日								
月　日								

表 4-0-25　胶囊填充操作记录

产品名称	诺氟沙星胶囊		生产日期			规　格	0.1 g
产品批号		产品代码		计划产量		指令单号	
设备名称			设备编号			房间编号	

	检查内容	记录结果
生产前准备	检查操作间是否有清场合格证并在有效期内。 检查设备是否已清洁并在有效期内。 检查设备状态是否完好。 检查操作间温湿度是否在规定范围内。 （温度:18~26 ℃,湿度:45%~60%） 检查模具是否已清洁并在有效期内。 检查压缩空气应不低于 6 Pa。 检查真空度应不低于-6 Pa。 检查电子天平是否在校验有效期内。	是否已贴清场合格证副本(　　) 设备　　(　　　　　) 设备状态(　　　　　) 温度　　(　　　　　) ℃ 湿度　　(　　　　　)% 容器具　(　　　　　) 压缩空气(　　　　　)Pa 真空度　(　　　　　)Pa 电子天平(　　　　　)
	检查人:　　　　　QA:　　　　　　　　日期:	

	操作步骤	记录结果
填充操作	领料:按批生产指令领取 1# 胶囊和颗粒 装模具:装上 1# 模具。 充填:启动电源,设定运行参数。 试充填调整好装量后,开始充填。 抛光:启动胶囊抛光机,开始抛光。 质量检查:每 20 min 检查一次装量。 随时检查胶囊的外观质量。	2# 胶囊:(　　　　)万粒 颗粒:(　　　　)kg 模具:(　　　　)# 全自动胶囊充填机:NJP-800C 型 装量:(　　　　)g 抛光机:YPJ-Ⅱ型 见装量差异检查表
	对试充填的胶囊,检查崩解时限、平均装量、装量差异、溶出度及外观等项目,各项指标均符合内控标准后,调整充填机速度进行胶囊充填操作。	
	崩解时限:合格 □　　不合格 □	平均装量:合格 □　　不合格 □
	装量差异:合格 □　　不合格 □	含量限度:合格 □　　不合格 □
	溶出度:合格 □　　不合格 □	外　　观:合格 □　　不合格 □
	检查人:　　　　QA:　　　　　　　日期:	

	物料名称	领用量 A	成品量 B	废品量 C	剩余量 D	物料平衡 F=B+C/A(颗粒+胶囊)-D(颗粒+胶囊)
物料平衡	颗粒					
	胶囊					
	计算人:　　　　复核人:　　　　　日期:					

续表 4-0-25

清场	清场内容	清 场 结 果	QA 检查结果
	移出所有物料。	☐已清洁　☐未清洁	
	移出所有容器具。	☐已清洁　☐未清洁	
	清洁设备。	☐已清洁　☐未清洁	
	打扫房间卫生。	☐已清洁　☐未清洁	
	清洁完毕,检查合格后,挂已清洁和已清场卡。	☐已清洁　☐未清洁	
清场人:	QA:	日期:	

表 4-0-26　胶囊充填装量差异检查记录

空心胶囊型号				空心胶囊平均重量			g
理论装量		g/粒		装量差异限度		≤±7.5%	
检查时间							
1							
2							
3							
4							
5							
6							
7							
8							
9							
10							
11							
12							
13							
14							
15							
16							
17							
18							
19							
20							
平均装量							
装量差异							
结论							
检查人			复核人			日期	

表 4-0-27 口服固体制剂半成品检验报单

样品名称:诺氟沙星胶囊		规格:100 mg/粒		批号:	
物料编码:		送检工序:		送检目的:	
批数量: kg 桶 万粒		取样量: kg		检品编号:	
取样日期: 年 月 日			完成日期: 年 月 日		
检验项目	标准要求			检测结果	单项判定
外观性状	光洁、完整、色泽均匀(其他参照硬胶囊质量标准)				
平均装量	0.212 g(不包括胶壳)				
装量差异	±7.5 %				
含量限度	含诺氟沙星为标示量的 95% ~105%				
溶 出 度	45 min 溶出 $Q \geqslant 80\%$				

执行标准:诺氟沙星半成品质量标准。

结论:

处理意见:

检验者: 复核者:

表 4-0-28 口服固体制剂半成品检验记录

文件编号:YY-SOP-＊＊-＊＊-＊＊-＊＊-＊＊-＊＊ NO:

样品名称:诺氟沙星胶囊		规格:100 mg/粒		批号:	
物料编码:		送检工序:		送检目的:	
批数量: kg 桶 万粒		取样量: kg		检品编号:	
参考文献	《中华人们共和国药典》2015 年版二部				
取样日期: 年 月 日			完成日期: 年 月 日		

检验记录:
外观性状
检测方法:随机抽取正常运转中胶囊填充机填充后的胶囊 20 粒左右,置于一张 A4 白纸上目测检测。
规　定:外观光洁、完整、色泽均匀;胶囊无叉劈、顶凹、漏粉现象,锁合到位。
结　论:＿＿＿＿＿＿＿＿规定

续表 4-0-28

装量差异

仪　　　器:_____电子分析天平 编号_____;扁形称量瓶、小毛刷、手术镊。

检测方法:取胶囊20粒,编号后分别精密称定每粒重量后,取开囊帽,倾出内容物(不得损失囊壳),用小毛刷或其他适宜用具将囊壳(包括囊体和囊帽)内外拭净,并依次精密称定每一囊壳重量。

编号	1	2	3	4	5	6	7	8	9	10
胶囊重										
囊壳重										
内容物										
编号	11	12	13	14	15	16	17	18	19	20
胶囊重										
囊壳重										
内容物										

每粒内容物重量(g)= 每粒胶囊重量(g)-囊壳重量(g)。

每粒平均装量(m)= 每粒内容物重量之和除以20 =_____g。

装量差异限度=$m \pm m7.5\%$ =_____ ~_____g。

规定值:每粒的装量均未超出允许装量范围($m \pm m\text{X}$ 装量差异限度);或与平均装量相比较,均未超出上表中的装量差异限度;或超过装量差异限度的胶囊不多于2粒,且均未超出限度1倍;均判为符合规定。

测量超装量胶囊编号及内容物装量:_____。

结论:_____规定。

含量限度测定

仪　　　器:_____电子分析天平 编号_____;_____高效液相色谱仪 编号_____;容量瓶(50 mL、100 mL);移液管(5 mL、2 mL);量筒(1000 mL);PHS-3C pH 计(C26);胶头滴管。

试　　　剂:0.025 mol/L磷酸溶液;三乙胺(分析纯);乙腈(色谱纯);诺氟沙星对照品;0.1 mol/L 盐酸溶液;环丙沙星对照品;依诺沙星对照品。

测定方法:取装量差异项下的内容物,混合均匀,精密称取(1)_____g,(2)_____g(约相当于诺氟沙星125 mg),置500 mL 量瓶中,加0.1 mol/L 盐酸溶液(配制批号_____)10 mL 使溶解后,用水稀释至刻度,摇匀,滤过,精密量取续滤液5 mL,置50 mL 量瓶中,用流动相稀释至刻度,摇匀。另取诺氟沙星对照品25 mg,精密称定,置100 mL 量瓶中,加0.1 mol/L 盐酸溶液(配制批号_____)2 mL溶解后,用水稀释至刻度,摇匀,精密量取5 mL,置50 mL 量瓶中,用流动相稀释至刻度,摇匀。精密量取对照品溶液与供试品溶液20 μL,注入液相色谱仪,记录色谱图,按外标法以峰面积计算,即得。

含量计算:样(1)Ax_____;Cx_____; Ar_____;Cx_____。

样(2)Ax_____; Cx_____; Ar_____; Cx_____。

含量 Cx= Ax / Ar $\times Cr$

续表 4-0-28

样（1）诺氟沙星含量 = _____ × _____ =

样（2）诺氟沙星含量 = _____ × _____ =

式中:Ar 为对照品的峰面积或峰高； Cx 为供试品的浓度；

Ax 为供试品的峰面积或峰高； Cr 为对照品的浓度。

含量% = $\dfrac{每粒胶囊中的主药含量}{标示量}$ = _____ % = _____ %

规定值:每粒含诺氟沙星为标示量的 95% ~ 105%。

测量平均值为: _____ % 。

结论: _____ 规定。

溶出度测定

仪　　器: _____ 溶出度测定仪　　　　编号: _____ ;

紫外-可见分光光度计 编号: _____ 。

试　　剂:醋酸缓冲液(取冰醋酸 2.86 mL 与 50% 氢氧化钠溶液 1 mL,加水 900 mL,振摇,用冰醋酸
或 50% 氢氧化钠溶液调节 pH 值至 4.0,加水至 1 000 mL)

检测方法:取本品,用浆法溶出度测定法,以醋酸缓冲液 1 000 mL 为溶出介质,转速为每分钟 50 转,
依法操作,经 30 min 时,取溶液适量,滤过,精密量取续滤液适量,用溶出介质定量稀释制成每 1 mL
中约含 5 μg 的溶液,作为供试品溶液,照紫外-可见分光光度法,在 277 nm 的波长处分别测定吸光
度;另取诺氟沙星对照品适量,精密称定,加溶出介质溶解并定量稀释制成每 1 mL 中约含 5 μg 的溶
液,同法测定,计算每粒的溶出量。

含量计算:

第一组 A____ ;Wr____ ;Sr____ ;Ar____ ;Cx____ ;W____ ;S____ 。

第二组 A____ ;Wr____ ;Sr____ ;Ar____ ;Cx____ ;W____ ;S____ 。

第三组 A____ ;Wr____ ;Sr____ ;Ar____ ;Cx____ ;W____ ;S____ 。

第四组 A____ ;Wr____ ;Sr____ ;Ar____ ;Cx____ ;W____ ;S____ 。

第五组 A____ ;Wr____ ;Sr____ ;Ar____ ;Cx____ ;W____ ;S____ 。

第六组 A____ ;Wr____ ;Sr____ ;Ar____ ;Cx____ ;W____ ;S____ 。

计　　算:　溶出量为标示量% = $(A \times Wr \times S / Ar \times W \times Sr) \times 100\%$

式中,A 为供试品溶液的吸收度或峰面积； Wr 为对照品的取用量,mg;Sr 为对照品的溶解体积及稀
释倍数;Ar 为对照品溶液吸收度或峰面积; W 为供试品的标示规格,mg;S 为供试品溶出介质的体积
及稀释倍数。

规定值:限度为标示量的 75%,应符合规定

测定值:Q_1 = _____ ;Q_2 = _____ ;Q_3 = _____ ;Q_4 = _____ ;Q_5 = _____ ;Q_6 = _____ 。

结论: _____ 规定。

检验者		复核者	
检验日期			年　　月　　日
备注:			

考核:

表 4-0-29 胶囊填充操作的评分细则表

班级： 学号： 日期： 得分：

序号	考核内容	技能要求	分值	关键得分点	分值	得分
1	生产前准备	1.按标准程序进入洁净区。 2.生产前检查卫生状况,保证没有上批次遗留物,设备符合生产要求。 3.按生产指令领取颗粒,核对检验报告单、规格、批号。 4.检查模具是否符合要求。 5.检查用具洁净度、太平灵敏度。 6.检查各种状态标志牌。	12	1.更衣顺序,洗手(略)。		
				2.台面、地面不得有和本次生产无关的物品。	2	
				3.检查电、气是否接通。	1	
				4.双人复核。	1	
				5.根据批生产指令单领取生产工艺指令单。	1	
				6.物料单的使用:全部使用(1分)、部分使用(0.5分)。	1	
				7.检查检验报告单、规格、批号等。	1	
				8.检查模具。	2	
				9.检查用具、天平。	1	
				10.检查标识牌:全部检查(2分)、部分检查(1分)。	2	
2	粒重计算	根据主药含量正确计算粒重。	3	粒重计算的准确性。	3	

续表 4-0-29

序号	考核内容	技能要求	分值	关键得分点	分值	得分
3	胶囊填充	1. 根据生产工艺指令单,正确安装播囊装置、药物填充装置。 2. 正确调试及使用全自动胶囊填充机。 3. 根据计算值正确调节胶囊粒重。	40	1. 标示牌的更换:及时更换(1分)、未及时更换(0.5分)。	1	
				2. 正确安装顺向器。使垂直推叉在播囊槽中左右间隙均匀。	2	
				3. 检查水平导向块是否在最靠近转台的一端,将水平推叉卡在水平导向块的定位销上,将其正确定位并紧固。	2	
				4. 播囊管组件安装操作,将播囊管组件卡在纵向导向板的定位销上,内外螺孔对中重合(1分),将固定螺钉分多次紧固,使垂直推叉在播囊槽中左右间隙均匀(1分)。	2	
				5. 正确安装密封环和计量盘,计量盘三枚固定螺钉松紧适中。	1	
				6. 播囊装置安装完毕后,逆时针盘动摇手柄使机器运行3个循环以上,检查是否有异常现象或声音。	1	
				7. 正确安装档粉板和填充杆定位板。	1	
				8. 定位计量盘:检查填充杆定位板是否处于最低位置(1分),用计量盘定位校棒正确定位计量盘并紧固固定螺钉,用胶棒检查计量盘定位情况(1分),定位完成后切记取出校棒(1分)。	3	
				9. 填充杆定位板升到最高位置,正确安装第六组填充杆组件(富昌)、内外档粉圈。	2	
				10. 正确安装填充杆组件并紧固压盖螺帽,对各组分填充杆组件进行定位。	2	

续表 4-0-29

序号	考核内容	技能要求	分值	关键得分点	分值	得分
			40	11. 正确装药粉传感器,正确固定药粉传感器。	1	
				12. 逆时针盘动摇手柄,使机器运行 3～5 个周期,确认机器无任何异常情况后,进行空车试机 1 min。	1	
				13. 加入机制胶囊进行空囊试机,设备操作顺序正确。	1	
				14. 将物料加入锥形加料器,用手动加料方式多次加料,并点动"点动"按钮使物料分散。	2	
				15. 切换操作方式,进行试填充。	1	
				16. 正确调胶囊粒重。	1	
				17. 将合格胶囊与不合格胶囊分开。	1	
				18. 填充过程中的外观(1 分)、及时检查片重(1 分)。	2	
				19. 保持加料斗内物料量。	1	
				20. 停机后,取出剩余胶囊和锥形加料器中的物料。	1	
				21. 拆机前关闭电源。	1	
				22. 拆机顺序正确。	1	
				23. 拆机操作:不掉工具及零部件(1 分)、零部件不相互碰撞(1 分)、注意安全操作(如机器不能反转等)(2 分)。	4	
				24. 将胶囊填充机还原。	1	
				25. 操作过程能随时保持台面清洁。	1	
				26. 物料及时移到中间站待验区(1 分),填写请验单(2 分)。	3	

续表 2-5-29

序号	考核内容	技能要求	分值	关键得分点			分值	得分
4	胶囊剂的质量控制	1. 胶囊外观整洁,色泽均匀。 2. 重量差异合格。 3. 崩解时限。 4. 脆碎度合格。	15	1. 胶囊外观光洁完整(2分)、色泽均匀(1分)。			3	
				2. 重量差异合格(6分)。	检查仪器是否水平(0.4分)、是否为零(0.4分)。		0.8	
					正确放入胶囊剂(0.4分),称量时关闭电子天平门(0.4分)。		0.8	
					重量差异检查结果(4分)。	重量差异限度小于3%(4分)。	4	
						重量差异限度3%～4%(3分)。	3	
						重量差异限度4%～5%(2分)。	2	
						重量差异限度5%～6%(1分)。	1	
						重量差异限度超过7%(0分)。	0	
					天平还原(0.4分)。		0.4	
				3. 崩解时限合格(6分)。	检查胶囊剂外观(0.2分)、崩解仪(0.5分)。		0.7	
					开启崩解仪,调节水温(1分)、水位(0.5分)、吊篮高度(0.5分)。		2	
					取胶囊6粒,分别置于吊篮的玻璃管中,每管各加一粒(0.5分)。		0.5	
					设定崩解测定时间(0.5分)。		0.5	
					记录崩解时间(0.5分)、关闭崩解仪(0.4分)。		0.9	
					崩解时限检查结果:合格(1分)、不合格(0.5分)。		1	
					关闭电源开关,将崩解仪清理干净,整理试验台(0.4分)。		0.4	
5	记录	生产记录及时、准确、完整。	10	1. 填写记录:及时(5分)、不及时(2分)。			5	
				2. 记录准确、完整:准确与完整(5分)、不完整(2分)、不正确(2分)。			5	

续表 4-0-29

序号	考核内容	技能要求	分值	关键得分点	分值	得分
6	生产结束清场	1. 作业场地清洁。 2. 工具和容器清洁。 3. 生产设备的清洁。 4. 清场记录。	14	1. 先退物料（2分），从上到下清洁（1分）、从里到外进行清洁（1分）。	4	
				2. 按清洁规程清洁胶囊填充机。	2	
				3. 正确清洁播囊装置、填充装置。	1	
				4. 正确放置播囊装置、填充装置零部件。	2	
				5. 正确保存物料传感器。	1	
				6. 填写清场记录：及时（2分）、不及时（1分）。	2	
				7. 清场合格证：填写正确（2分）、不正确（1分）。	2	
7	其他	解决突发问题的能力。 注：若无突发事件，则此项不扣分	6	1. 对突发问题能进行及时解决。	4	
				2. 解决突发问题的应变能力。 注：主要当考查学生不能自己解决问题时，采取求助方法是否正确。	2	
开始时间				结束时间		

活动五 内包操作

（1）领料、脱包操作过程及工艺条件：

1）岗位操作工按员工进出生产区标准操作规程进入生产区（注：进入洁净区之前先打开除尘器），检查内包材料脱包间和外包材料间有无清洁，无误后方可进行准备工作，领料员根据批包装指令和领料单到仓库领取并核对包装材料的品名、批号、重量、数量，领料时必须有包装材料检验报告书，然后把内包材料送入内包材料脱包间进行脱包，外包材送入外包间。

2）岗位操作工除净内包材的外包装污垢，查验内包材有无破损、吸潮、变质等情况，均符合质量标准后，再经传递窗（在传递窗内紫外灯照射 15 min）或缓冲间传入内包材料间，按品名分别码放、排列整齐，填写货位卡。

3）岗位操作工把外包材按品名、规格分别码放外包间专用存放处，排列整齐填写货位卡。

（2）岗位操作工按员工进出生产区标准操作规程进入内包间，检查上一批次的清场合格证（将上一批清场合格证副本附于本批批生产记录上），检查设备有无完好、已清洁标志，检查水、电、气是否正常，无误后方可进入准备工作。

（3）准备：周转筐、塑料网篮。

（4）岗位操作工根据批包装指令单和生产工艺指令单用周转筐到内包材间领取内包材（铝箔、PVC 硬片），到胶囊中转站领取诺氟沙星胶囊，领取时应有诺氟沙星充填胶囊中间产品合格证，注意检查胶囊的外观情况等。

（5）岗位操作工调试 DPP－140A 型全自动泡罩包装机，按 DPP－140A 型全自动泡罩包装机标准操作规程进行操作，吹泡、热封温度、吸塑真空度应达工艺规定范围（115 ~ 120 ℃,150 ~ 160 ℃,0.4 ~ 0.6 MPa），安装好批号字码夹具，再检查冷却水应能正常流动，电源电压正常，调整 PVC、成型模具、铝箔、热封模具及批号字码清晰，泡眼吻合。加少许本品胶囊试压，岗位操作工把试压铝箔板送至车间化验室进行检测，合格后方可进行开机生产，所压铝箔板应符合诺氟沙星胶囊铝箔板中间产品质量标准。

（6）岗位操作工进行本品铝塑包装时，认真检查每板 PVC 吸泡质量、装填数量应正确，并无异物混入。不合格包装板剔除并及时处理。

（7）铝箔包装板装入周转筐里，进行称重，填写物料卡（品名、批号、规格、数量、重量、操作人及操作日期）和待检卡，并挂于周转筐上，通知车间管理人员填写请验单，除尘器 10 min 后关闭，岗位操作工填写生产记录。经车间化验室检测合格，下放诺氟沙星胶囊铝箔板中间产品检验报告书后，去待检卡，挂上合格证，把铝箔板经铝箔内包间的传递窗传入外包岗位。

（8）岗位操作工对本批内包过程中产生的剩余内包材料分别退回仓库。岗位操作工填写生产记录。

（9）内包岗位的温度应控制在 18 ~ 26 ℃，相对湿度控制在 45% ~ 65%。

（10）清场：生产结束后，岗位操作工按片剂、胶囊剂、颗粒剂内包岗位清场标准操作规程清场，清场后的操作间应整洁、干净，无杂物。填写清场记录，QA 人员对清场后的区域进行检查，合格后发清场合格证。

表 4-0-30　批包装指令单

下发日期：　　　　　　　　　　　　　　NO：

生产部门	固体口服制剂车间包装组		包装规格		
品名			生产批量		万粒
规格			包装日期		
批号			完成时限		
生产依据					
物料名称	物料编号	物料批号	规　格	单位	实际数量	指令数量
说明书	BY000			张		
装箱单				张		
封口签				枚		
封箱胶带				卷		

续表 4-0-30

物料名称	物料编号	物料批号	规　格	单位	实际数量	指令数量
纸盒	BY000		24 粒/盒	个		
包装箱	BW000		24 粒×300 盒	套		
热收缩膜				kg		
PVC				kg		
铝箔				kg		

备注:批　　号:

　　　生产日期:

　　　有效期至:

编制人:　　　　　　　　　　　　　　　　　审核人:

表 4-0-31　领料单

产品名称						规格	
计划产量				产品批号			
物料名称	生产厂家	物料编号	批号	检验单号	规格	单位	请发数	实发数
PVC								
铝箔								
包装盒								
说明书								
包装箱								

备注:

编制人:　　　年　月　日　　　　　　审批人:　　　年　月　日

表 4-0-32　药院附属制药厂检验报告

品名				诺氟沙星胶囊盒			
报告书编号		批号	0.1 g×24 粒	生产单位	红枫叶印务公司		
取样日期		规格		送检单位	包材库	性状	彩印
报告日期		数量		检验目的	全检		
检验项目		标准		测定结果			
外观		盒子折成后,应方正坚挺,盒子清洁、无异味		符合规定			
尺寸		应符合规定		符合规定			
文字图案		文字清晰、标点符号正确,符合设计彩稿,不跑版、不错版,墨色饱满、深浅一致,无花斑点		符合规定			
材质		400 g 白板纸		符合规定			
结论		符合企业标准					
备注:							
检验人:		复核人:		负责人:			

表 4-0-33　药院附属制药厂检验报告

品名				诺氟沙星胶囊盒			
报告书编号		批号	0.1 g×24 粒	生产单位	红枫叶印务公司		
取样日期		规格		送检单位	包材库	性状	彩印
报告日期		数量		检验目的	全检		
检验项目		标准		测定结果			
外观		说明书两端裁切对称,不跑版、不错版,墨色饱满均匀、字迹清晰,注册商标清晰完整		符合规定			

续表 4-0-33

尺寸	应符合规定	符合规定
文字	文字、标点符号正确无误	符合规定
材质	60 g 双胶纸	符合规定
结论	符合企业标准	
备注：		

检验人：	复核人：	负责人：

表 4-0-34　铝塑包装岗位工艺指令单

NO：

文件编号：YY-SOP-＊＊-＊＊-＊＊-＊＊　　　　　年　月　日

产品名称		批号	
规格	mg/粒	批量	万粒
设备型号		设备编号	
发放人		指令接收人	

★操作前检查与准备	
1.按前批清场工作记录检查：	
(1)前批遗留物已清除，符合要求。	□符合　□不符合
(2)设备完好。	□完好　□不完好
(3)设备已清洁。	□已清洁　□未清洁
2.个人卫生符合要求。	□符合　□不符合
3.按工具、容器及设备各自消毒程序进行消毒，消毒剂名称_____，消毒剂浓度为_____%，应符合要求。	□已消毒　□未消毒
4.按工艺要求选配模具，其规格为____粒____号胶囊，应符合要求。	□符合　□不符合
5.按指令单要求调整打印批号字模，复核，确认无误，应符合要求。	□符合　□不符合
6.按铝塑包装机设备要求压缩空气应不低于 0.6 MPa，应符合要求。	□符合　□不符合
7.按工艺要求检查是否有胶囊中间产品检验报告单。	□有　□没有
8.按流通卡片逐项核对，卡物应一致。	□一致　□不一致
9.操作间温度、湿度、压差、压缩空气应符合要求。	□符合　□不符合

续表 4-0-34

★操作:按铝塑包装机操作程序进行包装和控制 1.领料:按批包装指令领取胶囊、内包装材料(PVC、铝箔),计量,查验合格证,转入铝塑包装间。	□符合 □不符合
2.试运行: (1)打开冷却水,启动电源,设定运行参数。上加热板温度:130 ℃,下加热板温度:130 ℃,热合温度为 160 ℃。 (2)进行试压铝塑板操作,泡眼吻合,铝塑板批号清楚,网纹应清晰。	□符合 □不符合 □符合 □不符合 □符合 □不符合
3.泡罩包装:将胶囊加入料斗,调整加料电机速度,开始泡罩包装。	
4.中间控制(见记录和报告单): (1)泡罩情况:泡罩成型完整、大小合适、间隔均匀。无压泡、割泡现象。 (2)装粒情况:装粒准确,无多粒、少粒情况。 (3)漏粉情况:装填后胶囊无破壳、漏粉情况, (4)热合情况:PVC 与铝箔热合紧密,不易剥离;铝箔平整,无皱缩现象。 (5)批号情况:批号打印正确、完整、清晰。	□符合 □不符合 □符合 □不符合 □符合 □不符合 □符合 □不符合 □符合 □不符合
5.包装结束:将铝塑板存入周转框内,计量、记录、贴物料标签。转入中间站,填写请验单,交 QA 质监员抽样,签发待验证贴在半成品状态标志牌上。应符合要求。	□符合 □不符合
★清场 1.按清场管理规定的要求进行清场,必须合符(见清场合格证)清场工作记录正本。	□符合 □不符合
2.按设备清洁、消毒程序进行清洁、消毒,清洁剂名称为_____,消毒剂名称为_____,应符合要求。	□符合 □不符合
3.按工具、容器各自清洁、消毒程序进行清洁、消毒,清洁剂名称_____,消毒剂名称为_____,应符合要求。	□符合 □不符合
★记录 1.按生产记录管理规定及时填写铝塑包装岗位生产记录、铝塑包装岗位生产检测记录、清场工作记录等,要求记录文件齐全。	□齐全 □不齐全
2.物料平衡计算,按物料平衡管理规定铝塑包装物料平衡应为97% 以上,应符合要求。	□符合 □不符合
3.偏差情况:若偏差超出偏差允许范围,必须填写偏差报告。	□不超偏差 □超偏差合

表 4-0-35 铝塑包装操作记录

产品名称	诺氟沙星胶囊		生产日期			规 格		0.1 g
产品批号		产品代码		计划产量			指令单号	
设备名称			设备编号				房间编号	

	检查内容	检查结果
生产前准备	检查操作间是否有清场合格证并在有效期内。 检查设备是否已清洁并在有效期内。 检查设备状态是否完好。 检查操作间温湿度是否在规定范围内。 （温度:18~26 ℃,湿度:45%~60%） 检查压缩空气应不低于 0.6 MPa。 检查模具是否符合生产工艺要求。 调整打印批号字模,复核,确认无误。	是否已贴清场合格证副本（　） 设备　（　　　　　） 设备状态（　　　　） 温度　（　　　　）℃ 湿度　（　　　　）% 压缩空气（　　　　）Pa 模具　（　　　　） 批号字模（　　　　）
	检查人:　　　　QA:　　　　　　　　日期:	

	操作过程	记录结果
包装操作	领料:按批包装指令领取胶囊。 领取内包装材料(PVC、铝箔),计量,查验合格证,转入铝塑包装间。 试运行:打开冷却水,启动电源,设定运行参数。 上加热板温度:130 ℃,下加热板温度:130 ℃,热合温度为:160 ℃。 进行试压铝塑板操作,泡眼吻合,铝塑板批号清楚,网纹应清晰。 泡罩包装:将胶囊加入料斗,开始铝塑泡罩包装。 质量检查:随时检查包装质量:①泡罩情况:泡罩成型完整、大小合适、间隔均匀。无压泡、割泡现象。②装粒情况:装粒准确,无多粒、少粒情况。③漏粉情况:装填后胶囊无破壳、漏粉情况,④热合情况:PVC 与铝箔热合紧密,不易剥离;铝箔平整,无皱缩现象。⑤批号情况:批号打印正确、完整、清晰。发现问题及时调整,并剔除不合格品。 包装结束:将铝塑板存入周转框内,计量、记录、贴物料标签。转入中间站,填写请验单,交 QA 质监员抽样,签发待验证贴在半成品状态标志牌上。	胶囊领用量:（　　　　）万粒 铝箔领用量:（　　　　）kg PVC 领用量:（　　　　）kg 铝塑包装机:DPP-140 型 上加热板温度:（　　　　）℃ 下加热板温度:（　　　　）℃ 热合板温度:（　　　　）℃ 铝塑板批号:（　　　　） 100 板重量:（　　　　）g 成品板量:（　　　　）kg 尾料量:（　　　　）kg 废品量:（　　　　）kg 取样量:（　　　　）g
	检查人:　　　　QA:　　　　　　　　日期:	

续表 4-0-35

		领用量 A	成品量 B	废品量 C	剩余量 D	收率 E=B/A-D	物料平衡 F= B+C/A-D
收率与物料平衡	胶囊(万粒)						
	PTP(kg)						
	PVC(kg)						
	计算人:		复核人:			日期:	
清场	清场内容		检查结果				
	移出所有物料。					( )	
	移出所有容器具和其他物品。					( )	
	清洁设备。					( )	
	清洁房间卫生。					( )	
	清洁完毕,检查合格后,挂已清洁和清场合格证。					( )	
	清场人:		QA:			日期:	

表 4-0-36 胶囊铝塑包装操作考核的评分细则表

班级: 学号: 日期: 得分:

序号	考核内容	操作内容	分值	评分要求	分值	得分
1	生产前准备	1.按标准程序进入洁净区。 2.生产前检查卫生状况,保证没有上批次遗留物,设备符合生产要求。 3.按生产指令领取颗粒,核对检验报告单、规格、批号。 4.检查模具是否符合要求。 5.检查用具洁净度、天平灵敏度。 6.检查各种状态标志牌。	15	1.更衣顺序,洗手(略)。		
				2.台面、地面不得有和本次生产无关的物品。	2	
				3.检查水、电、气是否接通(1分),记录温湿度(1分)。	2	
				4.双人复核。	1	
				5.根据批生产指令单领取生产工艺指令单。	1	
				6.物料单的使用:全部使用(2分)、部分使用(1分)。	2	
				7.检查检验报告单、规格、批号等。	2	
				8.检查模具。	2	
				9.检查用具。	1	
				10.检查标识牌:全部检查(2分)、部分检查(1分)。	2	

续表 4-0-36

序号	考核内容	操作内容	分值	评分要求	分值	得分
2	铝塑包装	1. 根据生产工艺指令单，正确安装模具。 2. 正确调试及使用全自动铝塑包装机。	45	1. 标示牌的更换：及时更换(1分)、未及时更换(0.5分)。	1	
				2. 正确开启水、电、气。	2	
				3. 检查加热一、加热二、加热三的参数设置是否正确，开启加热一、二、三。	2	
				4. 正确放置成型模块。	1	
				5. 正确定位成型模块。	1	
				6. 正确紧固成型模块。	1	
				7. 正确放置热封模块。	1	
				8. 正确紧固成型模块，使固定螺钉松紧适中。	1	
				9. 按正确方向安装PVC料辊。	2	
				10. 正确定位PVC料辊并紧固两端螺母和快退螺母。	2	
				11. 将PVC包材绕过放料摆臂，以此穿过加热板、成型模具，加料器、热封模具，牵引模块和裁刀。	1	
				12. 通过废料折转辊和废料摆臂，将PCV硬片一端正确固定在废料辊轴上，定位并固定废料挡板。	2	
				13. 按正确方向安装铝箔料辊。	1	
				14. 正确定位铝箔料辊并紧固两端螺母和快退螺母。	2	
				15. 将铝箔绕过铝箔折转辊、铝箔放料摆臂、铝箔调节辊。	2	
				16. 将铝箔一端置于热封模块下，并穿过热封模块少许。	1	

续表 4-0-36

序号	考核内容	操作内容	分值	评分要求	分值	得分
				17. 正确安装印字模块。	1	
				18. 正确安装裁切模块。	1	
				19. 正确开启机器。	1	
				20. 根据出料铝箔板情况及时正确对热封模块进行调整,印字模块、裁切模块调整。	2	
				21. 拆机前关闭电源。	1	
				22. 设备调试好后,进行加料生产,正确打开加料闸门,正确开启加料电机并使之速度适中。	2	
				23. 将合格品与不合格品分开。	1	
				24. 热封过程中的外观及时检查。	1	
				25. 保持加料斗内物料量。	1	
				26. 停机后,取出剩余胶囊和拆除 PVC、铝箔和废料。	2	
				27. 拆机前关闭电源。	1	
				28. 拆机顺序正确。	1	
				29. 拆机操作:不掉工具及零部件(1 分)、零部件不相互碰撞(1 分)、注意安全操作(如机器不能反转等)(2 分)。	4	
				30. 将铝塑包装机还原。	1	
				31. 操作过程能随时保持台面清洁。	1	
				32. 物料及时移到中间站待验区(1 分),填写请验单(2 分)。	3	

续表 4-0-36

序号	考核内容	操作内容	分值	评分要求	分值	得分
3	铝箔板的质量控制	铝箔板外观整洁，色泽均匀	10	1. 产品不带色点。	1	
				2. 批号打印应位置适当、清晰。	2	
				3. 热合网纹应均匀，边缘整齐。	2	
				4. 包装材料表面无破损，无有油污及有异物黏附。	1	
				5. 气密性应好，每个泡眼周边至少有三个网点。	2	
				6. 胶囊泡眼分布，左右边距相等。	2	
4	记录	生产记录及时、准确、完整	10	1. 填写记录：及时(5分)、不及时(2分)。	5	
				2. 记录准确、完整：准确与完整(5分)、不完整(2分)、不正确(2分)。	5	
5	生产结束清场	1. 作业场地清洁。 2. 工具和容器清洁。 3. 生产设备的清洁。 4. 清场记录。	14	1. 先退物料(2分)，从上到下清洁(1分)、从里到外进行清洁(1分)。	4	
				2. 按清洁规程清洁铝塑包装机。	2	
				3. 正确清洁热封模块、成型模块、加料机构。	1	
				4. 正确放置热封模块、成型模块、印字模块、裁切模块零部件。	2	
				5. 正确放置PVC、铝箔、废料滚轴零部件。	1	
				6. 填写清场记录：及时(2分)、不及时(1分)。	2	
				7. 清场合格证：填写正确(2分)、不正确(1分)。	2	
6	其他	解决突发问题的能力。 注：若无突发事件，则此项不扣分。	6	1. 对突发问题能进行及时解决。	4	
				2. 解决突发问题的应变能力。 注：主要考察当学生不能自己解决问题时，采取求助方法是否正确	2	
开始时间				结束时间		

活动六　外包操作

（1）岗位操作工按员工进出生产区标准操作规程进入生产区,检查上一批次的清场合格证(将上一批清场合格证副本附于本批批生产记录上),检查设备有无完好、已清洁标志,检查水、电是否正常,无误后方可进入准备工作。

（2）岗位操作工按批包装指令和生产工艺指令单核对内包间传送过来中间产品的品名、批号、规格、重量、数量及诺氟沙星胶囊铝箔板中间产品合格证。

（3）准备外包装材料:根据批包装指令和生产工艺指令单从外包间的外包装材料专用存放处领取,并核对其数量,如纸盒、包装箱、说明书,核对纸盒、包装箱所印内容应正确齐全、清晰、端正并在规定位置上。核对纸盒和包装箱所印内容(批号、生产日期及有效期)。

（4）装盒:岗位操作工按本品包装规格在每盒中装入 2 板和 1 张说明书,盖上盒盖,贴封口签。

（5）经激光赋码机,打印药品电子监管码。

（6）装箱:按包装指令单规定的包装规格进行装箱,每箱中装入 300 盒,装满后,经QA 人员抽检合格后,发放填写装箱单(合格证:品名、批号、规格、检查人、检查日期及包装人),放入一张装箱单,用胶带封箱。再用打包机打包,成品包装应坚挺,美观整洁。具体操作见 MH101A 型捆扎机标准操作规程。

（7）若有相邻两个批号合箱时,按合箱管理规程进行操作,在纸箱外印上该两个批号和合箱标示,并放入两张装箱单且各装箱单上注明各自批号数量,并做合箱记录。

（8）包装后成品应整齐地码放在成品存放处,挂上待检卡,通知车间管理人员填写请验单,岗位操作工填写生产记录。经质检科检测合格下发诺氟沙星胶囊成品检验报告书后,并将本批成品入库,仓库开入库单,入库单由车间保管。

（9）本批包装后剩余以及损坏的包装盒、说明书等印刷性包装材料,应按照标示性材料退库与销毁的管理规程进行处理,标签、说明书的使用应严格执行标签、说明书使用管理规程,并做好记录。

（10）清场:岗位操作工按片剂、胶囊剂、颗粒剂外包岗位清场标准操作规程清场,清场后的操作间应整洁、干净,无杂物。填写清场记录,QA 人员对清场后的区域进行检查,合格后发清场合格证。

表 4-0-37　外包装操作记录

产品名称	诺氟沙星胶囊	生产日期		规　格	0.1 g
产品批号		产品代码		计划产量		指令单号	
设备名称			设备编号		房间编号	

续表 4-0-37

检查内容	记录结果
1. 对胶囊剂外包装工序进行清场确认。 2. 标明操作间工作状态。 　读取温度、湿度。温度：18 ~ 26 ℃、湿度：45% ~60%。 3. 领取本批药品胶囊板,暂存于外包室内。 4 领取包装材料,核对后,存放包装材料暂存室。 5. 检查设备的运行工况是否良好。 6. 调整赋码机药品批号、有效期、生产日期,复核,确认无误。	是否已贴清场合格证副本(　　) 是否已标明:(　　　　) 温　度:(　　)℃,湿度:(　)% 领取胶囊板量:　板(贴<中间产品放行单> | 品名	指定用量	领用量
---	---	---
药箱		
包装盒		
说明书			 工况是否正常:(　　　　) 批号:　(　　　　　) 有效期至:(　　　　　) 生产日期:(　　　　　)

检查人:　　　　QA:　　　　日期:

操作过程	记录内容
装盒:每盒装2板,装说明书一张。 包条:10盒/条, 装箱:每箱装300盒,每箱放一张装箱单,上下各放一张瓦楞垫板。用胶带将上下口封严。 合箱:合箱的上批药品批号及盒数。 入库:批药品包装结束。清点产成品数量,转入仓库,集中存放指定货位,填写请验单交QA质监员抽样、签发待验证贴货垛状态标志牌上。 销毁:破损说明书、小盒按规定销毁,剩余量退回。	外包装台账 | 品名	领用量	实用量	破损量	剩余量
---	---	---	---	---
纸箱				
小盒				
说明书				
胶囊板					 合箱批号:(　　),数量:(　　)盒 入库数量:(　　),箱零(　　)盒 销毁数量:说明书(　　张)小盒 (　　个)

检查人:　　　　QA:　　　　日期:

收率与物料平衡		领用量 A	成品量 B	废品量 C	剩余量 D	收率 E=B/A-D	物料平衡 F=B+C/A-D
	胶囊板(万板)						
	小盒(个)						
	说明书(张)						

计算人:　　　　复核人:　　　　日期:

续表 4-0-37

清场	清场内容	检查结果
	移出所有物料。	（　　　　）
	移出所有容器具和其他物品。	（　　　　）
	清洁设备。	（　　　　）
	清洁房间卫生。	（　　　　）
	清洁完毕,检查合格后,挂已清洁和清场合格证。	（　　　　）

清场人:　　　　QA:　　　　日期:

表 4-0-38　药院附属制药厂成品检验原始记录

药院附属制药厂成品检验原始记录

检品编号:＿＿＿＿＿＿＿＿＿＿＿＿＿＿＿＿＿＿＿＿＿＿＿＿＿＿＿＿＿＿＿＿＿＿＿

[性状]

　　本品为:＿＿＿＿＿＿＿＿＿＿＿＿＿＿＿＿＿＿＿＿＿＿＿＿＿＿＿＿＿＿＿＿。

　　规定:应为类白色至淡黄色结晶性粉末;无臭,味微苦;有引湿性。

　　单项结论:＿＿＿＿＿＿＿＿规定。

[鉴别]

　　取本品内容物与诺氟沙星对照品适量,分别加三氯甲烷-甲醇(1∶1)制成每 1 mL 中含 2.5 mg 的溶液,作为供试品溶液与对照品溶液,照薄层色谱法(2015 年版药典二部附录 Ⅴ B)试验,吸取上述两种溶液各 10 μL,分别点于同一硅胶 G 薄层板上,以三氯甲烷-甲醇-浓氨溶液(15∶10∶3)为展开剂,展开,晾干,置紫外光灯(365 nm)下检视。供试品溶液所显主斑点的位置与荧光应与对照品溶液主斑点的位置与荧光＿＿＿＿＿＿＿＿。

　　规定:应与对照品溶液主斑点的位置与荧光相同。

　　单项结论:＿＿＿＿＿＿＿＿规定。

有关物质

1. 取本品内容物适量,精密称定,加 0.1 mol/L 盐酸溶液适量(每 12.5 mg 诺氟沙星加 0.1 mol/L 盐酸溶液 1 mL)使溶解,用流动相 A 定量稀释制成每 1 mL 中约含 0.15 mg 的溶液,作为供试品溶液;精密量取适量,用流动相 A 定量稀释制成每 1 mL 中含 0.75 μg 的溶液,作为对照溶液。

2. 另精密称取杂质 A 对照品约 15 mg,置 200 mL 量瓶中,加乙腈溶解并稀释至刻度,摇匀,精密量取适量,用流动相 A 定量稀释制成每 1 mL 中约含 0.3 μg 的溶液,作为杂质 A 对照品溶液。

3. 照高效液相色谱法测定,用十八烷基硅烷键合硅胶为填充剂;以 0.025 mol/L 磷酸溶液(用三乙胺调节 pH 值至 3.0±0.1)-乙腈(87∶13)为流动相 A,乙腈为流动相 B;按下表进行线性梯度洗脱。

4. 称取诺氟沙星对照品、环丙沙星对照品和依诺沙星对照品各适量,加 0.1 mol/L 盐酸溶液适量使溶解,用流动相 A 稀释制成每 1 mL 中含诺氟沙星 0.15 mg、环丙沙星和依诺沙星各 3 μg 的混合溶液,取 20 μL 注入液相色谱仪,以 278 nm 为检测波长,记录色谱图,诺氟沙星峰的保留时间约为 9 min。诺氟沙星峰与环丙沙星峰和诺氟沙星峰与依诺沙星峰的分离度均应大于 2.0。

5. 取对照溶液 20 μL 注入液相色谱仪,以 278 nm 为检测波长,调节检测灵敏度,使主成分色谱峰的峰高约为满量程的 25%。精密量取供试品溶液、对照溶液和杂质 A 对照品溶液各 20 μL,分别注入液相色谱仪,以 278 nm 和 262 nm 为检测波长,记录色谱图。

续表 4-0-38

6.供试品溶液色谱图中如有杂质峰,杂质 A(262 nm 检测)按外标法以峰<u>面积</u>计算,_____%。其他单个杂质(278 nm 检测)峰面积为对照溶液主峰面积_____%;其他各杂质峰面积的和(278 nm 检测)为对照溶液主峰面积的_____%。供试品溶液色谱图中任何小于对照溶液主峰面积0.1倍的峰可忽略不计。

时间(min)	流动相 A(%)	流动相 B(%)
0	100	0
10	100	0
20	50	50
30	50	50
32	100	0
42	100	0

　　规定:供试品溶液色谱图中如有杂质峰,杂质 A(262 nm 检测)按外标法以峰<u>面积</u>计算,不得过0.2%。其他单个杂质(278 nm 检测)峰面积不得大于对照溶液主峰面积(0.5%);其他各杂质峰面积的和(278 nm 检测)不得大于对照溶液主峰面积的 2 倍(1.0%)。

　　单项结论:_____规定。

装量差异

仪　　器:_____电子分析天平,编号_____;扁形称量瓶、小毛刷、手术镊。

检测方法:取胶囊 20 粒,编号后分别精密称定每粒重量后,取开囊帽,倾出内容物(不得损失囊壳),用小毛刷或其他适宜用具将囊壳(包括囊体和囊帽)内外拭净,并依次精密称定每一囊壳重量。

编号	1	2	3	4	5	6	7	8	9	10
胶囊重										
囊壳重										
内容物										

编号	11	12	13	14	15	16	17	18	19	20
胶囊重										
囊壳重										
内容物										

每粒内容物重量(g)= 每粒胶囊重量(g)-囊壳重量(g)。

每粒平均装量($\bar{m}$)= 每粒内容物重量之和除以 20 =_____g。

装量差异限度=$\bar{m}\pm\bar{m}$7.5% =_____ ~ _____g。

续表 4-0-38

规定值:每粒的装量均未超出允许装量范围($\overline{m}\pm m$X 装量差异限度);或与平均装量相比较,均未超出上表中的装量差异限度;或超过装量差异限度的胶囊不多于 2 粒,且均未超出限度 1 倍;均判为符合规定。

测量超装量胶囊编号及内容物装量:_____。

结论:_____规定。

含量限度测定

仪　　器:_____电子分析天平,编号_____;_____高效液相色谱仪,编号_____;容量瓶(50 mL、100 mL);移液管(5 mL、2 mL);量筒(1 000 mL);PHS-3C pH 计(C26);胶头滴管。

试　　剂:0.025 mol/L 磷酸溶液;三乙胺(分析纯);乙腈(色谱纯);诺氟沙星对照品;0.1 mol/L 盐酸溶液;环丙沙星对照品;依诺沙星对照品。

测定方法:取装量差异项下的内容物,混合均匀,精密称取(1)_____g,(2)_____g(约相当于诺氟沙星 125 mg),置 500 mL 量瓶中,加 0.1 mol/L 盐酸溶液(配制批号_____)10 mL 使溶解后,用水稀释至刻度,摇匀,滤过,精密量取续滤液 5 mL,置 50 mL 量瓶中,用流动相稀释至刻度,摇匀。另取诺氟沙星对照品 25 mg,精密称定,置 100 mL 量瓶中,加 0.1 mol/L 盐酸溶液(配制批号_____) 2 mL 溶解后,用水稀释至刻度,摇匀,精密量取 5 mL,置 50 mL 量瓶中,用流动相稀释至刻度,摇匀。精密量取对照品溶液与供试品溶液 20 μL,注入液相色谱仪,记录色谱图,按外标法以峰面积计算,即得。

含量计算:样(1)Ax_____;　Cx_____;　Ar_____;　Cx_____。

样(2)Ax_____;　Cx_____;　Ar_____;　Cx_____。

含量 $Cx = Ax/Ar \times Cr$

样(1)诺氟沙星含量 = _____ × _____ =

样(2)诺氟沙星含量 = _____ × _____ =

式中:Ar 为对照品的峰面积或峰高;　Cx 为供试品的浓度;

Ax 为供试品的峰面积或峰高;　Cr 为对照品的浓度。

含量% = $\dfrac{每粒胶囊中的主药含量}{标示量}$ = _____% = _____%

规定值:每粒含诺氟沙星为标示量的 95% ~ 105%。

测量平均值为:_____% 。

结论:_____规定。

续表 4-0-38

溶出度测定

仪　　　器:＿＿＿＿＿＿＿＿溶出度测定仪　　　　编号:＿＿＿＿＿＿;
紫外-可见分光光度计 编号:＿＿＿＿＿＿。
试　　　剂:醋酸缓冲液(取冰醋酸 2.86 mL 与 50% 氢氧化钠溶液 1 mL,加水 900 mL,振摇,用冰醋酸或 50% 氢氧化钠溶液调节 pH 值至 4.0,加水至 1 000 mL)
检测方法:取本品,用浆法溶出度测定法,以醋酸缓冲液 1 000 mL 为溶出介质,转速为每分钟 50 转,依法操作,经 30 min 时,取溶液适量,滤过,精密量取续滤液适量,用溶出介质定量稀释制成每 1 mL 中约含 5 μg 的溶液, 作为供试品溶液,照紫外-可见分光光度法, 在 277 nm 的波长处分别测定吸光度;另取诺氟沙星对照品适量,精密称定,加溶出介质溶解并定量稀释制成每 1 mL 中约含 5 μg 的溶液,同法测定,计算每粒的溶出量。
含量计算:
第一组 A＿＿＿;Wr＿＿＿;Sr＿＿＿;Ar＿＿＿;Cx＿＿＿;W＿＿＿;S＿＿＿。
第二组 A＿＿＿;Wr＿＿＿;Sr＿＿＿;Ar＿＿＿;Cx＿＿＿;W＿＿＿;S＿＿＿。
第三组 A＿＿＿;Wr＿＿＿;Sr＿＿＿;Ar＿＿＿;Cx＿＿＿;W＿＿＿;S＿＿＿。
第四组 A＿＿＿;Wr＿＿＿;Sr＿＿＿;Ar＿＿＿;Cx＿＿＿;W＿＿＿;S＿＿＿。
第五组 A＿＿＿;Wr＿＿＿;Sr＿＿＿;Ar＿＿＿;Cx＿＿＿;W＿＿＿;S＿＿＿。
第六组 A＿＿＿;Wr＿＿＿;Sr＿＿＿;Ar＿＿＿;Cx＿＿＿;W＿＿＿;S＿＿＿。
计　　　算:溶出量为标示量% $= (A \times Wr \times S / Ar \times W \times Sr) \times 100\%$
式中,A 为供试品溶液的吸收度或峰面积;Wr 为对照品的取用量,mg;Sr 为对照品的溶解体积及稀释倍数;Ar 为对照品溶液吸收度或峰面积;W 为供试品的标示规格,mg;S 为供试品溶出介质的体积及稀释倍数。
规定值:限度为标示量的 75%,应符合规定
测定值:为 $Q_1 =$＿＿＿＿＿＿＿;$Q_2 =$＿＿＿＿＿;$Q_3 =$＿＿＿＿＿;$Q_4 =$＿＿＿＿＿;$Q_5 =$＿＿＿＿＿;$Q_6 =$＿＿＿＿＿。
结论:＿＿＿＿＿＿＿ 规定。
结论:本品按《中华人民共和国药典》2015 年版二部检验,结果＿＿＿＿＿＿＿。

检验者:　　　　　　　　　　核对者:
年　　月　　日　　　　　　　年　　　月　　　日

装箱单

药院附属制药厂
产品检验合格证
（装箱单）

YY–SMP–＊＊–＊＊–＊＊–＊＊–＊＊–＊＊–＊＊

产品名称：＿＿＿＿＿＿＿＿＿＿＿＿＿＿＿＿

包装规格：＿＿＿＿＿＿＿＿＿＿＿＿＿＿＿＿

生产批号：＿＿＿＿＿＿＿＿＿＿＿＿＿＿＿＿

标准依据：＿＿＿＿＿＿＿＿＿＿＿＿＿＿＿＿

检验结果：＿＿＿＿＿＿＿＿＿＿＿＿＿＿＿＿

质 检 员：＿＿＿＿＿＿＿＿＿＿＿＿＿＿＿＿

装 箱 人：＿＿＿＿＿＿＿＿＿＿＿＿＿＿＿＿

装箱日期：＿＿＿＿＿＿＿＿＿＿＿＿＿＿＿＿

发现本品数量、质量与本单不符，请将此证连同产品寄回本公司以便核查。

公司地址：

公司电话：　　　　　　　　　　邮编

产品放行单

编号：YY–SOP–＊＊–＊＊＊–＊＊＊–＊＊–＊＊

药院附属制药厂

产品放行单

成品库：

经审核＿＿＿＿＿＿＿＿＿　车间生产的＿＿＿＿＿＿＿＿

生产日期＿＿＿＿＿＿＿＿　批号＿＿＿＿＿＿＿＿＿＿

规格＿＿＿＿＿＿＿＿＿＿　数量＿＿＿＿＿＿＿＿＿＿

批生产记录和批检验记录审核均符合规定，产品质量合格，准予放行。

审核人：

批准人：

年　　月　　日

考核：

表 4-0-39 紫外分光度计操作的评分细则

班级： 学号： 日期： 得分：

序号	考核内容	操作内容	分值	评分要求		扣分	得分
1	仪器的准备（2）	玻璃仪器的洗涤	2	1个未洗净,扣1分,最多扣2分			
2	样品的称量（12）	天平准备工作	1.5	预热			
				水平			
				清扫			
				调零			
				每错一项扣0.5分,扣完为止			
		称量操作	5	试样在研钵中研细,转移至称量瓶中动作规范			
				称量瓶放于盘中心			
				在接受容器上方开、关称量瓶盖			
				敲的位置正确			
				手不接触称量物或称量物不接触样品接受容器			
				称量物不得置于台面上			
				边敲边竖			
				添加样品次数≤3次			
				称量时天平门应该关闭			
				每错一项扣0.5分,扣完为止			
		称量范围	4	±5%<称量范围≤±10%	扣1分/个		
				称量范围>±10%或重新称量	扣2分/个		
				扣完为止			
		结束工作	1.5	复原天平			
				清扫天平盘			
				放回凳子			
				每错一项扣0.5分,扣完为止			

续表 4-0-39

序号	考核内容	操作内容	分值	评分要求	扣分	得分
3	样品溶解、转移、定容、过滤操作（13%）	溶样方法	2	将壁上固体全部冲下		
				试剂沿壁加入		
				搅拌动作正确（不连续碰壁）		
				同一根玻棒未冲洗就混用		
				每错一项扣 0.5 分,扣完为止		
		容量瓶试漏	1	试漏方法正确		
		定量转移	5	溶样完全后转移		
				玻棒插入瓶口深度在容量瓶磨口下端附近		
				玻棒不碰瓶口		
				烧杯离瓶口的位置（2 cm 左右）		
				烧杯上移动作		
				玻棒不在杯内滚动（玻棒不放在烧杯尖嘴处）		
				吹洗玻棒、容量瓶口		
				洗涤次数至少 3 次		
				溶液不洒落		
				每错一项扣 0.5 分,扣完为止		
		定容、摇匀及过滤	5	约 2/3 水平摇动		
				近刻线 1~2 cm 停留 2 min 左右		
				手持瓶颈、视线与凹液面平齐,用胶头滴管准确稀释至刻线,溶液不滴在瓶壁上		
				摇匀动作正确（倒置、旋摇）		
				溶液全部落下后进行下一次摇匀		
				摇动 7~8 次打开塞子并旋转 180°		
				摇匀次数≥14 次		
				过滤操作规范（两低三靠）		
				每错一项扣 0.5 分,扣完为止		

续表 4-0-39

序号	考核内容	操作内容	分值	评分要求	扣分	得分
4	移取溶液（10%）	移液管润洗	3.5	润洗溶液适量放入小烧杯		
				溶液润洗前将移液管上水沥干后擦干		
				吸取溶液不明显回流		
				润洗液量 1/4～1/3 球		
				润洗动作正确（平放、转动、尖端放出）		
				小烧杯与移液管润洗次数≥3 次		
				每错一项扣 0.5 分，扣完为止		
		吸溶液	1.5	插入液面下 1～2 cm		
				不能吸空		
				不重吸		
				每错一项扣 0.5 分，扣完为止		
		调刻线	3.5	调刻线前擦干外壁		
				调刻线时移液管竖直、下端尖嘴靠壁		
				调刻线准确		
				因调刻线失败重吸≤1 次		
				调好刻线时移液管下端没有气泡且无挂液		
				每错一项扣 0.5 分，扣完为止		
		放溶液	1.5	移液管竖直、靠壁		
				放液后停顿约 15 s、旋转		
				用少量水冲下接受容器壁上的溶液		
				每错一项扣 0.5 分，扣完为止		

续表 4-0-39

序号	考核内容	操作内容	分值	评分要求	扣分	得分
5	比色皿的使用（4%）	比色皿操作	2.5	手触及比色皿毛玻璃面		
				洗涤比色皿		
				用待测溶液润洗比色皿		
				盛装待测溶液为比色皿高度的 2/3 ~ 4/5		
				擦拭比色皿动作正确		
				放置时比色皿透光面朝向光源方向		
				测定后清洗比色皿		
				每错一项扣 0.5 分，扣完为止		
		同组比色皿透光度的校正	1.5	未进行，扣 1.5 分，最多扣 1.5 分		
6	UV1240 紫外分光光度计的使用（7%）	进入测定界面	1	进入测定光度值界面正确		
		测定波长	1	输入指定的测定波长正确		
		空白校正及光度值测量	5	参比溶液选择正确		
				测量时光路对准比色皿的透光面		
				选择测量溶液相应的比色皿且卡位正确无误		
				测量时关闭比色皿槽上的盖		
				按键正确无反复		
				使用后复原		
				每错一项扣 0.5 分，扣完为止		
7	文明操作结束工作（2%）	物品摆放		仪器摆放不整齐、水迹太多、废纸/废液乱扔乱倒，无结束工作或不好，每错一处扣 0.5 分		

续表 4-0-39

序号	考核内容	操作内容	分值	评分要求		扣分	得分
8	数据处理及报告（20%）	原始记录	5	格式正确,有错误一次扣0.5分			
		数据无不恰当涂改	2	不恰当涂改一次扣0.5分			
		计算正确	6	包括计算式、计算过程、单位、有效数字、计算结果,每错一处,扣1分			
		结果判断及签名	1	有错误一次扣0.5分			
		报告	6	含样品信息、检验依据、检验项目、标准规定、结果、检验结论、签名,每错一处扣1分			
9	综合结果评价（30%）	精密度（两份相对平均偏差）	18	≤0.1%			
				0.1%<~≤0.2%	扣2分		
				0.2%<~≤0.3%	扣6分		
				0.3%<~≤0.4%	扣10分		
				0.4%<~≤0.5%	扣14分		
				>0.5%	扣18分		
		准确度（与真值含量结果比较）	12	≤±0.1%	扣0分		
				>±0.1%~≤±0.2%	扣2分		
				>±0.3%~≤±0.4%	扣4分		
				>±0.4%~≤±0.5%	扣6分		
				>±0.5%~≤±0.6%	扣8分		
				>±0.6%	扣12分		

活动七　工艺员控制标准

一、物料平衡检查

（1）粉碎过筛和称配岗位物料平衡检查:

$$\frac{配料量}{粉碎过筛后原辅料总量} \times 100\%（物料平衡范围应控制在99.8\% \sim 100.2\%）$$

（2）制粒干燥、整粒总混岗位物料平衡检查:

$$\frac{总混后重量+不良品}{干颗粒净重+润滑剂+崩解剂} \times 100\%（物料平衡范围应控制在99.0\% \sim 100.0\%）$$

（3）充填抛光岗位物料平衡检查：

$$\frac{胶囊总重+细粉+不良品+废胶整壳重量}{颗粒重量+胶囊壳重量}\times100\%（物料平衡范围应控制在96.0\%～101.0\%）$$

（4）铝塑内包岗位物料平衡检查：

$$\frac{（成品板总量/平均每板重量+不良品）\times规格（粒/板）}{胶囊领用量/平均胶囊重}\times100\%$$

（5）总物料平衡检查：

$$\frac{成品产量}{理论产量}\times100\%（物料平衡范围应控制在97\%～100\%）$$

二、质量控制点

表 4-0-40　质量控制点

岗位		质量监控点	控制项目	检查频次
脱包、备料		原辅料	色泽、异物	每批
		空心胶囊	颜色、规格、清洁度	每批
粉碎、过筛		原辅料	细度、黑杂点	每批
称量		物料	品名、重量	每批
总混		物料	均匀度、水分、含量	每批
充填		装囊	外观、装量差异、溶出度	每班
打光		胶囊	外观	每班
包装	内包	在线包装品	外观、气密性	每班
	外包	标签、说明书	印刷内容、标签和说明书使用数量、批号、有效期的打印清晰、正确	随时/每班
		装盒	数量	
		装箱	数量、产品合格证及其内容	

三、物料消耗定额一览（仅供参考）

表 4-0-41　物料消耗定额一览

物料名称	消耗定额	物料名称	消耗定额
原料	0.5%	辅料	5%
胶壳	1.6%	铝箔	1.6%
纸盒	1%	中盒	0.5%
包装箱	0	说明书	1%
合格证	0	PVC	1.6%

活动八　原辅料质量标准

（1）诺氟沙星的质量标准。

表 4-0-42　诺氟沙星的质量标准

检查项目		法定标准	内控标准
性状		本品为类白色至淡黄色结晶性粉末；无臭；味微苦；在空气中能吸收水分，遇光色渐变深	本品为类白色至淡黄色结晶性粉末；无臭；味微苦；在空气中能吸收水分，遇光色渐变深
熔点		218～224 ℃	219～223 ℃
鉴别		取本品与诺氟沙星对照品适量，照薄层色谱法，供试品所显主斑点的荧光和位置与对照品的主斑点相同	取本品与诺氟沙星对照品适量，照薄层色谱法，供试品所显主斑点的荧光和位置与对照品的主斑点相同
溶液的澄清度		取本品 0.50 g，加氢氧化钠试液 10 mL 溶解后，溶液应澄清；如显混浊，与 2 号浊度标准液比较，不得更浓	取本品 0.50 g，加氢氧化钠试液 10 mL 溶解后，溶液应澄清；如显混浊，与 2 号浊度标准液比较，不得更浓
有关物质		取本品适量，用高效液相测定，供试品溶液的色谱图中如显杂质峰，除溶剂峰外，各杂质峰面积总和不得大于对照溶液主峰的面积	取本品适量，用高效液相测定，供试品溶液的色谱图中如显杂质峰，除溶剂峰外，各杂质峰面积总和不得大于对照溶液主峰的面积
干燥失重		应≤2.0%	应≤1.8%
炽灼残渣		应≤0.2%	应≤0.18%
重金属		应<0.002%	应<0.0018%
含量		按干燥品计算，含 $C_{16}H_{18}FN_3O_3$ 不得少于 98.0%	按干燥品计算，含 $C_{16}H_{18}FN_3O_3$ 不得少于 98.5%
微生物限度	细菌数	≤1 000 个/g	≤950 个/g
	霉菌数	≤100 个/g	≤95 个/g
	大肠杆菌、活螨	不得检出	不得检出

（2）淀粉质量标准。

表 4-0-43 淀粉质量标准

检查项目		法定标准	内控标准
性状		本品为白色粉末;无臭,无味	本品为白色粉末;无臭,无味
鉴别		①取本品约 1 g,加水 15 mL,煮沸,放冷,即成半透明类白色的凝胶状物。②取本品约 0.1 g,加水 20 mL 混匀,加碘试液数滴,即显蓝色或蓝黑色,加热后逐渐褪色,放冷,蓝色复现。③显微镜检,应符合规定。④偏光显微镜检,应符合规定	①取本品约 1 g,加水 15 mL,煮沸,放冷,即成半透明类白色的凝胶状物。②取本品约 0.1 g,加水 20 mL 混匀,加碘试液数滴,即显蓝色或蓝黑色,加热后逐渐褪色,放冷,蓝色复现。③显微镜检,应符合规定。④偏光显微镜检,应符合规定
酸度		pH 值应为 4.5~7.0	pH 值应为 4.3~6.8
干燥失重		玉米淀粉不得过 14.0%,木薯淀粉干燥失重不得过 15.0%	玉米淀粉不得过 13.5%,木薯淀粉干燥失重不得过 14.5%
灰分		玉米淀粉不得过 0.2%,木薯淀粉干燥失重不得过 0.3%	玉米淀粉不得过 0.15%,木薯淀粉干燥失重不得过 0.25%
铁盐		应≤0.002%	应≤0.001 5%
二氧化硫		应≤0.004%	应≤0.003 5%
氧化物质		应≤0.002%	应≤0.001 5%
微生物限度	细菌数	≤1 000 个/g	≤950 个/g
	霉菌数	≤100 个/g	≤95 个/g
	大肠杆菌、活螨	不得检出	不得检出

(3)纯化水质量标准。

表 4-0-44 纯化水质量标准

检查项目	法定标准	内控标准
性状	无色的澄明液体,无臭、无味	无色的澄明液体,无臭、无味
酸碱度	取本品 10 mL,加甲基红指示液 2 滴,不得显红色;另取 10 mL,加溴麝香草酚蓝指示液 5 滴,不得显蓝色	取本品 10 mL,加甲基红指示液 2 滴,不得显红色;另取 10 mL,加溴麝香草酚蓝指示液 5 滴,不得显蓝色

续表 4-0-44

检查项目		法定标准	内控标准
氯化物、硫酸盐与钙盐		取本品,分置三支试管中,每管各50 mL。第一管中加硝酸5滴与硝酸银试液1 mL,第二管中加氯化钡试液2 mL,第三管中加草酸铵试液2 mL,均不得发生混浊	取本品,分置三支试管中,每管各50 mL。第一管中加硝酸5滴与硝酸银试液1 mL,第二管中加氯化钡试液2 mL,第三管中加草酸铵试液2 mL,均不得发生混浊
硝酸盐		应≤0.000 006%	应≤0.000 005%
亚硝酸盐		应≤0.000 002%	应≤0.000 001%
氨		应≤0.000 03%	应≤0.000 02%
二氧化碳		取本品25 mL,置50 mL具塞量筒中,加氢氧化钙试液25 mL,密塞振摇,放置,1 h内不得发生混浊	取本品25 mL,置50 mL具塞量筒中,加氢氧化钙试液25 mL,密塞振摇,放置,1 h内不得发生混浊
易氧化物		取本品100 mL,加稀硫酸10 mL,煮沸后,加高锰酸钾滴定液(0.02 mol/L)0.10 mL,再煮沸10 min,粉红色不得完全消失	取本品100 mL,加稀硫酸10 mL,煮沸后,加高锰酸钾滴定液(0.02 mol/L)0.10 mL,再煮沸10 min,粉红色不得完全消失
不挥发物		取本品100 mL,置105 ℃恒重的蒸发皿中,在水浴上蒸干,并在105 ℃干燥至恒重,遗留残渣不得过1 mg	取本品100 mL,置105 ℃恒重的蒸发皿中,在水浴上蒸干,并在105 ℃干燥至恒重,遗留残渣不得过0.8 mg
重金属		应≤0.000 05%	应≤0.000 045%
微生物限度	细菌数	≤100 个/mL	≤95 个/mL
	大肠杆菌、活螨	不得检出	不得检出

(4)囊壳质量标准。

表 4-0-45　囊壳质量标准

检查项目	法定标准	内控标准
性状	本品呈圆筒状,系由帽和体两节套合的质硬且具有弹性的空节。节体应光洁、色泽均匀、切口平整、无变形、无异臭。本品分透明、中透明、不透明三种	本品呈圆筒状,系由帽和体两节套合的质硬且具有弹性的空节。节体应光洁、色泽均匀、切口平整、无变形、无异臭。本品分透明、中透明、不透明三种

续表 4-0-45

检查项目		法定标准	内控标准
鉴别		(1)取本品 0.25 g,加水 50 mL,加热使溶化,放冷,取溶液 5 mL,加重铬酸钾试液－稀盐酸(4:1)的混合液数滴,即生成橙黄色絮状沉淀。 (2)取(1)项下剩余的溶液 1 mL,加水 50 mL,摇匀,加鞣酸试液数滴,即发生混浊。 (3)取本品约 0.3 g,置试管中,加钠石灰少许,加热,产生的气体能使湿润的红色石蕊试纸变蓝色	(1)取本品 0.25 g,加水 50 mL,加热使溶化,放冷,取溶液 5 mL,加重铬酸钾试液－稀盐酸(4:1)的混合液数滴,即生成橙黄色絮状沉淀。 (2)取(1)项下剩余的溶液 1 mL,加水 50 mL,摇匀,加鞣酸试液数滴,即发生混浊。 (3)取本品约 0.3 g,置试管中,加钠石灰少许,加热,产生的气体能使湿润的红色石蕊试纸变蓝色
松紧度		取本品 10 粒,用拇指和示指轻捏胶节两端,旋转拨开,不得有黏结、变形或破例,然后装满滑石粉,将帽、体套合、逐渐在 1 m 的高度直垂于厚度为 2 cm 的木板上,应不漏粉;如有少量漏粉,不得超过 2 粒。如超过,应另取 10 粒复试,均应合规定	取本品 10 粒,用拇指和示指轻捏胶节两端,旋转拨开,不得有黏结、变形或破例,然后装满滑石粉,将帽、体套合、逐渐在 1 m 的高度直垂于厚度为 2 cm 的木板上,应不漏粉;如有少量漏粉,不得超过 2 粒。如超过,应另取 10 粒复试,均应合规定
脆碎度		破裂数≤15 粒	破裂数≤13 粒
崩解时限		应≤10 min	应≤8 min
亚硫酸盐 (以 SO$_2$ 计)		应≤0.02%	应≤0.018%
干燥失重		12.5% ~17.5%	13.0% ~17.0%
炽灼残渣		不得过 2.0%(透明)、3.0%(半透明或一节透明,另一节不透明)、4.0%(一节半透明,另一节不透明)、5.0%(不透明)	不得过 1.8%(透明)、2.8%(半透明或一节透明,另一节不透明)、3.8%(一节半透明,另一节不透明)、4.8%(不透明)
重金属		应<0.005	应<0.004 5
黏度		运动黏度不得低于 60 mm^2/s	运动黏度不得低于 62 mm^2/s
微生物限度	细菌数	≤1 000 个/g	≤950 个/g
	霉菌数	≤100 个/g	≤95 个/g
	大肠杆菌、活螨	不得检出	不得检出

（5）药用包装用铝箔质量标准。

表 4-0-46 铝箔质量标准

检查项目		质量标准
规格尺寸	宽度	_____ mm±0.5 mm
	长度	_____ m±20 m
外观检验	表面	应洁净、平整、涂层均匀
	接头数	每 1 000 m 内不多于 3 个
	卷面和端面	应缠紧、缠齐，端面应平整，不允许有塔形、错层、松层或管芯自由脱落现象，不允许有严重碰伤、压陷。
	针孔度	1 m² 中 $d>0.3$ mm 的针孔不允许，$d=0.1 \sim 0.3$ mm 的针孔不得超过 1 个
文字、内容、图案		正确、清晰、牢固；在高温热合后，文字、图案仍清晰，不变色。文字内容应与样张相一致。
印刷错位		用分度值为 0.5 mm 钢直尺测量。应在指定位置±1.5 mm 处
化学性能	挥发物	应小于 4 mg/0.02 m²
	溶出物 易氧化物	消耗 0.02 mol/L 高锰酸钾滴定液的量不大于 1 mL
	溶出物 重金属	应<0.000 025%

（6）药用聚氯乙烯（PVC）硬片质量标准。

表 4-0-47 PVC 质量标准

检查项目		质量标准
规格尺寸	宽度	≥330 mm，允许公差±2 mm；<300 mm，允许公差±1 mm
	厚度	0.25 ~ 0.35 mm，允许公差±0.02 mm
外观		应透明、均匀一致，不允许有裂纹、伤痕、穿孔、缺边、凹凸发皱、油污等现象；不允许有 0.8 mm 以上晶点，每平方米中粒径在 0.3 ~ 0.8 mm 不超过 20 颗黑点、白点杂质，0.8 mm 以上的粒径不允许有；不允许有 3 mm 以上的条状气泡，3 mm 及 3 mm 以下每平方米不超过 10 颗；卷取平整、卷紧，切边整齐，不允许有漏切；每卷不得超过 2 个接头，每段长度应为 10 m 以上
加热伸缩率		应≤7%

（7）标签、说明书质量标准。

表 4-0-48　标签、说明书质量标准

检查项目	质量标准
外观	应洁净、平整,无明显污迹、损坏,并不得受潮、发霉等异常情况
文字、内容、图案	字迹应清晰易辨,标示清楚醒目,不得有印字脱落或黏贴不牢等现象,并不得用黏贴、剪切的方式进行修改或补充;图案清晰、深浅一致,位置准确
色泽	三色印刷、无明显色差
规格、尺寸	说明书:95×135 mm
印刷错位	应在指定位置±1.5 mm 处
纸质	标签为铜版纸、说明书为 30 g 纸

(8)药用包装盒质量标准。

表 4-0-49　包装盒质量标准

检查项目	质量标准
规格、尺寸	____×____×____ mm
外观	应洁净、平整,无明显污迹、损坏,不得有局部缺纸、起泡现象,并不得受潮、发霉等异常情况
文字、内容、图案	字迹应清晰易辨,标示清楚醒目,不得有印字脱落或黏贴不牢等现象,并不得用黏贴、剪切的方式进行修改或补充;图案清晰、深浅一致,位置准确
色泽	三色印刷,不得有明显色差。
印刷错位	应在指定位置±1.5 mm 处
纸质	350 gB 级纸张

(9)药用外包装箱质量标准。

表 4-0-50　包装箱质量标准

检查项目	质量标准
规格、尺寸	规格:12 粒/板×2 板/盒×300 盒/件,尺寸:____×____×____ cm
外观	应洁净、平整,无明显污迹、损坏,不得有局部缺纸、起泡现象,并不得受潮、发霉等异常情况

续表4-0-50

检查项目	质量标准
文字、内容、图案	字迹应清晰易辨,标示清楚醒目,不得有印字脱落或黏贴不牢等现象,并不得用黏贴、剪切的方式进行修改或补充;图案清晰、深浅一致,位置准确
钉距不均	头尾钉距≤20 mm²,单排钉距≤80 mm²
纸质	面用280 gB2型牛皮纸,里用250 g茶板纸,中用高强双瓦楞纸(5层)

活动与探究

1. 设计淀粉原辅料检验原始记录。
2. 设计胶囊壳原料检验原始记录。

活动九　卫生要求

1. 空气净化要求　D级:采用初效、中效、高效空气净化过滤,顶部送风,墙侧回风。同进时每天上班提前1.5 h开启臭氧灭菌器对洁净区空气进行灭菌1 h,灭菌完30 min后人员才可进入洁净区,洁净区温度应控制在18~26 ℃,湿度应控制中45%~65%。

2. 空气洁净度等级　D级空气净化区标准见表4-0-51。

表4-0-51　D级空气净化区标准

洁净级别	尘粒最大允许数/M³		微生物最大允许数		
	静态		浮游菌	沉降菌(f 90 mm)	表面微生物
	≥0.5 μm	≥5 μm	cfu/m³	xfu/4 h	接触碟(f 55 mm) Cfu/碟
D级	3 520 000	29 000	200	100	50

3. 个人卫生

(1)上岗前应该按照更衣的要求在更衣室进行更衣,并不得化妆及佩戴各种首饰,按要求进行洗手和手消毒。

(2)随时注意个人清洁卫生,做到勤剪指甲、勤理发剃须、勤换衣、勤洗澡,离开工作区域(包括吃饭、去厕所)必须脱去工作服、帽、鞋等。

(3)生产人员每年体检一次,建立健康档案。

(4)患有传染病、隐性传染病、精神病者不得从事药品生产工作。

(5)洁净度 D 级区域:

1)除符合一般区个人卫生规定外,洁净生产区内的每个员工均应该随时注意个人的清洁卫生,至少每 2 d 洗澡一次,每周洗头 2 次,不掉头屑,勤理发剃须,勤剪指甲,勤换内衣,进入用洗手液进行洗手、烘干、用消毒器消毒。

2)工作服标准:

表 4-0-52 工作服标准

类别	一般生产区	D 级
工作服	白色工作服,每 3 d 更换一次或沾有药粉、油污时立即更换	白色、防静电工作服,连体,袖口和脚口可以收拢,每天更换一次
工作鞋	普通工作鞋,每 3 d 清洁一次或沾有药粉、油污时立即更换	白色工作鞋,外来参观人员穿鞋和生产人员相同,每 3 d 更换一次
工作帽	覆盖所有头发,每 3 d 更换一次	覆盖所有头发,每天更换一次
口罩	—	口罩应遮住口鼻,每天更换一次
手套	—	多乳胶手套,每天清洁

4. 生产区消毒　洁净区空气用臭氧灭菌器灭菌,另对洁净区及一般生产区地漏和清洁工具可选用 75% 乙醇、0.1% 新洁尔灭、5% 来苏尔溶液进行消毒,每 10 d 更换一种消毒液。

5. 工艺卫生

(1)根据本品质量要求和生产工艺流程,生产厂房应明确划分洁净区和一般生产区,非生产人员未经批准不允许入内,操作工不得无故串岗和频繁出入。

(2)生产区不得存放与生产无关的物品,生产中产生的废弃物应当班清理,由脱包间传出洁净区,放入指定的废弃物储存桶内,以防产生交叉污染。

(3)根据生产区域不同,建立相应的卫生管理制度和更换品种时岗位的清场 SOP,产尘操作间应有除尘设施且操作间与邻操作间和洁净区走廊成负压,并检查督促落实、保证生产场所干净卫生,防止交叉污染。

(4)人员、物料进入生产区应根据要求进行清洁消毒处理。

(5)物料进车间一定要事先经检验合格,并除净外包装的污染,经传递窗紫外灭菌 15 min 后进入洁净区,防止污染带进车间。另外各工序中间产品交接时,一定按规定装桶包装,扎紧袋口,放上物料卡,存放于干燥卫生的中转站,防止差错和异物落入。

(6)接触药物的设备表面,使用前用 75% 乙醇溶液擦拭消毒,有轴封的转动部位应密封无泄露,避免污染药品。

(7)各生产岗位地面、墙面、设备、管道、工器具、洁具等按各自的清洁规程操作,以保证药品在良好的卫生状态下生产。

(8)车间为封闭式车间,其空调系统应经过验证并达到要求,空调系统应按规定进行清洁消毒。

（9）生产开始前应检查是否具备清场合格证,生产环境、设备、管道、工器具等是否符合要求。

（10）生产结束后应立即按相关规程进行清场处理,符合要求取得清场合格证。

（11）洁净区和一般生产区的地漏按地漏清洁标准操作规程进行清洁。

（12）坚持每班生产结束后清洁卫生,无杂物,地面、玻璃门窗、墙壁无灰尘,设备整洁,物料码放整齐。

（13）应按规定对工艺用水、空气洁净度、设备管道等定期进行检测和清洁消毒处理,使其符合要求。

（14）物流程序:原辅料→中间体(半成品)→成品→入库。

注:整个流程是单向顺流、无往复运动。

（15）物流净化程序:原辅料、内包装材料→前处理(脱包除粉尘和污垢)→传递窗→洁净区。

（16）人流净化程序:

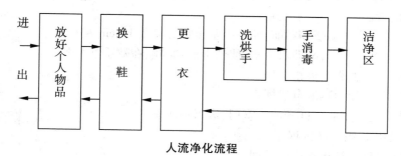

人流净化流程

6. D 级洁净区生产人员进出规程

（1）工作人员进入洁净区前,先将鞋擦干净,将雨具等物品存放在个人物品存放间内。

（2）进入换鞋室,关好门,将生活鞋脱下,对号放于鞋柜中,换上拖鞋。

1）坐在横凳上,面对门外,脱去生活鞋,弯腰,用手把生活鞋放入横凳下鞋架。

2）坐在横凳上转身 180°,背对门外,弯腰在横凳下的鞋架内取出拖鞋,穿上拖鞋。

（3）用手推开更衣室的门进入,随手关门。

（4）脱外衣。

1）走到自己的更衣柜前,用手打开衣柜门。

2）脱去外衣,挂于生活衣柜中,关上柜门。

（5）洗手。

1）走到洗手池旁,打开饮用水开关,伸双手掌进入水池上方开关下方的位置,让水冲洗双手掌到腕上 5 cm 处。双手触摸清洁剂后,相互摩擦,使手心、手背及手腕上 5 cm 的皮肤均匀充满泡沫,摩擦约 10 s。

2）让水冲洗双手,同时双手上下翻动相互摩擦。

3）使水冲至所有带泡沫的皮肤上,直至双手掌摩擦不感到滑腻为止;翻动双手掌,用眼检查双手是否已清洗干净。

4）用肘弯推关水开关。

5）走到电热烘手机前，伸手掌至烘手机下约 8~10 cm 处，电热烘手机自动开启，上下翻动双手掌，直到双手掌烘干为止。

（6）穿洁净工作服。

1）用肘弯推开房门，走到洁净工衣柜前，取出自己号码的洁净工作服袋。

2）取出洁净工作帽戴上。

3）取出洁净工作衣，穿上并拉上拉链。

4）取出洁净工作裤穿上，裤腰束在洁净工作衣外。

5）走到镜子前对着镜子检查帽子是否戴好，注意把头发全部塞入帽内。

6）取出一次性口罩戴上，注意口罩要罩住口、鼻，在头顶位置上结口罩带。

7）对镜检查衣领是否已扣好，拉链是否已拉至喉部，帽和口罩是否已戴正。

8）取出洁净工作鞋，脱去拖鞋放于柜中，穿上洁净工作鞋。

（7）手消毒。

1）走到消毒液自动喷雾器前，伸双手掌至喷雾器下 10 cm 左右处。

2）喷雾器自动开启，翻动双手掌，使消毒液均匀喷在双手掌上各处。

3）缩回双手，喷雾器停止工作。

4）挥动双手，让消毒液自然挥干。

5）入洁净室。用肘弯推开洁净室门，进入洁净室。

（8）人员出 D 级洁净区程序。

1）工作结束后，按更衣程序返回。

2）在二更室将洁净工作服脱下，放入衣物待清洗桶内。

3）由清洁员按规定将洁净工作服、洁净工作鞋进行清洗、消毒、整理。

4）将一次性乳胶手套、一次性消毒头套、一次性消毒口罩放入专用垃圾桶中。

5）在换鞋更衣室换好一般生产区工作鞋、走出 D 级洁净区。

活动与探究

1. 设计 D 级洁净区物流净化功能间。

2. 设计 D 级洁净区人流净化功能间。

表4-0-53　D及洁净区人员净化考核

班级：　　　　　　学号：　　　　　　日期：　　　　　　　　得分：

序号	考试内容	操作内容	分值	评分要求	分值	得分
1	进入前准备	工作人员进入洁净区前，整理个人物品	6	1. 先将鞋擦干净。	3	
				2. 将雨具等物品存放在个人物品存放间内。	3	
2	换鞋	进入换鞋室，关好门，将生活鞋脱下，对号放于鞋柜中，换上拖鞋	13	1. 坐在横凳上，面对门外，脱去生活鞋，弯腰，用手把生活鞋放入横凳下鞋架。	5	
				2. 坐在横凳上转身180°，背对门外，弯腰在横凳下的鞋架内取出拖鞋，穿上拖鞋。	5	
				3. 用手推开更衣室的门进入，随手关门。	3	
3	脱外衣	脱外衣并挂于生活柜内	6	1. 走到自己的更衣柜前，用手打开衣柜门。	3	
				2. 脱去外衣，挂于生活衣柜中，关上柜门。	3	
4	洗手	洗手烘干的方式、方法	30	1. 打开饮用水开关，让水冲洗双手掌到腕上5 cm处。	5	
				2. 双手触摸清洁剂后，相互摩擦，使手心、手背及手腕上5 cm的皮肤均匀充满泡沫，摩擦约10 s。	5	
				3. 让水冲洗双手，同时双手上下翻动相互摩擦。	3	
				4. 使水冲至所有带泡沫的皮肤上，直至双手掌摩擦不感到滑腻为止。	5	
				5. 翻动双手掌，用眼检查双手是否已清洗干净。	3	
				6. 用肘弯推关水开关。	2	
				7. 走到电热烘手机前，伸手掌至烘手机下约8~10 cm处。	5	
				8. 上下翻动双手掌，直到双手掌烘干为止。	2	

续表 4-0-53

序号	考试内容	操作内容	分值	评分要求	分值	得分
5	穿洁净工作服	帽子、上衣、裤子、口罩、洁净鞋的穿戴顺序及方法	30	1. 用肘弯推开房门,走到洁净工衣柜前,取出自己号码的洁净工作服袋。	5	
				2. 取出洁净工作帽戴上。	2	
				3. 取出洁净工作衣,穿上并拉上拉链。	3	
				4. 取出洁净工作裤穿上,裤腰束在洁净工作衣外。	3	
				5. 走到镜子前对着镜子检查帽子是否戴好,注意把头发全部塞入帽内。	5	
				6. 取出一次性口罩戴上,注意口罩要罩住口、鼻,在头顶位置上结口罩带。	5	
				7. 对镜检查衣领是否已扣好,拉链是否拉至喉部,帽和口罩是否已戴正。	5	
				8. 取出洁净工作鞋,脱去拖鞋放于柜中,穿上洁净工作鞋。	2	
6	手消毒	手消毒操作	15	1. 走到消毒液自动喷雾器前,伸双手掌至喷雾器下 10 cm 左右处。	5	
				2. 喷雾器自动开启,翻动双手掌,使消毒液均匀喷在双手掌上各处。	5	
				3. 缩回双手,喷雾器停止工作。	2	
				4. 挥动双手,让消毒液自然挥干。	2	
				5. 入洁净室,用肘弯推开洁净室门,进入洁净室。	1	

活动十　生产组织

1. 胶囊剂设　车间办公室与 3 个生产班组。
(1)3 个班组分别为:制粒组、充填抛光组、包装组。
(2)每个班组分别包含岗位:
制粒组:脱包、粉碎、过筛、称配、总混。
充填抛光组:称量、充填、抛光。

包装组:铝塑、打印标签、装盒、打包。

2.岗位定员　例如,胶囊剂总编制:16 人。

(1)车间办公室:主任 1 人,工艺员 1 人。

(2)生产操作工:15 人。制粒:5 人,充填:3 人,包装:6 人。

3.生产周期

磨粉、过筛、称配: 1 个工作日。

干燥、总混: 　 1 个工作日。

充　填: 　 1 个工作日。

内　包: 　 1 个工作日。

外　包: 　 1 个工作日。

合计生产周期:5 个工作日。

活动与探究

以本班人员为基础,设计一个胶囊生产车间人员组织结构图,及一个生产周期的人员作息表。